老虎工作室

高彦强 孙婷 编著

TArch 2014
天正建筑软件
标准教程

人民邮电出版社

北 京

图书在版编目（CIP）数据

TArch 2014天正建筑软件标准教程 / 高彦强，孙婷
编著. -- 北京 : 人民邮电出版社，2016.12
ISBN 978-7-115-42051-0

Ⅰ. ①T… Ⅱ. ①高… ②孙… Ⅲ. ①建筑设计－计算
机辅助设计－应用软件 Ⅳ. ①TU201.4

中国版本图书馆CIP数据核字(2016)第259971号

内 容 提 要

本书从初学者的角度出发，系统地介绍了天正建筑软件 TArch 2014 的基本操作方法、绘制建筑图形的方法及作图的实用技巧等内容。

全书共 13 章，主要内容包括天正建筑软件概述，AutoCAD 2014 基础知识，建筑图中轴网、柱子、墙体、门窗、楼梯、室内外设施，房间及屋顶等的创建与编辑，生成立面图和剖面图，天正文字工具和表格工具在建筑设计制图中的常见操作，尺寸标注、符号标注等各种标注的分类与应用，文件与布图，设置与帮助等。

本书全部案例和习题的绘制过程都录制成了动画，并配有全程语音讲解，收录在随书所附光盘中，可作为读者学习时的参考和向导。

本书内容系统、完整，实用性较强，不仅适合建筑、土木工程技术人员及各类建筑制图培训班作为教材使用，也可作为相关工程技术人员及高等院校学生的自学用书，还可以作为建筑、土木工程等专业院校的教学参考教材。

◆ 编　　著　老虎工作室　高彦强　孙　婷
责任编辑　李永涛
责任印制　杨林杰

◆ 人民邮电出版社出版发行　　北京市丰台区成寿寺路 11 号
邮编　100164　电子邮件　315@ptpress.com.cn
网址　http://www.ptpress.com.cn
北京鑫正大印刷有限公司印刷

◆ 开本：787×1092　1/16
印张：18.5
字数：280 千字　　　　　　　2016 年 12 月第 1 版
印数：1－2 500 册　　　　　　2016 年 12 月北京第 1 次印刷

定价：49.00 元（附光盘）

读者服务热线：(010)81055410　印装质量热线：(010)81055316
反盗版热线：(010)81055315

内容和特点

天正建筑软件作为一款被广泛应用的建筑设计软件，其课程已成为高等学校建筑类学生的必修课，熟练应用天正建筑软件的毕业生更易受到用人单位的青睐。TArch 2014 是天正建筑软件的最新版本，是以美国 Autodesk 公司开发的通用CAD软件 AutoCAD 为平台，按照国内当前最新的建筑设计和制图规范、标准图集开发的建筑设计软件，是国内建筑设计市场占有率长期居于领先地位的优秀国产建筑设计软件。

作者对本书的结构体系做了精心安排，力求系统、全面、清晰地介绍用天正建筑 2014 绘制建筑图形的方法及技巧。

全书分为 13 章，主要内容如下。

- 第 1 章：介绍天正建筑软件概述、建筑基础知识、TArch 2014 的新增功能及一些基本操作。
- 第 2 章：介绍 AutoCAD 2014 的基本功能、工作空间及绘图环境的设置。
- 第 3 章：介绍轴网和柱子的概念、创建轴网和柱子的方法、轴网标注与编辑的方法、轴号的编辑及柱子的编辑方法。
- 第 4 章：介绍墙体的概念、创建墙体的方法、墙体的编辑方法、墙体立面工具及内外识别工具。
- 第 5 章：介绍门窗的概念、创建、编辑，门窗编号与门窗表，门窗工具及门窗库。
- 第 6 章：介绍各种楼梯的创建、楼梯扶手与栏杆及其他设施的创建方法。
- 第 7 章：介绍房间面积的概念和创建，房间、洁具的布置，屋顶的创建方法。
- 第 8 章：介绍立面的概念、创建及编辑方法。
- 第 9 章：介绍剖面的概念、创建及编辑方法。
- 第 10 章：介绍天正文字及表格的概念、天正文字工具、天正表格工具、表格单元编辑。
- 第 11 章：介绍尺寸标注的概念、创建和编辑，符号标注、坐标标高标注及工程符号标注。
- 第 12 章：介绍天正工程管理、图纸布局的概念及命令、格式转换导出、图形转换工具、图框的用户定制。
- 第 13 章：介绍自定义参数设置、文字样式与尺寸样式、图层设置。

读者对象

本书内容切合实际、图文并茂、通俗易懂，是学习 TArch 天正建筑设计与工程应用的一本不可多得的教材，不仅适合建筑、土木工程技术人员自学使用，也可作为各类建筑制图培训班用作教材，还可作为建筑、土木工程等专业院校的教学参考教材。

附盘内容及用法

本书所附光盘主要包括以下两部分内容。

1. ".dwg" 图形文件

本书所有练习用到的及典型实例完成后的 ".dwg" 图形文件都收录在附盘中的 "\dwg\第×章" 文件夹下，读者可以随时调用和参考这些文件。

注意： 光盘上的文件都是"只读"文件，所以不能直接修改这些文件。读者可以先将这些文件复制到硬盘上，去掉文件的"只读"属性后再使用。

2. ".avi" 动画文件

本书大部分案例和习题的相关操作过程都录制成了 ".avi" 动画文件，并收录在附盘中的 "\avi\第×章" 文件夹下。

".avi" 是最常用的动画文件格式，读者用 Windows 系统提供的 "Windows Media Player" 就可以播放它，单击【开始】/【所有程序】/【附件】/【娱乐】/【Windows Media Player】选项即可打开。一般情况下，读者双击某个动画文件，即可观看该文件所录制的实例绘制过程。

注意： 播放文件前要安装光盘根目录下的 "avi_tscc.exe" 插件。

参加本书编写工作的还有沈精虎、黄业清、宋一兵、谭雪松、冯辉、计晓明、董彩霞、滕玲、管振起等。由于编者水平有限，书中难免存在疏漏之处，敬请读者批评指正。

感谢读者选择了本书，也欢迎读者把对本书的意见和建议告诉我们。

老虎工作室网站 http://www.ttketang.com，电子函件 ttketang@163.com。

老虎工作室
2016 年 2 月

目　录

第1章　天正建筑软件概述

【学习重点】

- 了解天正建筑软件概述。
- 熟悉建筑基础知识。
- 熟悉 TArch 2014 的新增功能。
- 掌握 TArch 2014 的一些基本操作。

1.1　天正建筑概述

目前，天正建筑软件作为一款被广泛应用的建筑设计软件，其课程已成为高等学校建筑类学生的必修课，熟练应用天正建筑软件的毕业生更易受到用人单位的青睐。

1.1.1　天正软件公司

天正公司是成立于 1994 年的一家高新技术企业。该公司一直以尊重用户需求为核心，为建筑设计者提供实用高效的设计工具为理念，应用先进的计算机技术，研发了以天正建筑为龙头的包括暖通、给排水、电气、结构、日照、市政道路、市政管线、节能和造价等专业的建筑 CAD 系列软件。如今，用户遍及全国的天正软件已成为建筑设计行业实际的绘图标准，为我国建筑设计行业计算机应用水平的提高，以及工程行业设计效率的提高，做出了卓越的贡献。

从 TArch 5.0 开始，天正告别了以往的基本图线堆砌，开始采用以智能化、三维可视化为特征的自定义对象技术构造专业构件，直接绘制出具有专业含义、经得起反复编辑修改的图形对象。自从推出 TArch 5.0 至今，天正建筑软件经历了 6 次较大的升级，天正软件开发人员与市场人员根据多年来用户不断的反馈和建议，结合自身的技术积累，开发出了今天我们所看到的 TArch 2014，该软件支持 32 位 AutoCAD 2004~2014 平台及 64 位 AutoCAD 2010~2014 平台，由于 AutoCAD LT 不支持应用程序运行，无法作为平台使用，本软件不支持 AutoCAD LT 的各种版本。同时需要指出，由于 Windows Vista 和 Windows 7 操作系统不能运行 AutoCAD 2000~2002，本软件在上述操作系统支持的平台限于 AutoCAD 2004 以上版本。

本软件能够为建筑工程人员提供海量的常用图库，并拥有轴网柱子、墙体、门窗、房屋屋顶、楼梯、立面、剖面、文字表格、三维建模、文件布图等特色功能，可以极大地提高工作效率，是目前建筑行业中最好用的 CAD 软件。

1.1.2　天正建筑软件帮助资源

　　TArch 2014 的文档包括使用手册、帮助文档和网站资源等内容。下面就其内容作简单介绍。

　　使用手册：就是软件发行时对正式用户提供的纸介质文档，其以书面文字形式全面、详尽地介绍了 TArch 2014 的功能和使用方法，在新华书店可以购买。但是该手册在一段时间内无法随着软件的升级及时得到更新，而联机帮助文档可以得到最新的学习资源。

　　帮助文档：是《天正软件—建筑系统 T-Arch 2014 使用手册》的电子版本，以 Windows 的 CHM 格式（帮助文档的形式）介绍了 TArch 2014 的功能和使用方法，这种文档形式能随软件升级而及时得到更新，例如，TArch 2014 以后如再发行升级补丁，将只提供帮助文档格式的手册。

　　教学演示：是 TArch 2014 发行时提供的实时录制教学演示教程，可使用 Flash 动画文件格式存储和播放。

　　自述文件：是发行时以文本文件格式提供用户参考的最新说明，例如，在 sys 下的 updhistory.txt 提供升级的详细信息。

　　日积月累：TArch 2014 启动时将提示有关软件使用的小诀窍。

　　常见问题：是使用天正建筑软件经常遇到的问题和解答（常称为 FAQ），以 MS Word 格式的 Faq.doc 文件提供。

　　其他帮助资源：通过访问北京天正工程软件有限公司的主页 www.tangent.com.cn，获得 TArch 2014 及其他产品的最新消息，包括软件升级和补充内容、下载试用软件、教学演示、用户图例等资源。此外，时效性最好的是天正软件特约论坛 www.abbs.com.cn，在上面可与天正建筑软件的研发团队一起交流经验。

1.2　建筑基础知识

　　基于 AutoCAD 图形平台开发的最新一代建筑软件 TArch 2014，继续以先进的建筑对象概念服务于建筑施工图设计，成为建筑 CAD 的首选软件。初学者刚接触天正软件时，往往对"上下开间"和"进深"等术语不理解，难免会一头雾水，进而影响对软件的学习。为了能让读者尽快地熟悉本建筑软件，本教程先对一些建筑基础知识进行简单的阐述。

1.2.1　开间/进深

对上下开间及左右进深可以按以下方式理解。
- 下开间：从下方分配房间的宽度尺寸，也可理解为从 x 轴方向划分房间的宽度尺寸。
- 上开间：顾名思义，就是从上方分配房间的宽度尺寸。
- 左进深：从左方分配房间的长度尺寸，也可理解为从 y 轴方向划分房间的深度尺寸。
- 右进深：从右方分配深度尺寸。

如果用户经常和 x、y 平面直角坐标系打交道，对开间和进深还可以简化理解为分别对

x、y 轴方向分配尺寸。

1.2.2 散水

散水是设在外墙四周的倾斜护坡，坡度一般为 3%～5%，宽度多在 1 米上下，其目的是迅速将地表水排离，避免勒脚和下部砌体受水。

散水另有保护墙基的作用，不做散水的房子，其墙壁容易出现裂缝。

1.2.3 房屋的类型及其组成

一、 房屋的类型

按房屋的使用功能划分，房屋的类型可以分为以下几类。

(1) 民用建筑。民用建筑又分为居住建筑和公共建筑。住宅、宿舍等称为居住建筑，办公楼、学校、医院、车站、旅馆、影剧院等称为公共建筑。

(2) 工业建筑。如工业厂房、仓库、动力站等。

(3) 农业建筑。如畜禽饲养场、水产养殖场和农产品仓库等。

二、 房屋的构件及其作用

房屋是由许多构件、配件和装修构造组成的。它们有些起承重作用，如屋面、楼板、梁、墙、基础。有些起防风、沙、雨、雪和阳光的侵蚀干扰作用，如屋面、雨篷和外墙。有些起沟通房屋内外和上下交通的作用，如门、走廊、楼梯、台阶等。有些起通风、采光的作用，如窗。有些起排水作用，如天沟、雨水管、散水、明沟等。有些起保护墙身的作用，如勒脚、防潮层等。

三、 房屋组成的有关概念

不管功能如何，房屋一般由基础、墙（柱）、地面楼面、屋面、楼梯和门窗 6 大部分组成。

- 基础：基础位于墙或柱的下部，属于承重构件，起承重作用，并将全部荷载传递给地基。
- 墙或柱：墙和柱都是将荷载传递给基础的承重构件。墙还能起到围成房屋和内部水平分隔的作用。墙按受力情况可分为承重墙和非承重墙，按位置可分为内墙和外墙，按方向可分为纵墙和横墙。两端的横墙通常称为山墙。
- 地面楼面：楼面又叫楼板层，是划分房屋内部空间的水平构件。其具有承重、竖向分隔和水平支撑的作用，并将楼板层上的荷载传递给墙（梁）或柱。
- 屋面：一般指屋顶部分。屋面是建筑物顶部承重构件，主要作用是承重、保温隔热和防水排水。它承受着房屋顶部包括自重在内的全部荷载，并将这些荷载传递给墙（梁）或柱。
- 楼梯：楼梯是各楼层之间垂直交通用的构件，为上下楼层连接之用。
- 门窗：门和窗均为非承重的建筑配件。门的主要功能是交通和分隔房间，窗的主要功能则是通风和采光，同时还具有分隔和围护的作用。

除以上 6 大组成部分以外，根据使用功能不同，还设有阳台、雨篷、勒脚、散水和明沟等。

1.2.4　建筑结构

建筑结构是指在建筑物（包括构筑物）中，由建筑材料做成用来承受各种荷载，以起骨架作用的空间受力体系。按照承重构件所采用的材料不同，一般可分为钢结构、木结构、砖混结构和钢筋混凝土结构 4 大类。目前，我国最常用的是砖混结构和钢筋混凝土结构。

一般民用建筑常采用砖砌筑墙体、钢筋混凝土梁和楼板的结构形式，这类结构形式习惯上叫做混合结构或砖混结构。厂房和高层建筑常采用钢筋混凝土结构。

1.2.5　建筑规模

建筑规模主要包括占地面积和建筑面积，是确定设计出的图纸是否满足规划部门要求的依据。

- 占地面积：建筑物底层外墙皮以内所有面积之和。
- 建筑面积：建筑物外墙皮以内各层面积之和。

1.2.6　标高

标高表示建筑物某一部位相对于基准面（标高的零点）的竖向高度，是竖向定位的依据。标高分为相对标高和绝对标高两种。以建筑物底层室内地面为零点的标高称为相对标高，以青岛黄海平均海平面的高度为零点的标高称为绝对标高。建筑设计说明中要说明相对标高与绝对标高的关系，例如，"相对标高±0.000m 相对于绝对标高 120.100m"说明该建筑物底层室内地面设计在比海平面高 120.100m 的水平面上。

标注标高要用标高符号（细实线绘制、高为 3mm 的等腰直角三角形），标高以 m（米）为单位，一般图中标注到小数点后第 3 位，到 mm（毫米）。在总平面图中注写到小数点后第二位。零点标高的标注方式为 $\underset{\smallsmile}{\pm0.000}$，正数标注不用写"+"号，例如+3.3m 的标注方式为 $\underset{\smallsmile}{3.300}$。

1.2.7　装修

装修是指在一定区域和范围内进行的，包括走水电施工、墙体、地板、天花板、景观等需要实现的，依据一定设计理念和美观规则形成的一整套施工与解决方案。装修方面的内容可谓包罗万象，主要包括地面、楼面、墙面等做法。首先，要掌握施工说明中的各种数字、符号的含义。如"一般地面：素土夯实基层，74 厚 C10 混凝土垫层……"。说明地面的做法：先将室内地基土夯实作为基层，在基层上做厚度为 74 的 C10 混凝土作为垫层（结构层），在垫层上再做面层。再如"一般楼地面：在结构层上做 25 厚 1∶2.5 水泥砂浆找平层，素水泥浆结合层一道，15 厚 1∶2 水泥瓜米石地面"。这里需要了解比例标注方法，如"1∶2.5 水泥砂浆"是指水泥砂浆的配料比（按体积比计），即水泥占 1 份，砂子占 2.5 份，两者按此比例拌和。

1.2.8 平面图

一、 平面图的形成

假想用一个水平平面沿门窗洞口将房屋剖切开，移去剖切平面以上部分，将余下的部分按正投影的原理投射，在投影面上所得到的图称为平面图。

二、 平面图的名称

- 底层平面图：沿底层门窗洞口剖切开得到的平面图称为底层平面图（图1-1 所示为某别墅首层平面图），又称为首层平面图或一层平面图。

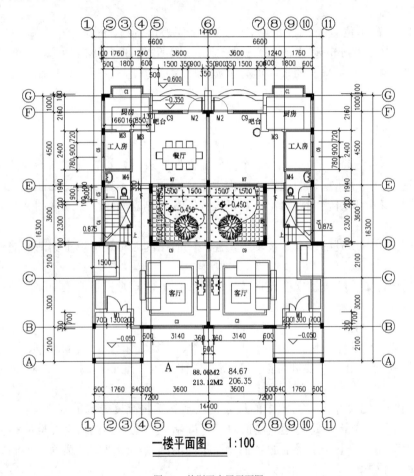

一楼平面图　1:100

图1-1　某别墅底层平面图

- 二层平面图：沿二层门窗洞口剖切开得到的平面图称为二层平面图。
- 标准层平面图：在多层和高层建筑标准层平面图中，中间几层剖开后的图形往往是一样的，这时只需要画一幅平面图作为代表层，将这一个作为代表层的平面图称为标准层平面图。
- 顶层平面图：沿最上一层的门窗洞口剖切开得到的平面图称为顶层平面图。将房屋直接从上向下进行投射得到的平面图称为屋顶平面图。

综上所述，在多层和高层建筑中一般包括底层平面图、标准层平面图、顶层平面图和屋顶平面图共 4 种。此外，有的建筑还包括地下层（±0.000 以下）平面图。

三、门和窗

在平面图中只能反映出门窗的平面位置、洞口宽窄及与轴线的关系（门窗应按常用建筑配件图例进行绘制）。在施工图中，门的代号是 M，窗的代号是 C，代号后面要写上编号，如 M1、M2……和 C1、C2……同一编号表示同一类型的门窗，其构造和尺寸都一样。

一般情况下，在首页图或平面图上附有一个门窗表，列出了门窗的编号、名称、尺寸、数量及所选标准图集的编号等内容。

此外，对门窗的制作、安装还需查找相应的详图。

四、高窗

在平面图中窗洞位置若画成虚线，则表示此窗为高窗（高窗是指窗洞下口高度高于 1500mm，一般为 1700mm 以上的窗）。按剖切位置和平面图的形成原理，高窗在剖切平面上方，并不能投射到本层平面图上，但为了施工时阅读方便，国标规定把高窗画于所在楼层上并用虚线表示。

1.2.9　立面图

一般建筑物都有前、后、左、右 4 个面。立面图是表示建筑物外墙面特征的正投影图。其中，表示建筑物正立面特征的正投影图称为正立面图。表示建筑物背立面特征的正投影图称为背立面图。表示建筑物侧立面特征的正投影图称为侧立面图，侧立面图又分为左侧立面图和右侧立面图。

在建筑施工图中一般都设有定位轴线，建筑立面图的名称还可以根据两端的定位轴线编号来确定。

立面图是设计工程师表达立面设计效果的重要图纸，同时也是施工中墙面造型、外墙面装修、工程概预算和备料等的依据。

立面图的主要内容如下。

(1)　表明建筑物外部形状，主要有门窗、台阶、雨篷、阳台、烟囱和雨水管等的位置。

(2)　用标高表示出各主要部位的相对高度，如室内外地面标高、各层楼面标高及檐口标高。

(3)　立面图中的尺寸。立面图中的尺寸是表示建筑物高度方向的尺寸，一般用 3 道尺寸线表示：其中，最外面一道为建筑物的总高（即从室外地面到檐口女儿墙的高度）；中间一道尺寸线为层高，即下一层楼地面到上一层楼面的高度；最里面一道为门窗洞口的高度及与楼地面的相对位置。

(4)　外墙面的分格。建筑外墙面的分格线以横线条为主，竖线条为辅，利用通长的窗台、窗檐进行横向分格，利用入口处两边的墙垛进行竖向分格。

(5)　外墙面的装修。外墙面装修一般用索引符号表示具体做法（具体做法还需查找相应的标准图集）。

1.2.10　剖面图

剖面图是指房屋的垂直剖面图。假想用一个正立投影面或侧立投影面的平行面将房屋剖切开，移去剖切平面与观察者之间的部分，将剩余部分按正投影的原理投射到与剖切平面平行的投影面上，得到的图称为剖面图。用侧立投影面的平行面进行剖切，得到的剖面图称为横剖面图。用正立投影面的平行面进行剖切，得到的剖面图称为纵剖面图。

其实，也可以简单理解为将墙面移开，看到房屋内部的结构。

剖面图同平面图、立面图一样，是建筑施工图中最重要的图纸之一，用于表示建筑物的整体情况。剖面图主要用来表达建筑物的结构形式、分层情况、层高及各部位的相互关系，是施工、概预算及备料的重要依据。

1.2.11 图纸比例

房屋建筑平面图、立面图、剖面图是全局性的图纸，因为建筑物体积较大，所以常采用缩小比例的方式绘制。一般的建筑常用 1：100 的比例绘制，对于体积特别大的建筑，也可采用 1：200 的比例。

通过对上述建筑基础知识的了解，就可以轻松进入 AutoCAD 和天正建筑软件的学习了。

1.3 TArch 2014 新增的主要功能和改进

天正公司新推出的天正建筑 2014 版，支持 32 位 AutoCAD 2004~2014 以及 64 位 AutoCAD 2010~2014 平台。为了便于新老用户对 TArch 2014 的了解，本节先简单介绍一下 TArch 2014 新增的主要功能和改进，从而方便读者进行进一步的学习。

1.3.1 配合新的制图规范和实际工程需要完善天正注释系统

TArch 2014 注释系统的改进有以下几个方面。

- 增加【快速标注】命令，用于一次性批量标注框选实体的尺寸。
- 增加【弧弦标注】命令，通过鼠标位置切换要标注的尺寸类型，可标注弧长、弧度和弦长。
- 增加【双线标注】命令，可同时标注第一道和第二道尺寸线。
- 改进【等式标注】命令，可以自动进行计算。
- 优化【取消尺寸】命令，不仅可以取消单个区间，也可框选删除尺寸。
- 优化【两点标注】命令，通过点选门窗、柱子增补或删除区间。
- 【合并区间】支持点选区间进行合并。
- 尺寸标注支持文字带引线的形式。
- 【逐点标注】支持通过键盘精确输入数值来指定尺寸线位置，在布局空间操作时支持根据视口比例自动换算尺寸值。
- 【连接尺寸】支持框选。
- 【角度标注】取消逆时针点取的限制，改为手工点取标注侧。
- 弧长标注可以设置其尺寸界线是指向圆心（新国标）还是垂直于该圆弧的弦（旧国标）。
- 角度、弧长标注支持修改箭头大小。
- 修改尺寸自调方式，使其更符合工程实际需要。

- 坐标标注增加线端夹点，用于修改文字基线长度。
- 坐标在动态标注状态下按当前 UCS 换算坐标值。
- 建筑标高在"楼层号/标高说明"项中支持输入"/"。
- 标高符号在动态标注状态下按当前 UCS 换算标高值。
- 【标高检查】支持带说明文字的标高和多层标高，增加根据标高值修改标高符号位置的操作方式。
- 增大做法标注的文字编辑框。
- 索引图名采用无模式对话框，增加对文字样式、字高等的设置，增加比例文字夹点。

1.3.2 支持代理对象显示，解决导出低版本问题并优化功能

TArch 2014 支持代理对象显示，解决了导出低版本问题并优化功能。

- 解决 2013 图形导出天正 8.0 以后，再用 9.0 打开崩溃的问题。
- 解决 2013 图形导出天正 8.0 以后，用 8.0 打开门窗、洞口丢失问题。
- 解决构件导出命令无法导出天正对象信息的问题。
- 解决批量转旧命令在选取某些图形后退出命令的问题。
- 解决设置为文字可出圈这种形式的索引图名，在导出成 T8 格式时不能分解的问题。
- 新增选中图形"部分导出"的功能。
- 解决图形导出 T3 后不支持用户自定义尺寸样式、文字样式的问题。
- 符号标注对象在导出低版本时可设置分解出来的文字是随符号所在图层，还是统一到文字图层。
- 解决门窗图层关闭后在打印时仍会被打印出来的问题。

1.3.3 改进墙、柱、门窗等核心对象及部分相关功能

TArch 2014 改进墙、柱、门窗等核心对象及部分相关功能，详细如下。

- 【墙体分段】命令采用更高效的操作方式，允许在墙体外取点，可以作用于玻璃幕墙对象。
- 将原【转为幕墙】命令更名为【幕墙转换】，增加玻璃幕墙转为普通墙的功能。
- 【绘制轴网】增加通过拾取图中的尺寸标注得到轴网开间和进深尺寸的功能。
- 门窗检查设置对话框中的所有参数改为永久保存直到再次手工修改。
- 在门窗检查对话框中修改门窗的二维、三维样式后，原图门窗改为"更新原图"后再修改。
- 转角凸窗支持在两段墙上设置不同的出挑长度。
- 普通凸窗支持修改挑板尺寸。
- 门窗对象编辑时，同编号的门窗支持选择部分编辑修改。
- 改进了门窗、转角窗、带形窗按尺寸自动编号的规则。
- 门窗检查外部参照中的门窗时，对话框中所有外部参照中的门窗参数改为灰显。

软件基本操作

- 解决门窗对中绘制台阶，若点了沿墙偏移绘制后再点"矩形单面台阶""矩形三面台阶"或"圆弧台阶"时，"起始无踏步"和"终止无踏步"项依然亮显的问题。
- 修改柱子的边界计算方式，以柱子的实际轮廓计算其所占范围。
- 解决带形窗在通过丁字相交的墙时，在相交处的显示问题。
- 解决删除与带形窗所在墙体相交的墙，带形窗也会被错误删除的问题。
- 解决钢筋混凝土材料的门窗套加粗和填充显示问题。
- 解决墙体线图案填充存在的各种显示问题。

1.3.4 其他新增改进功能

TArch 2014 中其他新增改进功能如下。

- 改进【局部可见】命令，在执行【局部隐藏】命令后仍可执行命令。
- 解决打开文档时，原空白的 drawing1.dwg 文档不会自动关闭的问题。
- 【关闭图层】和【冻结图层】支持选择对象后空格确定。
- 【查询面积】当没有勾选"生成房间对象"项时，生成的面积标注支持屏蔽背景，其数字精度受天正基本设定的控制。
- 支持图纸直接拖曳到天正图标处打开。
- 新增【踏步切换】右键菜单命令用于切换台阶某边是否有踏步。
- 新增【栏板切换】右键菜单命令用于切换阳台某边是否有栏板。
- 新增【图块改名】命令用于修改图块名称。
- 新增【长度统计】命令用于查询多个线段的总长度。
- 增加【布停车位】命令用于布置直线与弧形排列的车位。
- 增加【总平图例】命令用于绘制总平面图的图例块。
- 新增【图纸比对】和【局部比对】命令用于对比两张 DWG 图纸内容的差别。
- 新增【备档拆图】命令用于把一张 DWG 中的多张图纸按图框拆分为多个 DWG 文件。
- 【图层转换】命令解决某些对象内部图层及图层颜色和线型无法正常转换的问题。

1.4 软件基本操作

天正建筑软件的基本操作包括：初始设置基本参数选项，新提供的工程管理功能中的新建工程、编辑已有工程的命令操作，新引入的文字在位编辑的具体操作方法等。

1.4.1 选项设置与自定义界面

TArch 2014 为用户提供了初始设置功能，通过【天正选项】对话框进行设置，分为【基本设定】、【加粗填充】及【高级选项】3 个选项卡。

(1) 【基本设定】：用于设置软件的基本参数和命令默认执行效果，读者可以根据工程的实际要求对其中的内容进行设定，如图 1-2 所示。

图1-2 【基本设定】选项卡

(2) 【加粗填充】：专用于墙体与柱子的填充，提供各种填充图案和加粗线宽，并有"标准"和"详图"两个级别，由用户通过【基本设定】选项卡中的【当前比例】文本框给出界定。当前比例大于设置的比例界限，就会从一种填充与加粗选择进入另一个填充与加粗选择，有效地满足了施工图中不同图纸类型填充与加粗详细程度的不同的要求，如图 1-3 所示。

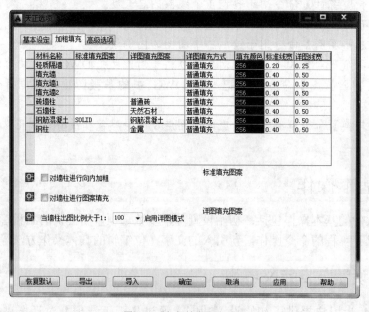

图1-3 【加粗填充】选项卡

(3) 【高级选项】：用户可以通过电子表格对 TArch 2014 的系统参数进行自由配置，使软件可以更加灵活地满足用户个性化的需求，如图 1-4 所示。

图1-4　【高级选项】选项卡

1.4.2　工程管理工具的使用方法

工程管理工具是管理同属于一个工程下的图纸（图形文件）的工具，启动【文件布图】/【工程管理】后弹出一个界面，如图1-5所示。

单击【工程管理】界面最上方的下拉列表，打开【工程管理】菜单，如图1-6所示，其中可以选择【打开工程】、【新建工程】等命令。为保证与旧版本兼容，特地提供了【导入楼层表】与【导出楼层表】命令。

下面用【新建工程】命令为当前图形建立一个新的工程，并为工程命名（如0）。

该界面下方又分为【图纸】、【楼层】和【属性】栏，图纸栏中预设有平面图、立面图等多种图形类别，先介绍图纸栏的使用。

图纸栏用于管理以图纸为单位的图形文件，鼠标右键单击工程名称"0"弹出快捷菜单，在其中可以为工程添加图纸或子类别，如图1-7所示。

在工程的任意类别上单击鼠标右键，在弹出的快捷菜单中也可添加图纸或类别，只不过这种方式是添加在该类别下，也可以把已有图纸分类或移除，如图1-7所示。

图1-5　【工程管理】界面

图1-6　新建工程或导入楼层表

图1-7　为图纸集添加图纸

单击【添加图纸】命令，弹出图 1-8 所示的【选择图纸】对话框，在对话框中逐个加入属于该类别的图形文件，注意事先应该使同一个工程的图形文件放在同一个文件夹下。

图1-8 【选择图纸】对话框

在 TArch 2014 中，以楼层栏中的楼层工具图标命令控制属于同一工程中的各个标准层平面图，允许不同的标准层存放于一个图形文件中，通过图 1-9 所示的第二个图标命令，可以在本图中框选标准层的区域范围，具体命令的使用详见【立面】、【剖面】等命令。

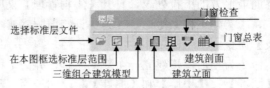

图1-9 楼层栏中的工具图标命令

在下面的楼层层号表中输入"对应层号"，定义为一个标准层，并取得层高，双击左侧的按钮可以随时在本图预览框中查看所选择的标准层范围。对不在本图的标准层，单击空白文件名右侧的按钮，在【选择标准图形文件】对话框中以普通文件选取方式选择图形文件，如图 1-10 所示。

图1-10 楼层表的创建

1.4.3 天正屏幕菜单的使用方法

TArch 2014 提供了方便的智能化菜单系统，采用 256 色图标的新式屏幕菜单，图文并茂、层次清晰，支持鼠标滚轮操作，使子菜单之间切换快捷。屏幕菜单的右键功能丰富，可执行命令帮助、目录跳转、启动命令、自定义等操作。在绘图过程中，右键快捷菜单能感知选择对象类型，弹出相关编辑菜单，可以随意定制个性化菜单适应用户习惯，汉语拼音快捷命令使绘图更快捷，图 1-11 所示为天正屏幕菜单的两种风格。

折叠风格　　推拉风格

图1-11　天正屏幕菜单的风格

1.4.4　状态栏功能的使用方法

TArch 2014 的状态栏功能强大，状态栏的比例控件可设置当前比例和修改对象比例，提供了编组、墙基线显示、加粗、填充和动态标注（对标高和坐标有效）控制，如图 1-12 所示。

图1-12　状态栏

1.4.5　多平台的对象动态输入方法

AutoCAD 从 2006 版开始引入了对象动态输入编辑的交互方式，天正将其全面应用到天正对象，适用于从 2004 版起的多个 AutoCAD 平台，这种在图形上直接输入对象尺寸的编辑方式，有利于提高绘图效率。图 1-13 所示为动态修改门窗垛尺寸。

图1-13　动态修改门窗垛尺寸

1.4.6　专业化标注系统

天正专门针对建筑行业图纸的尺寸标注开发了专业化的标注系统，轴号、尺寸标注、符号标注、文字等都使用对建筑绘图最方便的自定义对象进行操作，取代了传统的尺寸、文字对象。按照建筑制图规范的标注要求，对自定义尺寸标注对象提供了前所未有的灵活修改手段，如图 1-14 所示。由于天正是专门为建筑行业而设计，所以在使用方便的同时简化了标注对象的结构，节省了内存，减少了命令的数目。

天正按照规范中制图图例所需要的符号创建了自定义的专业符号标注对象，各自带有符合出图要求的专业夹点与比例信息，编辑时夹点拖动的行为符合设计习惯。符号对象的引入妥善地解决了 CAD 符号标注规范化的问题。

图1-14　标注系统

1.4.7　文字表格功能

TArch 2014 的自定义文字对象可方便地书写和修改中西文混排文字,方便地输入和变换文字的上下标,输入特殊字符,书写加圈文字等。文字对象可分别调整中西文字体各自的宽高比例,修正 AutoCAD 所使用的两类字体(*.shx 与*.ttf)中英文实际字高不等的问题,使中西文字混合标注符合国家制图标准的要求。此外,天正文字还可以设定对背景进行屏蔽,获得清晰的图面效果。

天正建筑的在位编辑文字功能为整个图形中的文字编辑服务,双击文字即可进入编辑框,如图 1-15 所示。

图1-15　在位编辑文字功能

天正表格使用了先进的表格对象,其交互界面与 Excel 的电子表格编辑界面类似,如图 1-16 所示。表格对象具有层次结构,用户可以完整地把握如何控制表格的外观表现,制作出有个性化的表格。更值得一提的是,天正表格还实现了与 Excel 的数据双向交换,使工程制表同办公制表一样方便、高效。

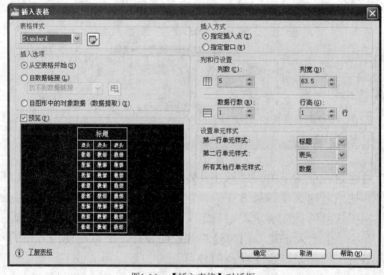

图1-16　【插入表格】对话框

1.4.8 图库管理系统和图块功能

TArch 2014 的图库管理系统采用先进的编程技术，支持贴附材质的多视图图块，支持同时打开多个图库的操作，如图 1-17 所示。

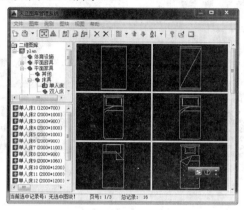

图1-17 【天正图库管理系统】窗口

天正图块提供 5 个夹点，直接拖动夹点即可进行图块的对角缩放、旋转、移动等变化。

天正可对图块附加"图块屏蔽"特性，图块可以遮挡背景对象而无需对背景对象进行裁剪。通过对象编辑可随时改变图块的精确尺寸与转角。

天正的图库系统采用图库组 TKW 文件格式，同时管理多个图库，通过分类明晰的树状目录使整个图库结构一目了然。类别区、名称区和图块预览区之间可随意调整最佳可视大小及相对位置，图块支持拖曳排序、批量改名、新入库自动以"图块长*图块宽"的格式命名等功能，最大程度地方便用户。

图库管理界面采用了平面化图标工具栏和菜单栏，符合流行软件的外观风格与使用习惯。由于各个图库是独立的，系统图库和用户图库分别由系统和用户维护，便于版本升级。

1.4.9 与 AutoCAD 兼容的材质系统

天正建筑软件提供了与 AutoCAD 2006 以下版本渲染器兼容的材质系统，包括全中文标识的大型材质库、具有材质预览功能的材质编辑和管理模块。天正对象模型同时支持 AutoCAD 2007~2014 版的材质定义与渲染，为选配建筑渲染材质提供了便利，如图 1-18 所示。

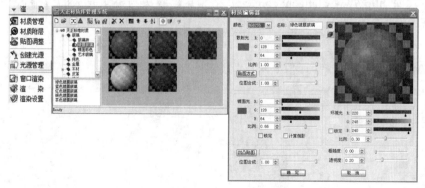

图1-18 材质编辑器

天正图库支持贴附材质的多视图图块，这种图块在完全二维的显示模式下按二维显示，而在着色模式下显示附着的彩色材质，新的图库管理程序能预览多视图图块的真实效果，如图 1-19 所示。

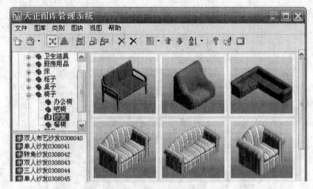

图1-19　多视图图块的真实效果

1.5　小结

本章主要介绍了如下内容。

(1)　介绍了天正软件的概况及获得天正建筑软件 TArch 2014 有关帮助文档与技术支持的途径。

(2)　阐述了一些建筑基础知识，便于初学者更好地熟悉天正建筑软件 TArch 2014。

(3)　详细介绍了 TArch 2014 的新增功能。

(4)　对天正建筑软件的基本操作做了简单的描述，为读者后续的学习打下一定的基础。

(5)　本教程要求实践性很强，一般教学包括课堂讲授和上机实习两个主要环节，这两个环节是相辅相成、密不可分的。计算机是必不可少的设备，上机实习是必不可少的环节，教师指导学生熟悉 CAD 软件的环境，演练操作步骤及掌握要领。读者最好是拥有一台计算机，一般的计算机已足够运行 AutoCAD 及天正软件。

1.6　习题

1.　利用天正建筑软件 TArch 2014 自带的帮助文件进行学习，熟悉帮助文档的内容。

2.　到网站（如 http://www.tangent.com.cn）上浏览、收集与建筑有关的资料，并参加相关的论坛讨论。

第2章 AutoCAD 2014 基础知识

【学习重点】

- AutoCAD 2014 的基本功能。
- AutoCAD 2014 的工作空间。
- AutoCAD 2014 工作空间的基本操作。
- AutoCAD 2014 绘图环境的设置。

2.1 AutoCAD 2014 的基本功能

AutoCAD 是美国 Autodesk 公司于 20 世纪 80 年代初，为在微机上应用 CAD 技术而研制开发的绘图程序软件包，经过不断地完善，现已成为国际上广为流行的绘图工具。

AutoCAD 具有良好的用户界面，通过交互菜单或命令行方式便可以进行各种操作。它的多文档设计环境，让非计算机专业人员也能很快地学会使用。在不断实践的过程中更好地掌握它的各种应用和开发技巧，从而不断提高工作效率。

AutoCAD 具有广泛的适应性，它可以在各种操作系统支持的微型计算机和工作站上运行，支持分辨率由 320×200 到 2048×1024 的各种图形显示设备 40 多种，数字化仪和鼠标器 30 多种，绘图仪和打印机数十种，这为 AutoCAD 的普及创造了条件。

AutoCAD 具有功能强大、易于掌握、使用方便、体系结构开放等特点，能够绘制平面图形与三维图形、标注图形尺寸、渲染图形及打印输出图纸，深受广大工程技术人员的欢迎。

2.1.1 创建与编辑图形

AutoCAD 2014 功能区中【常用】选项卡下的【绘图】面板中包含着丰富的绘图命令，使用它们可以绘制直线、构造线、多段线、圆、矩形、多边形、椭圆等基本图形，也可以将绘制的图形转换为面域，对其进行填充。如果再借助【常用】选项卡下的【修改】面板中的各种命令，还可以绘制出各种各样的二维图形。图 2-1 所示为使用 AutoCAD 绘制的二维图形。

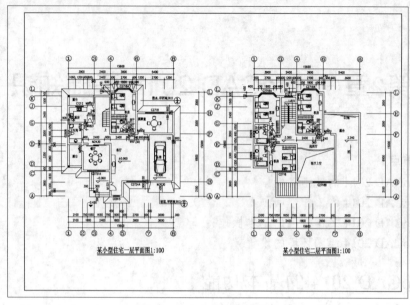

图2-1   AutoCAD 绘制的二维图形

2.1.2   标注图形尺寸

尺寸标注是在图形中添加测量注释的过程，是整个绘图过程中不可缺少的一步。使用 AutoCAD 功能区的【注释】选项卡下的【标注】面板中的命令，可以在图形的各个方向上创建各种类型的标注，也可以方便、快速地以一定格式创建符合行业或项目标准的标注。图 2-2 所示为使用 AutoCAD 标注的图形尺寸。

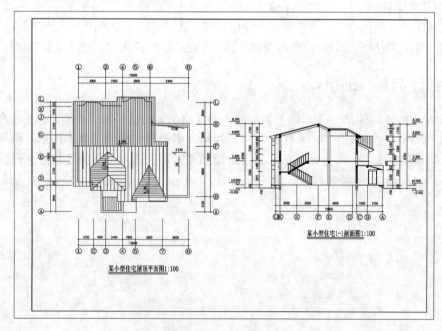

图2-2   AutoCAD 标注的图形尺寸

2.1.3　渲染三维图形

在 AutoCAD 中，可以运用雾化、光源和材质，将模型渲染为具有真实感的图像。如果是为了演示，可以渲染全部对象。如果时间有限，或是显示设备和图形设备不能提供足够的灰度等级和颜色时，就不必精细渲染。如果只需快速查看设计的整体效果，则可以简单消隐或设置视觉样式。

2.2　AutoCAD 2014 的工作空间

AutoCAD 2014 提供了【二维草图与注释】、【三维建模】和【AutoCAD 经典】3 种工作空间模式。

2.2.1　选择工作空间

如果想在 3 种工作空间模式中进行切换，可以单击状态栏中的 按钮，在弹出的菜单中选择相应的命令即可，如图 2-3 所示。

图2-3　空间模式菜单

2.2.2　二维草图与注释空间

默认状态下，打开【二维草图与注释】空间，其界面主要由菜单浏览器 按钮、功能区选项板、快速访问工具栏、文本窗口与命令行、状态栏等元素组成，如图 2-4 所示。在该空间中，可以使用【绘图】、【修改】、【图层】、【标注】、【文字】和【表格】等面板方便地绘制二维图形。

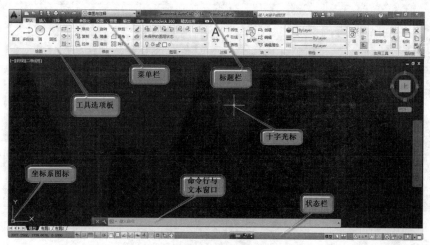

图2-4　二维草图与注释空间界面

2.2.3　三维建模空间

使用【三维建模】空间，可以更加方便地在三维空间中绘制图形。在功能区选项板中集成了【建模】、【视觉样式】、【光源】、【材质】、【渲染】和【导航】等面板，从而为绘制三维图形、观察图形、创建动画、设置光源，为三维对象附加材质等操作提供了非常便利的环境，如图 2-5 所示。

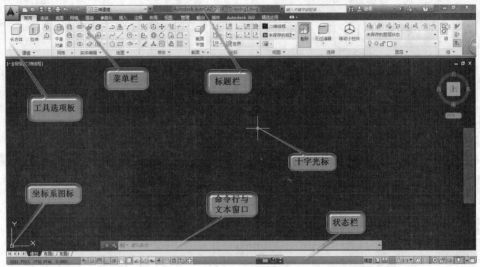

图2-5　三维建模空间界面

2.2.4　AutoCAD 经典空间

对于习惯用 AutoCAD 传统界面的用户来说，可以使用【AutoCAD 经典】工作空间，其界面主要由快速访问工具栏、菜单栏、工具栏、命令行与文本窗口、状态栏等元素组成，如图 2-6 所示。

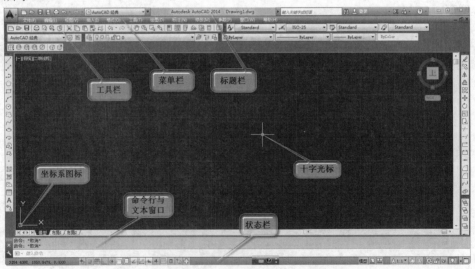

图2-6　AutoCAD 经典空间工作界面

2.3 AutoCAD 工作空间的基本操作

AutoCAD 的各个工作空间都包含菜单浏览器按钮、快速访问工具栏、标题栏、绘图窗口、文本窗口、状态栏和选项板等元素。在 AutoCAD 中图形文件的基本操作，一般包括创建新文件、打开已有的图形文件、保存文件、加密文件及关闭图形文件等。

2.3.1 创建新图形文件

在快速访问工具栏中直接单击□按钮，或单击▲按钮，在弹出的菜单中选择【新建】/【图形】命令，可以创建新图形文件，此时将打开【选择样板】对话框，如图 2-7 所示。

图2-7 【选择样板】对话框

2.3.2 打开图形文件

在快速访问工具栏中单击▷按钮，或单击▲按钮，在弹出的菜单中选择【打开】/【图形】命令，可以打开已有的图形文件，此时将打开【选择文件】对话框，如图 2-8 所示。

图2-8 【选择文件】对话框

2.3.3   保存图形文件

在 AutoCAD 中，可以使用多种方式将所绘图形以文件形式存入磁盘。例如，在快速访问工具栏中单击 ![保存] 按钮，或单击 ![应用] 按钮，在弹出的菜单中选择【保存】命令，以当前使用的文件名保存图形。也可以单击 ![应用] 按钮，在弹出的菜单中选择【另存为】/【AutoCAD 图形】命令，将当前图形以新的名称保存，如图 2-9 所示。

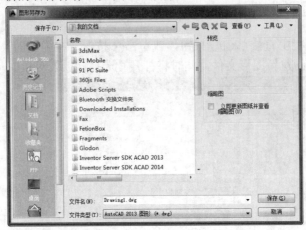

图2-9   【图形另存为】对话框

2.3.4   加密保护绘图数据

单击 ![应用] 按钮，在弹出的菜单中选择【保存】或【另存为】/【AutoCAD 图形】命令时，将打开【图形另存为】对话框。在该对话框的【工具】下拉列表中选择【安全选项】，将打开【安全选项】对话框。在【密码】选项卡中，可以在【用于打开此图形的密码或短语】文本框中输入密码，然后单击 确定 按钮打开【确认密码】对话框，并在【再次输入用于打开此图形的密码】文本框中输入确认密码，如图 2-10 所示。

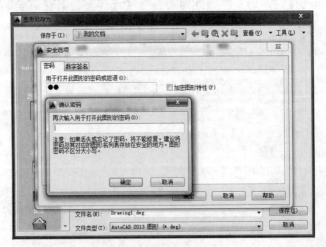

图2-10   加密保护绘图数据操作

2.4 设置绘图环境

一般情况下，安装好 AutoCAD 2014 后就可以在其默认状态下绘制图形，但有时为了使用特殊的定点设备、打印机，或为了提高绘图效率，用户需要在绘制图形前先对系统参数、绘图环境进行设置。下面将介绍 AutoCAD 提供的几种常用的辅助绘图设置方式。

2.4.1 设置绘图单位

一般情况下，绘图单位应该在正式使用 AutoCAD 绘图前设置。通常，AutoCAD 使用十进制单位进行数据显示或数据输入，用户可以采用 1∶1 的比例绘图，因此，所有的直线、圆和其他对象都可以用真实大小来绘制。在打印图形时，再将图形按图纸大小进行缩放即可。用户可以根据具体工作需要设置单位类型和数据精度。

在 AutoCAD 2014 中，选择菜单命令【格式】/【单位】，弹出【图形单位】对话框，如图 2-11 所示。在对话框中可以设置绘图时使用的长度单位、角度单位、插入比例及单位的显示格式和精度等参数。

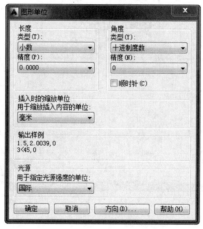

图2-11 【图形单位】对话框

2.4.2 设置绘图界限

在 AutoCAD 2014 中，使用 Limits（界限）命令可以在模型空间中设置一个想象的矩形绘图区域，也称为图限。图限确定的区域是可见栅格指示的区域，如图 2-12 所示。

图纸是有一定尺寸规格的，单位大多为毫米或英寸。常用图纸规格有 A0～A5。选用的图纸大小反映到 AutoCAD 中就是绘图的界限，即绘图界限应设置为与选定图纸的大小相等或略大。

在世界坐标系中，界限由一对二维点确定，即左下角点和右上角点，在命令行中输入 Limits 命令或选择菜单命令【格式】/【图形界限】，命令行提示如下。

指定左下角点或[开(ON)/关(OFF)]<默认值>：

指定右上角点<默认值>：

通过选择"开"或"关"选项可以决定能否在图限之外指定一点。如果选择"开"选项，将打开界限检查，默认图限为 A3 纸幅面，即 420mm×297mm，可以接受其默认值或输入一个新值，以确定图限的左下角位置和右上角位置。用户不能在图限之外结束一个对象，也不能使用【移动】或【复制】命令将图形移到图限之外，但可以指定两个点（中心和圆周上的点）来画圆，圆的一部分可以在界限之外。反之，AutoCAD 将关闭界限检查，可以在图限之外绘制对象或指定点。

　界限检查只能帮助用户避免将图形绘制在假想的矩形区域之外。打开界限检查对于避免在界限之外指定点是一种安全检查机制，但是如果需要指定这样的点，则界限检查又是个障碍，用户可以根据具体需要进行设定。

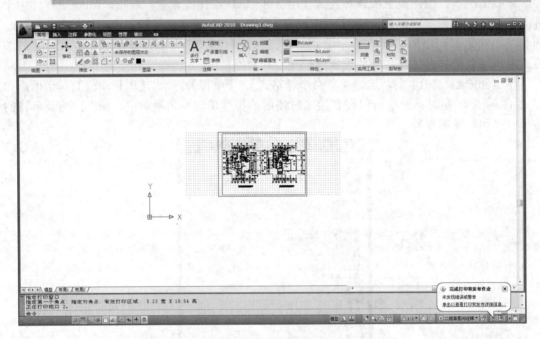

图2-12　可见栅格指示的图限

2.4.3　设置对象捕捉

在 AutoCAD 中绘制图形时，尽管用户可以通过移动鼠标光标确定定位点，但该方法很难精确到指定点的某一位置，因此要对点精确定位时，可以使用系统提供的捕捉功能，使用户在不知道坐标的情况下也可以精确定位和绘制图形。

【对象捕捉】工具栏如图 2-13 所示。

图2-13　【对象捕捉】工具栏

其中各按钮的含义如下。

- 【临时追踪点】按钮：命令形式为 TT，用于临时使用对象捕捉跟踪功能，可以在不打开对象捕捉跟踪功能的情况下临时使用一次该功能。
- 【捕捉自】按钮：命令形式为 FROM，用于设置一个参照点以便于定位。在使用该功能时，可以指定一个临时点，然后根据该临时点来确定其他点的位置。

- 【捕捉到端点】按钮 ✎：命令形式为 ENDP，用于捕捉圆弧、线段、网格、椭圆弧、射线或多线段的最近端点。

- 【捕捉到中点】按钮 ✎：命令形式为 MID，用于捕捉圆弧、椭圆弧、线段、多段线、面域、实体、样条曲线或参照线的中点。

- 【捕捉到交点】按钮 ✕：命令形式为 INT，用于捕捉圆弧、圆、椭圆弧、直线、多段线、椭圆、样条曲线、结构线、射线或平行多线线段任何组合体之间的交点。该功能可用于面域和曲线的边，但不能用于三维实体的边或交点。对于两个对象的虚拟交点，可以自动实现延伸交点捕捉。

- 【捕捉到外观交点】按钮 ✕：命令形式为 APPINT，用于捕捉两个对象外观的交点包括两种不同的捕捉模式，即外观交点和延伸外观交点。外观交点捕捉可以捕捉两个在三维空间中不相交但在屏幕上看起来相交的交点，延伸外观交点可以捕捉两个对象沿着它们所绘路径延伸方向的虚线交点。

- 【捕捉到延长线】按钮 ⎯：命令形式为 EXT，用于捕捉线段或圆弧的延长线上的点，可以与交点捕捉、外观交点捕捉一起得到延伸交点。

- 【捕捉到圆心】按钮 ◎：命令形式为 CEN，用于捕捉圆、圆弧、椭圆、椭圆弧或实体填充线的圆（中）心点。

 圆和圆弧必须在圆周上拾取一点方可捕捉到圆心。

- 【捕捉到象限点】按钮 ◈：命令形式为 QUA，用于捕捉圆、圆弧、椭圆、椭圆弧、填充线的象限点（0°、90°、180°、270°），象限点取决于当前 UCS 的方向。

- 【捕捉到切点】按钮 ○：命令形式为 TAN，用于捕捉选取点与圆、圆弧、椭圆或样条曲线相切的切点。

- 【捕捉到垂足】按钮 ⊥：命令形式为 PER，用于捕捉垂直于直线、圆或圆弧上的点，可以捕捉到与另一个对象或其虚拟延伸形成正交对象的点，可以对直线、椭圆、样条曲线或圆弧这些对象使用垂足对象捕捉。

- 【捕捉到平行线】按钮 ∥：命令形式为 PAR，用于将用户选定的实体作为平行的基准，当鼠标光标与所绘制的前一点的连线方向平行于基准方向时，系统将显示出一条临时的平行线，用户可以捕捉到此线上的任意点。

- 【捕捉到插入点】按钮 ⊡：命令形式为 INS，用于捕捉块、外部应用、图形、文字或属性的插入点。

- 【捕捉到节点】按钮 ⊙：命令形式为 NOD，用于捕捉对象（POINT、DIVIDE、MEASURE 命令绘制的点），包括尺寸对象的定义点。

- 【捕捉到最近点】按钮 ✗：命令形式为 NEA，用于捕捉靠近鼠标光标的点，此点位于圆弧、椭圆弧、直线、多段线、样条曲线、圆、结构线、视区或实体填充线等上面。

- 【无捕捉】按钮 ▦：命令形式为 NON，用于关闭对象捕捉模式。

- 【对象捕捉设置按钮】按钮 ⋒：命令形式为 OSNAP，单击该按钮，将弹出图 2-14 所示的【草图设置】对话框中的【对象捕捉】选项卡，用户可以将经常使用的对象捕捉设置为打开状态。

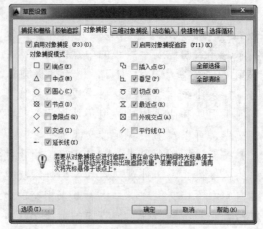

图2-14　【对象捕捉】选项卡

2.4.4　设置选择方式

对于复杂的图形经常需要进行多次编辑，而设置恰当的对象选择方式，可以避免多次调整。选择菜单命令【工具】/【选项】，在弹出的【选项】对话框中单击【选项集】选项卡，如图 2-15 所示，进行设置即可。

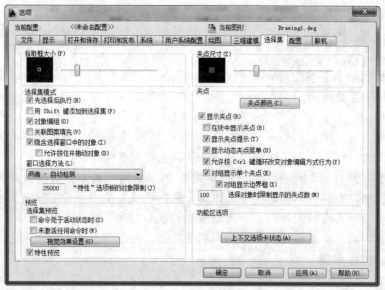

图2-15　【选项】对话框

2.4.5　设置自动追踪

自动追踪设置可以增强各种对象捕捉方式，该设置包括极轴追踪、对象捕捉追踪和自动追踪。每个选项卡都是 ON/OFF 开关，默认状态均为 ON。

一、 极轴追踪

使用极轴追踪功能可以用指定的角度来绘制对象。在极轴追踪模式下确定目标点时，系统会在鼠标光标接近指定角度时显示临时的对齐路径，并自动在对齐路径上捕捉距离鼠标光标最近的点，同时给出该点的提示信息，用户可依此准确地确定目标点。

选择菜单命令【工具】/【草图设置】，在弹出的【草图设置】对话框中单击【极轴追踪】选项卡，即可对极轴角进行设置，如图 2-16 所示。

图2-16 【极轴追踪】选项卡

二、 对象捕捉追踪

对象捕捉追踪功能可以看作是对象捕捉和极轴追踪功能的联合应用。即用户先根据对象捕捉功能确定对象的某一特征点（只需将鼠标光标在该点上停留片刻，自动捕捉标记中将出现黄色的标记），然后以该点为基准点进行追踪，以得到准确的目标点。

对象捕捉追踪功能有两种形式，在【草图设置】对话框中【极轴追踪】选项卡下的【对象捕捉追踪设置】分组框中提供了两种选项。

- 仅正交追踪：选中该单选按钮，则只显示通过基点水平和垂直方向上的追踪路径。
- 用所有极轴角设置追踪：选中该单选按钮，可以将极轴追踪设置应用到对象捕捉追踪，即使用增量角、附加角等方向显示追踪路径。

对象捕捉追踪应与对象捕捉配合使用。使用对象捕捉追踪时必须打开一个或多个对象捕捉，同时启用对象捕捉，但在极轴追踪状态不影响对象捕捉追踪的使用，即使极轴追踪处于关闭状态，用户仍可在对象捕捉追踪中使用极轴角进行追踪。

三、 自动追踪

用户可以对自动追踪的方式进行设置，如对象追踪如何显示辅助线、AutoCAD 如何获取用于对象捕捉追踪的对象上的点等。

选择菜单命令【工具】/【选项】，弹出【选项】对话框，在【绘图】选项卡中可进行自动追踪设置，如图 2-17 所示。

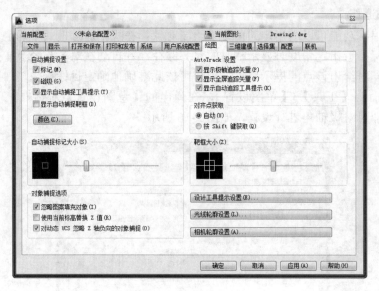

图2-17　【绘图】选项卡

2.5　小结

为了便于读者更好地进行 TArch 2014 的学习，本章先简单地介绍了有关 AutoCAD 2014 的一些基础知识。

(1) 介绍了 AutoCAD 2014 的基本功能，主要包括创建与编辑图形、标注图形尺寸和渲染三维图形。

(2) 描述了 AutoCAD 2014 提供的二维草图与注释、三维建模和 AutoCAD 经典 3 种工作空间模式。

(3) 介绍了 AutoCAD 工作空间的基本操作，主要包括创建新图形文件、打开图形文件、保存图形文件和加密保护绘图数据。

(4) 讲述了绘图环境的设置，主要包括绘图单位、绘图界限、对象捕捉、选择方式及自动追踪的设置。

2.6　习题

1.　填空题

(1) AutoCAD 2014 的界面主要由＿＿＿＿、＿＿＿＿、＿＿＿＿、＿＿＿＿、＿＿＿＿、＿＿＿＿等部分组成。

(2) 当在使用 AutoCAD 2014 的过程中遇到不会使用的功能时，可以采取＿＿＿＿、＿＿＿＿和＿＿＿＿3 种方式解决。

2.　思考题

(1) AutoCAD 2014 的新增功能有哪些？

(2) 设置图形界限的命令是什么？它的默认幅面是多少？为什么要设置图形界限？

第3章　轴网与柱子

【学习重点】
- 熟悉轴网的概念。
- 掌握创建轴网的方法。
- 熟练掌握轴网标注与编辑的方法。
- 熟悉轴号的编辑。
- 了解柱子的概念。
- 掌握创建柱子的方法。
- 熟练掌握柱子的编辑方法。

3.1　轴网概念

　　轴网是由两组到多组轴线与轴号、尺寸标注组成的平面网格，是建筑物单体平面布置和墙柱构件定位的依据。完整的轴网由轴线、轴号和尺寸标注 3 个相对独立的系统构成。本节先介绍轴线系统和轴号系统，尺寸标注系统的编辑方法在后面的章节中介绍。

3.1.1　轴线系统

　　轴线是把 AutoCAD 的线、弧或圆放到特定图层来表示的，因此除了用天正的命令来创建外，也可以用 AutoCAD 的绘图功能来创建。另外，TArch 2014 的轴网输入采用了电子表格的形式，支持鼠标右键的操作，可以一次性绘制非正交的直线轴网。

　　在天正建筑软件中，轴线的操作比较灵活，为了使用时不至于给用户带来不必要的限制，轴网系统没有做成自定义对象，而是把位于轴线图层上的 AutoCAD 的基本图形对象，包括 LINE、ARC、CIRCLE 识别为轴线对象，天正软件默认轴线的图层是 "DOTE"，用户可以通过设置菜单中的【图层管理】命令修改默认的图层标准。

　　轴线默认使用的线型是细实线，其目的是为了绘图过程中方便捕捉，用户在出图前应该用【轴改线型】命令改为规范要求的点划线。

3.1.2　轴号系统

　　轴号是内部带有比例的自定义专业对象，是按照《房屋建筑制图统一标准》（GB/T50001—2001）的规定编制的，它默认是在轴线两端成对出现，可以通过对象编辑单独控制个别轴号或其某一端的显示；【轴号隐现】命令管理轴号的隐藏和显示；轴号号圈的轴号顺序默认是水平方向号圈以数字排序，垂直方向号圈以字符排序，按标准规定 I、O、Z 不用于轴线编号，1 号轴线和 A 号轴线前不排主轴号，附加轴号分母分别为 01 和 0A，轴号

Y 后的排序除了看【高级选项】→"轴线"→"轴号"→"字母 Y 后面的注脚形式"是字母还是数字，还要视下面的轴号变化规则而定。

　　轴号系统开放了自定义分区轴号的编号变化规则，在【轴网标注】命令中，可以预设轴号的编号变化规则是"变前项"还是"变后项"，在其他轴号编辑命令中同样提供了类似的设定规则，预设的分区轴号变化规律如下。

　　变前项的分区轴号，示例图如图 3-1 所示。

　　字母字母（AA，BA，CA……YA，AB，BB，CB……），字母数字（A1，B1，C1……Y1，A2，B2，C2……），数字字母（1A，2A，3A……9A，10A，11A……），字母-字母（A-A，B-A，C-A……Y-A，A-B，B-B，C-B……），字母-数字（A-1，B-1，C-1……Y-1，A-2，B-2，C-2……），数字-字母（1-A，2-A，3-A……9-A，10-A，11-A……），数字-数字（1-1，2-1，3-1……9-1，10-1，11-1……）。

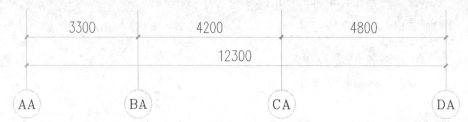

图3-1　变前项分区轴号示意图

　　变后项的分区轴号，示例图如图 3-2 所示。

　　字母字母（AA，AB，AC……AY，BA，BB，BC……），字母数字（A1，A2，A3……A9，A10，A11……），数字字母（1A，1B，1C……1Y，2A，2B，2C……），字母-字母（CA-A，A-B，A-C……A-Y，B-A，B-B，B-C……），字母-数字（A-1，A-2，A-3……A-9，A-10，A-11……），数字-字母（1-A，1-B，1-C……1-Y，2-A，2-B，2-C……），数字-数字（1-1，1-2，1-3……1-9，1-10，1-11……）。

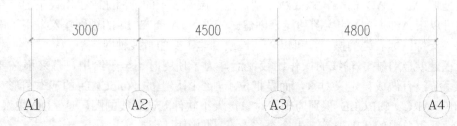

图3-2　变后项分区轴号示意图

天正建筑轴号对象的大小与编号方式符合现行制图规范要求，保证出图后号圈的大小是8 或用户在高级选项中预设的数值，软件限制了规范规定不得用于轴号的字母，轴号对象预设有用于编辑的夹点，拖动夹点的功能用于轴号偏移、改变引线长度、轴号横向移动等。

3.1.3　轴号的默认参数设置

　　在高级选项中提供了多项参数，轴号字高系数用于控制编号大小和号圈的关系，轴号号圈大小是依照国家现行规范规定直径为 8~10，在高级选项中默认号圈直径为 8，还可控制在一轴多号命令中是否显示附加轴号等。

3.1.4 轴号的特性参数编辑

在以 Ctrl+1 组合键启动的特性表中包括了轴号的各项对象特性，从天正建筑 2013 开始新增了【隐藏轴号文字】特性栏，由于轴号对象是一个整体，此特性统一控制上下或左右所有轴号文字的显示，便于获得轴号编号为空的轴网。

3.1.5 尺寸标注系统

尺寸标注系统由自定义尺寸标注对象构成，在标注轴网时自动生成于轴线图层 AXIS 上，除了图层不同外，与其他命令的尺寸标注没有区别。创建轴网的方法有以下 3 种。

- 使用【绘制轴网】命令生成标准的直轴网或弧轴网。
- 根据已有的建筑平面布置图，使用【墙生轴网】命令生成轴网。
- 在轴线图层上绘制直线、弧形、圆，轴网标注命令识别为轴线。

3.2 创建轴网

轴网是建筑制图的主体框架，建筑物的主要支承构件按照轴网定位排列，达到井然有序。下面介绍几种创建轴网的方法。

3.2.1 绘制直线轴网

直线轴网功能用于生成正交轴网、斜交轴网或单向轴网，在【绘制轴网】对话框中的【直线轴网】选项卡中执行。

一、 命令启动方法

- 菜单命令：【轴网柱子】/【绘制轴网】(见图 3-3)。
- 工具栏图标：井。
- 命令：TAxisGrid。

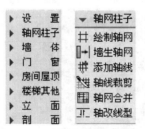

图3-3 菜单命令【轴网柱子】/【绘制轴网】

【练习3-1】： 练习绘制直线轴网。

1. 绘制图 3-4 所示的某大学生公寓轴网尺寸，其轴网尺寸对应下开间：5*3600，3900，5*3600。左进深：4800，2100，4800。

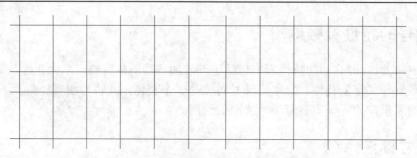

图3-4　某大学生公寓轴网

2. 选择菜单命令【轴网柱子】/【绘制轴网】或是单击⊞按钮，启动【绘制轴网】命令。

(1) 系统弹出【绘制轴网】对话框，如图 3-5 所示。单击【直线轴网】选项卡，对应上面尺寸分别输入下开间、左进深的数据，如图 3-5 和图 3-6 所示。

图3-5　【绘制轴网】对话框中下开间的输入

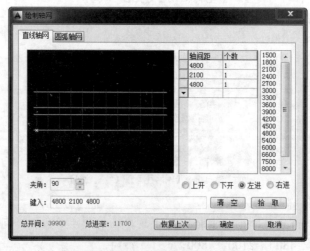

图3-6　【绘制轴网】对话框中左进深的输入

(2) 在【绘制轴网】对话框的屏幕上，下开间显示为红线，左进深显示为绿线，检查有无错误，有错可立即修改。单击 确定 按钮之后，变成了一个跟随鼠标光标移动的全红线框，如图 3-7 所示；然后，放到屏幕上适当的位置。

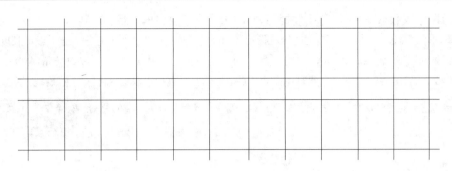

图3-7 完成后的轴网

二、 输入轴网数据方法说明

(1) 直接在【键入】文本框内键入轴网数据，每个数据之间用空格或英文逗号隔开，输入完毕后按 Enter 键生效。

(2) 在电子表格中键入【轴间距】和【个数】，常用值可直接单击右方数据栏或下拉列表的预设数据。

(3) 切换到对话框单选按钮【上开】、【下开】、【左进】、【右进】之一，单击 拾取 按钮在已有的标注轴网中拾取尺寸对象获得轴网数据，从天正建筑 2013 版开始新增拾取已有轴网参数的方法。

三、 对话框控件的说明

- 【上开】：在轴网上方进行轴网标注的房间开间尺寸。
- 【下开】：在轴网下方进行轴网标注的房间开间尺寸。
- 【左进】：在轴网左侧进行轴网标注的房间进深尺寸。
- 【右进】：在轴网右侧进行轴网标注的房间进深尺寸。
- 【个数】：栏中数据的重复次数，可通过单击右方数值栏或下拉列表获得，也可以直接键入。
- 【轴间距】：开间或进深的尺寸数据，可通过单击右方数值栏或下拉列表获得，也可以直接键入。
- 【键入】：键入一组尺寸数据，用空格或英文逗号隔开，按 Enter 键数据输入到电子表格中。
- 【夹角】：输入开间与进深轴线之间的夹角数据，默认为夹角 90° 的正交轴网。
- 清空 按钮：把某一组开间或某一组进深数据栏清空，保留其他组的数据。
- 拾取 按钮：提取图上已有的某一组开间或进深尺寸标注对象获得数据。
- 恢复上次 按钮：把上次绘制直线轴网的参数恢复到对话框中。
- 确定 / 取消 按钮：单击 确定 按钮后开始绘制直线轴网并保存数据，或单击 取消 按钮取消绘制轴网并放弃输入数据。

鼠标右键单击电子表格中的行首按钮，可以执行新建、插入、删除与复制数据行的操作。

在对话框中输入所有尺寸数据后，单击 确定 按钮，命令行显示：

点取位置或[转 90 度（A）/左右翻（S）/上下翻（D）/对齐（F）/改转角（R）/改基点（T）]<退出>：   //此时可拖动基点插入轴网，直接点取轴网目标位置或按提示选项回应在对话框中仅仅输入单向尺寸数据后，单击[　确定　]按钮，命令行显示：

单向轴线宽度<25500>://此时给出指示该轴线的长度的两个点或直接输入该轴线的长度
点取位置或[转 90 度（A）/左右翻（S）/上下翻（D）/对齐（F）/改转角（R）/改基点
（T）]<退出>:　　　　　//此时可拖动基点插入轴网，直接点取轴网目标位置或按提示选项回应

输入的尺寸定位以轴网的左下角轴线交点为基点，多层建筑各平面同号轴线交点位置应一致。

3.2.2　墙生轴网

在方案设计中建筑师需反复修改平面图，如增加墙体、删除墙体、修改开间和进深数据等，这时用轴线定位就不太方便了，为此，天正提供根据墙体生成轴网的功能，建筑师可以在参考栅格点上直接进行设计，待平面方案确定后，再用本命令生成轴网。也可用墙体命令绘制平面草图，然后生成轴网。

命令启动方法

* 菜单命令:【轴网柱子】/【墙生轴网】。
* 工具栏图标:↦。
* 命令: TWall2Axis。

【练习3-2】:　墙生轴网设计实例。

1. 打开附盘文件 "dwg\第 03 章\3-2.dwg"，用【墙生轴网】命令完成图 3-8 所示的轴网。

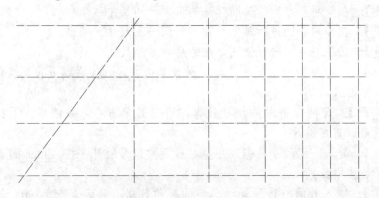

图3-8　从墙体平面图生成轴网

2. 选择菜单命令【轴网柱子】/【墙生轴网】或单击工具栏上的↦按钮，按照命令行提示选择墙体，按 Enter 键后会在墙体基线位置上自动生成没有标注轴号和尺寸的轴网。

3.2.3　绘制圆弧轴网

圆弧轴网是由一组同心弧线和不过圆心的径向直线组成，常组合其他轴网，端径向轴线由两轴网共用，在【绘制轴网】命令中的【圆弧轴网】选项卡执行。

一、命令启动方法

* 菜单命令:【轴网柱子】/【绘制轴网】。

创建轴网

- 工具栏图标：井。
- 命令：TAxisGrid。

【练习3-3】：　某圆弧轴网绘制实例。

1. 绘制图 3-9 所示的某办公楼的圆弧轴网。

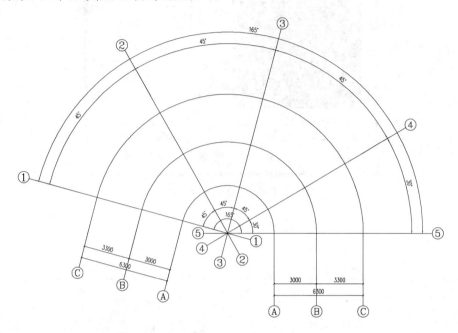

图3-9　某办公楼的圆弧轴网实例

2. 选择菜单命令【轴网柱子】/【绘制轴网】或单击工具栏上的井按钮，在弹出的【绘制轴网】对话框中单击【圆弧轴网】选项卡，选择【进深】单选项，设置参数如图 3-10 所示。

图3-10　在【圆弧轴网】选项卡输入进深

3. 选择【圆心角】单选项，设置参数如图 3-11 所示。在【绘制轴网】对话框中，屏幕上圆心角显示为红线，进深显示为绿线，检查有无错误，有错可立即修改。单击 确定 按钮之后，变成了一个跟随鼠标光标移动的全红线框，如图 3-12 所示；然后，放到屏幕上适当的位置。

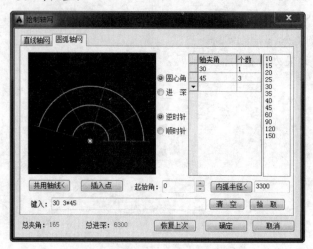

图3-11　在【圆弧轴网】选项卡中输入圆心角

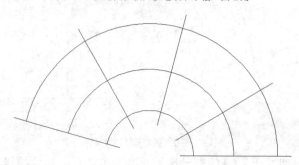

图3-12　最后形成的圆弧轴网

二、　圆弧轴网输入数据方法

(1)　直接在【键入】文本框内键入轴网数据，每个数据之间用空格或英文逗号隔开，输入完毕后按 Enter 键生效。

(2)　在电子表格中键入【轴间距】/【轴夹角】和【个数】，常用值可直接单击右方数据栏或下拉列表中的预设数据。

三、　对话框控件的说明

- 【进深】：在轴网径向，由圆心起算到外圆的轴线尺寸序列，单位为 mm。
- 【圆心角】：由起始角起算，按旋转方向排列的轴线开间序列，单位为 "°" （度）。
- 【轴间距】：进深的尺寸数据，可通过单击右方数值栏或下拉列表获得，也可以直接键入。
- 【轴夹角】：开间轴线之间的夹角数据，可通过单击右方数值栏或下拉列表获得，也可以直接键入。
- 【个数】：栏中数据的重复次数，可通过单击右方下拉列表获得，也可以键入。
- 内弧半径< ：从圆心起算的最内侧环向轴线半径，可从图上取两点获得，也可以为 0。

- 【起始角】: x 轴正方向到起始径向轴线的夹角（按旋转方向定）。
- 【逆时针】: 径向轴线的旋转方向。
- 【顺时针】: 同上。
- 共用轴线< : 在与其他轴网共用一根径向轴线时，从图上指定该径向轴线不再重复绘出，点取时通过拖动圆弧轴网确定与其他轴网连接的方向。
- 【键入】: 键入一组尺寸数据，用空格或英文逗号隔开，按 Enter 键后输入到电子表中。
- 插入点 : 单击 插入点 按钮可改变默认的轴网插入基点位置。
- 清 空 : 把某一组圆心角或某一组进深数据栏清空，保留其他数据。
- 拾 取 : 提取图上已有的某一组圆心角或进深尺寸标注对象获得数据。
- 恢复上次 : 把上次绘制圆弧轴网的参数恢复到对话框中。
- 确定 / 取消 : 单击 确定 按钮后开始绘制圆弧轴网并保存数据，或单击 取消 按钮取消绘制轴网并放弃输入数据。

在对话框中输入所有尺寸数据后，单击 确定 按钮，命令行显示:

点取位置或[转 90 度 (A) / 左右翻 (S) / 上下翻 (D) / 对齐 (F) / 改转角 (R) / 改基点 (T)]<退出>:

此时可拖动基点插入轴网，直接单击轴网目标位置或按提示选项回应。

3.3 轴网标注与编辑

轴网的标注包括轴号标注和尺寸标注，轴号可按规范要求用数字、大写字母、小写字母、双字母、双字母间隔连字符等方式标注，可适应各种复杂分区轴网，系统按照《房屋建筑制图统一标准》7.0.4 条的规定，字母 I、O、Z 不用于轴号，在排序时会自动跳过这些字母。

TArch 2014 的轴网输入采用了电子表格的形式，支持鼠标右键的操作，可以一次性绘制非正交的直线轴网。尽管轴网标注命令能一次完成轴号和尺寸的标注，但轴号和尺寸标注两者属于独立存在的不同对象，不能联动编辑，用户修改轴网时应注意自行处理。

3.3.1 轴网标注

对于轴网的标注还涉及一个组合轴网的问题，即直线轴网和圆弧轴网连接所产生的共用轴线问题。组合轴网不能一次性完成标注，应分别对直线轴网和圆弧轴网进行标注。标注第 2 个轴网时，它的起始轴线就是第 1 个轴网的终止轴线，注意使用【轴网标注】对话框中的【共用轴号】，这样不仅解决了共用轴号的问题，而且第 1 个轴网的轴号重排时，第 2 个轴网的轴号也自动重排。

一、 命令启动方法
- 菜单命令:【轴网柱子】/【轴网标注】。
- 工具栏图标: ♓。
- 命令: TAxisDim2p。

本命令对始末轴线间的一组平行轴线（直线轴网与圆弧轴网的进深）或径向轴线（圆弧轴线的圆心角）进行轴号和尺寸标注。

【练习3-4】: 直线与圆弧轴网的组合标注实例。

1. 图 3-13 所示为某别墅的轴网标注，打开附盘文件“dwg\第 03 章\3-4.dwg”进行轴网标注。

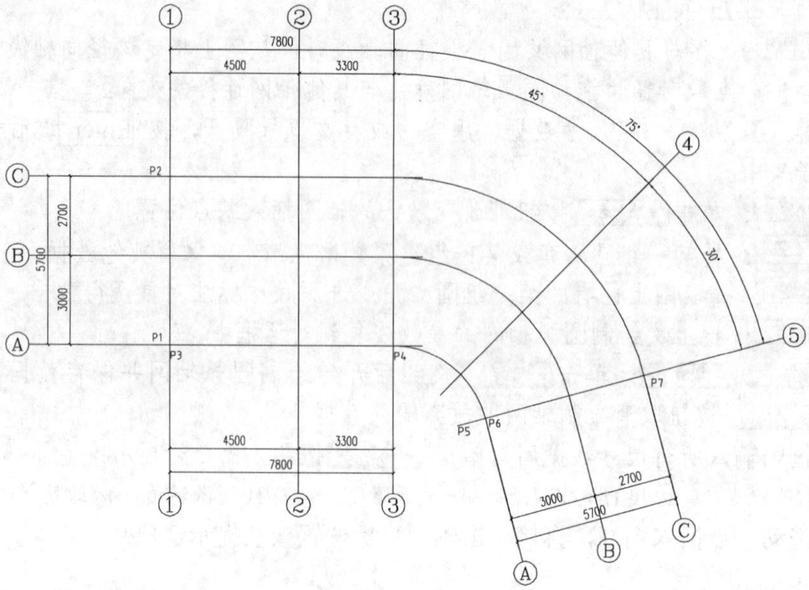

图3-13　别墅的轴网标注

2. 选择菜单命令【轴网柱子】/【轴网标注】或单击工具栏中的按钮，弹出【轴网标注】对话框，如图 3-14 所示。

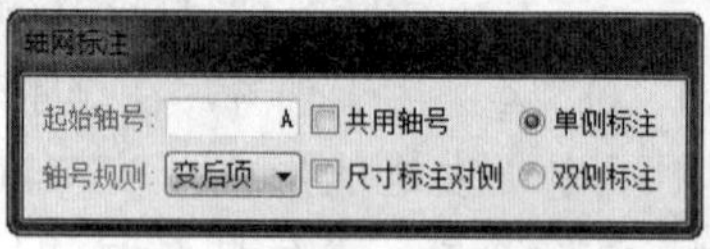

图3-14　【轴网标注】对话框

在命令行中提示点取要标注的始末轴线，首先标注直线轴网，在单侧标注的情况下，选择轴线的哪一侧就标在哪一侧，命令行提示：

请选择起始轴线<退出>:　　　//选择直线轴网某进深一侧的起始轴线 P1 点

请选择终止轴线<退出>:

//选择直线轴网某进深同侧的末轴线 P2 点，单击鼠标右键确认完成直线轴网进深侧轴网单侧标注

完成直线轴网进深侧轴网单侧标注后，在【轴网标注】对话框中修改相应参数，【起始轴号】文本框键入“1”，同时选中【双侧标注】单选项，进行直线轴网开间侧双侧标注，命令行提示：

请选择起始轴线<退出>:　　　//选择直线轴网某开间一侧的起始轴线 P3 点

请选择终止轴线<退出>:　　　//选择直线轴网某开间同侧的末轴线 P4 点，单击鼠标右键确认

按照《房屋建筑制图统一标准》，本命令支持类似 1-1、A-1 的轴号分区标注与 AA、A1 这样的双字母标注。在对话框中默认起始轴一号为 1 和 A，按方向自动标注，也可在标注中删除对话框中的默认轴号，标注空白轴号的轴网，用于方案等场合。

按 Enter 键继续标注弧轴网，选中【共用轴号】复选项，并选中【单侧标注】单选项，如图 3-15 所示，首先进行开间标注，命令行提示：

请选择起始轴线<退出>:　　　//选择弧轴网共用轴线（轴号 3）作为起始轴线

请选择终止轴线<退出>: 　　　　　　　//选择弧轴网末轴线 P5 作为终止轴线

是否为按逆时针方向排序编号?(Y/N)[Y]:N　//完成圆弧轴网的标注

图3-15　在【轴网标注】对话框中设置选项

接着进行弧轴网的进深标注,在【轴网标注】对话框的【起始轴号】文本框中键入 A,
如图 3-16 所示。

图3-16　在【起始轴号】文本框内键入 A

同时命令行提示:

请选择起始轴线<退出>: 　　　　　　//选择弧轴网内圈轴线作为起始轴线 P6

请选择终止轴线<退出>: 　　　　　　//选择弧轴网外圈轴线作为终止轴线 P7,单击鼠标右键确认

完成进深轴线的标注,如图 3-13 所示。

二、 对话框控件的说明

- 【起始轴号】:希望起始轴号不是默认值 1 或 A 时,在此处输入自定义的起始
  轴号,可以使用字母和数字组合轴号。
- 【轴号规则】:使用字母和数字的组合表示分区轴号,共有两种情况,变前项
  和变后项,默认为变后项。
- 【尺寸标注对侧】:用于单侧标注,勾选此复选框,尺寸标注不在轴线选取一
  侧标注,而在另一侧标注。
- 【共用轴号】:勾选后表示起始轴号由所选择的已有轴号后继数字或字母决定。
- 【单侧标注】:表示在当前选择一侧的开间(进深)标注轴号和尺寸。
- 【双侧标注】:表示在两侧的开间(进深)均标注轴号和尺寸。

3.3.2　单轴标注

【单轴标注】命令只对单个轴线标注轴号,轴号独立生成,不与已经存在的轴号系统和
尺寸系统发生关联。不适用于一般的平面图轴网,常用于立面与剖面、详图等个别单独的轴
线标注。按照制图规范的要求,可以选择几种图例进行表示,如果轴号编辑框内不填写轴
号,则创建空轴号;本命令创建的对象的编号是独立的,其编号与其他轴号没有关联,如需
要与其他轴号对象有编号关联,需使用【添补轴号】命令。

命令启动方法

- 菜单命令:【轴网柱子】/【单轴标注】。
- 工具栏图标: ╫ 。
- 命令: TAxisDimp。

单击【单轴标注】菜单命令后,首先显示无模式对话框,单击"单轴号"或"多轴号"
单选按钮,单轴号时在轴号编辑框中输入轴号,如图 3-17 所示。

图3-17　单轴标注单轴号

多轴号有多种情况，当表示的轴号非连续时，应在编辑框中输入多个轴号，中间以逗号分隔，单击"文字"，第二轴号以上以文字注写在轴号旁，如图 3-18 所示。

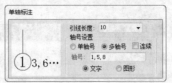

图3-18　单轴标注多轴号文字

单击【图形】，第二轴号以上的编号用号圈注写在轴号下方，如图 3-19 所示。

图3-19　单轴标注多轴号图形

当表示的轴号连续排列时，勾选【连续】复选框，此时对话框如图 3-20 所示，在对话框中输入"起始轴号"和"终止轴号"。

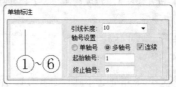

图3-20　单轴标注多轴号连续

【练习3-5】：　某办公楼结构立面轴线标注。

1. 图 3-21 所示为某办公楼结构立面轴线标注，打开附盘文件 "dwg\第 03 章\3-5.dwg" 进行轴网标注。

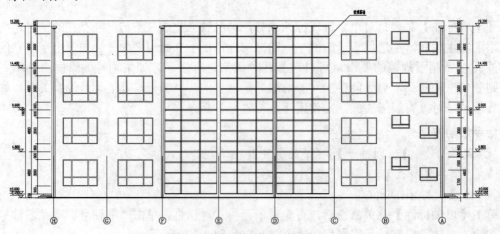

图3-21　某办公楼结构立面轴线标注

2. 执行命令后，弹出【单轴标注】对话框，如图 3-22 所示。在【引线长度】下拉列表中，读者可以自行设置引线长度，默认为 10，在【轴号】文本框中输入要标注的轴号。

图3-22　【单轴标注】对话框

命令行提示：

　　点取待标注的轴线<退出>：　　　　　　　//点取要标注的第一根轴线
　　点取待标注的轴线<退出>：　　　　　　　//点取要标注的第二根轴线
　　点取待标注的轴线<退出>：　　　　　　　//点取要标注的第三根轴线
　　……依次完成图 3-21 所示的轴线标注

按 Enter 键即标注选中的轴线，命令行会继续显示以上提示，可对多个轴线进行标注，如图 3-21 所示。

3.3.3　添加轴线

【添加轴线】命令应在【轴网标注】命令完成后执行，功能是参考某一根已经存在的轴线，在其任意一侧添加一根新轴线，同时根据用户的选择赋予新的轴号，把新轴线和轴号一起融入到存在的参考轴号系统中。从天正建筑 2013 开始，在添加轴线时增加是否重排轴号的选择。

命令启动方法
- 菜单命令：【轴网柱子】/【添加轴线】。
- 工具栏图标：井。
- 命令：TInsAxis。

【练习3-6】：　添加轴线练习。

1. 图 3-23 所示为案例 3-1 中某大学生公寓参考轴线 4 添加的一条辅助轴线，打开附盘文件 "dwg\第 03 章\3-6.dwg" 进行添加轴线练习。

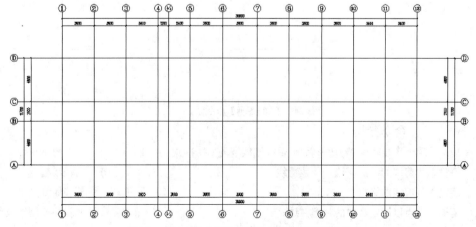

图3-23　某大学生公寓参考轴线 4 添加一条辅助轴线

2. 选择菜单命令【轴网柱子】/【添加轴线】后，对于直线轴网，命令行提示：

　　　选择参考轴线<退出>：　　　　　　　//点取要添加轴线相邻、距离已知的轴线 4 作为参考轴线

　　　新增轴线是否为附加轴线？（Y/N）[Y]：Y

　　　　　　　　　　　　　　　　　//回应 Y，添加的轴线作为参考轴线的附加轴线，按规范

要求标出附加轴号，如 1/4。回应 N，添加的轴线将作为一根主轴线插入到指定的位置，标出主

轴号，其后轴号自动重排

　　　偏移方向<退出>：　　　　　　　//在参考轴线两测中，单击添加轴线的一侧

　　　距参考轴线的距离<退出>：1200　　//键入距参考轴线的距离，按 Enter 键完成

3.3.4　轴线裁剪

命令启动方法

- 菜单命令：【轴网柱子】/【轴线裁剪】。
- 工具栏图标： 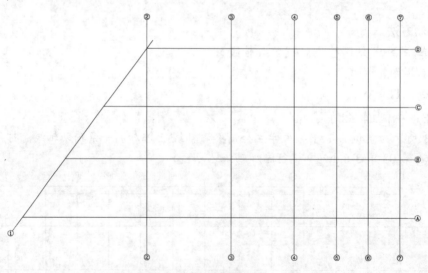。
- 命令：TClipAxis。

【轴线裁剪】命令可根据设定的多边形或直线范围，裁剪多边形内的轴线或直线某一侧的轴线。

【练习3-7】：　轴线裁剪练习。

1. 打开附盘文件 "dwg\第 03 章\3-7.dwg" 进行轴线裁剪练习，得到图 3-24 所示的轴线裁剪结果。

图3-24　【轴线裁剪】命令练习结果

2. 执行命令后，命令行提示：

　　　矩形的第一个角点或[多边形裁剪(P)/轴线取齐(F)]<退出>：F　　　　　　//键入 F

　　　请输入裁剪线的起点或选择一裁剪线：　　　　　　　　//点取取齐的剪裁线起点

　　　请输入裁剪线的终点：　　　　　　　　　　　　　　　//点取取齐的剪裁线终点

　　　请输入一点以确定裁剪的是哪一边：　　　　　　　　　//单击轴线被剪裁的一侧结束剪裁

当键入 "P"，则系统进入多边形剪裁，命令行提示：

多边形的第一点或[矩形裁剪（R）]<退出>：　　　　　　//选取多边形第一点

下一点或[回退(U)<退出>]：　　　　　　　　　　　//选取第二点及下一点

下一点或[回退(U)<退出>]：　//选取下一点或按 Enter 键，命令自动封闭该多边形结束裁剪

直接给出一点，系统默认为矩形裁剪，命令行提示：

矩形的第一个角点或[多边形裁剪(P)/轴线取齐(F)]<退出>：　　　//给出矩形第一角点

另一个角点<退出>：　　　　//选取另一个角点后程序按矩形区域裁剪轴线

3.3.5　轴网合并

利用【轴网合并】命令，可将多组矩形轴网合并为一个轴网，同时将重合的轴线清理。合并时，选择矩形轴网的边界线，轴线会自动延伸到该边界。

命令启动方法

- 菜单命令：【轴网柱子】/【轴网合并】。
- 工具栏图标：　。
- 命令：TMergeAxis。

【练习3-8】：　轴网合并练习。

1.　打开附盘文件"dwg\第 03 章\3-8.dwg"，将轴线 *A*、*B*、*C*、*D*、*E*、*F* 进行轴网合并对齐练习，得到图 3-25 所示的轴网合并结果。

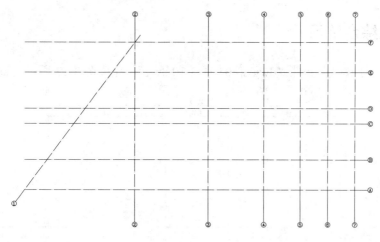

图3-25　【轴网合并】命令练习结果

2.　执行命令后，命令行提示：

请选择需要合并对齐的轴线<退出>：　//依次点取 *A*、*B*、*C*、*D*、*E*、*F* 轴线，按 Enter 键结束

请选择需要对齐的边界<退出>：　//点取需要对齐的边界按 Enter 键即可完成图 3-25 所示轴网合并对齐的结果

3.3.6　轴改线型

【轴改线型】命令在点画线和连续线两种线型之间切换。建筑制图要求轴线必须使用点画线，但由于点画线不便于对象捕捉，常在绘图过程使用连续线，在输出的时候切换为点画

线。如果使用模型空间出图，则线型比例用 10 倍当前比例决定，当出图比例为 1：100 时，默认线型比例为 1000。如果使用图纸空间出图，天正建筑软件内部已经考虑了自动缩放。

命令启动方法

- 菜单命令：【轴网柱子】/【轴改线型】。
- 工具栏图标：Ⅱ。
- 命令：T81_TAxisDote。

【练习3-9】：　轴线改型练习。

1. 打开附盘文件"dwg\第 03 章\3-9.dwg"，完成图 3-26 所示的轴线改型结果。

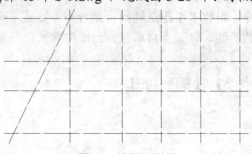

图3-26　轴线改型结果

2. 选择菜单命令【轴网柱子】/【轴改线型】或单击工具栏中的 Ⅱ 按钮，即可完成轴线改型的任务。

3.3.7　上机综合练习

【练习3-10】：　打开附盘文件"dwg\第 03 章\3-10.dwg"，完成图 3-27 所示的轴网标注。

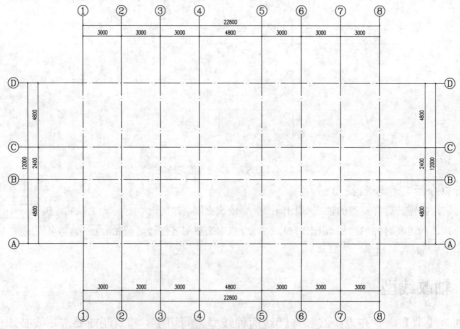

图3-27　某办公楼二层平面图

1. 选择菜单命令【轴网柱子】/【轴网标注】或单击工具栏中的 按钮，在弹出的图 3-28 所示【轴网标注】对话框的文本框中键入 "1"，同时选择双侧标注进行开间侧轴网双侧标注。

图3-28　开间侧标注的参数设置

命令行提示：

　　　　请选择起始轴线<退出>：　　//选择直线轴网开间一侧的起始轴线

　　　　请选择终止轴线<退出>：

　　　　　　　　//选择直线轴网开间同侧的末轴线，单击鼠标右键确认完成开间侧轴线标注

2. 进深侧轴网双侧标注。在【轴网标注】对话框的文本框中键入 "A"，同时选择双侧标注进行进深侧轴网双侧标注，如图 3-29 所示。

图3-29　进深侧标注的参数设置

命令行提示：

　　　　请选择起始轴线<退出>：　　//选择直线轴网进深一侧的起始轴线

　　　　请选择终止轴线<退出>：

　　　　　　　　//选择直线轴网进深同侧的末轴线，单击鼠标右键确认完成开间侧轴线标注

3.4　轴号的编辑

　　轴号对象是一组专门为建筑轴网定义的标注符号，通常就是轴网的开间或进深方向上的一排轴号。按国家制图规范，即使轴间距上下不同，同一个方向轴网的轴号是统一编号的系统，用一个轴号对象表示，但一个方向的轴号系统和其他方向的轴号系统是独立的对象。

　　天正轴号对象中的任何一个单独的轴号可设置为双侧显示或单侧显示，也可以一次关闭/打开一侧的全体轴号，不必为上下开间（进深）各自建立一组轴号，也不必为关闭其中某些轴号而炸开对象进行轴号删除。

3.4.1　添补轴号

　　【添补轴号】命令可在矩形、弧形、圆形轴网中对新增轴线添加轴号，新添轴号成为原有轴号对象的一部分，但不会生成轴线，也不会更新尺寸标注，适用于以其他方式增添或修改轴线后进行的轴号标注。

命令启动方法

- 菜单命令:【轴网柱子】/【添补轴号】。
- 工具栏图标: 。
- 命令: TAddLabel。

【练习3-11】：打开附盘文件"dwg\第 03 章\3-11.dwg"，如图 3-30 上图所示，用【添补轴号】命令将上图改为下图。

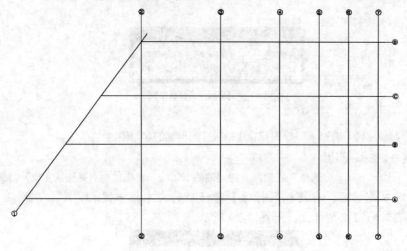

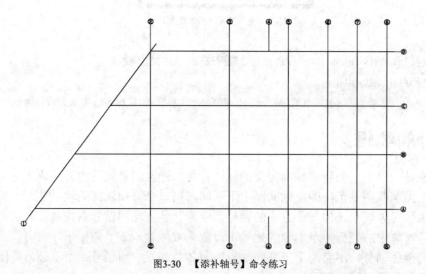

图3-30　【添补轴号】命令练习

执行命令后，命令行提示：

请选择轴号对象<退出>：　　　　//点取与新轴号相邻的已有轴号对象 4

请点取新轴号的位置或[参考点(R)] <退出>：3000

　　　　　　　　　　　　　　　//在输入间距 3000

新增轴号是否双侧标注?(Y/N)[Y]:Y　　　//根据要求键入 Y 或 N，为 Y 时两端标注轴号

新增轴号是否为附加轴号? (Y/N)[Y]:N　　//键入 N，轴号重排

结果如图 3-30 下图所示。

一般情况下，发现工程图上少了轴线，而执行【添加轴线】命令时，将会同时添补轴号到图上，不必重新再来添补轴号了。

3.4.2 删除轴号

【删除轴号】命令用于在平面图中删除个别不需要的轴号的情况，可根据需要决定是否重排轴号。

命令启动方法

- 菜单命令:【轴网柱子】/【删除轴号】。
- 工具栏图标:
- 命令: TDelLabel。

【练习3-12】: 打开附盘文件"dwg\第 03 章\3-12.dwg"，如图 3-31 上图所示，用【删除轴号】命令将上图改为下图。

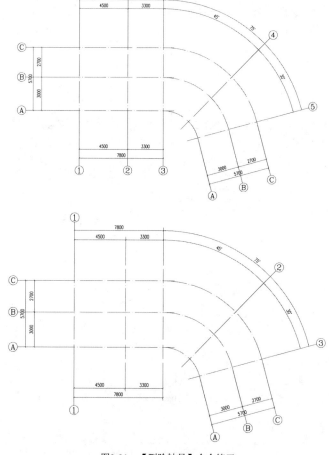

图3-31 【删除轴号】命令练习

执行命令后，命令行提示:

请框选轴号对象<退出>:	//使用窗选方式选取②、③需要删除的轴号
请框选轴号对象<退出>:	//按 Enter 键退出选取状态
是否重排轴号?(Y/N)[Y]:Y	//键入 Y，轴号重排

结果如图 3-31 下图所示。

3.4.3　一轴多号

为了解决用户常常遇到的图纸重复使用问题，天正建筑提供了【一轴多号】功能，可以在原有轴号两端或一端增添新轴号。此功能以【单轴标注】和【一轴多号】两个命令提供，前者是为详图等单个号圈的轴号对象增添新轴号，后者是为用于轴网的多个号圈的轴号对象增添新轴号。

命令启动方法

- 菜单命令：【轴网柱子】/【一轴多号】。
- 工具栏图标：▓。
- 命令：TMutiLabel。

【练习3-13】：打开附盘文件"dwg\第 03 章\3-13.dwg"，如图 3-32 上图所示，用【一轴多号】命令将上图改为下图。

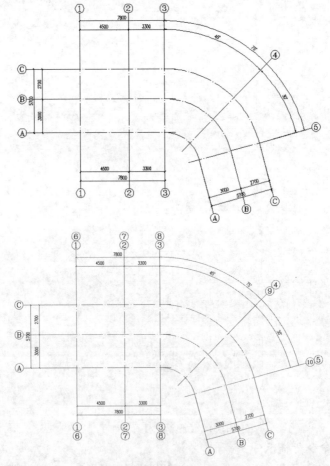

图3-32　【一轴多号】命令练习

执行命令后，命令行提示：

请选择已有轴号或[框选轴圈局部操作(F)/双侧创建多号(Q)]<退出>：

//使用窗选方式选取需要共用的轴号

请选择已有轴号： //按 Enter 键退出选取状态

请输入复制排数<1>：1 //根据要求键入复制的排数

双击复制完成的新轴号 1，命令行提示：

选择 [变标注侧(M)/单轴变标注侧(S)/添补轴号(A)/删除轴号(D)/单轴变号(N)/重排轴号(R)/轴圈半径(Z)]<退出>:R //键入 R 重拍轴号

请在要更改的轴号附近取一点： //在轴号 1 附近取一点

请输入新的轴号(.空号)<1>:6 //键入新的轴号 6

结果如图 3-32 下图所示。

3.4.4 轴号隐现

【轴号隐现】命令提供轴号隐藏和恢复显示操作。

命令启动方法

- 菜单命令：【轴网柱子】/【轴号隐现】。
- 工具栏图标：🔣。
- 命令：TShowLabel。

【练习3-14】： 打开附盘文件"dwg\第 03 章\3-14.dwg"，如图 3-33 上图所示，用【轴号隐现】命令将上图中的部分轴号隐藏，得到下图所示结果。

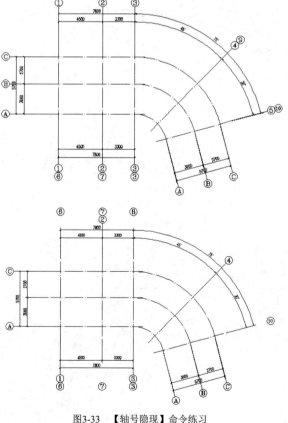

图3-33 【轴号隐现】命令练习

执行命令后，命令行提示：

　　　请选择需隐藏的轴号或[显示轴号(F)/设为双侧操作(Q)],当前:单侧隐藏]<退出>:

//使用窗选方式选取需要隐藏的轴号

　　　请选择需隐藏的轴号或[显示轴号(F)/设为双侧操作(Q)],当前:单侧隐藏]<退出>:

//按 Enter 键退出选取状态

结果如图 3-33 下图所示。

3.4.5 主附转换

【主附转换】命令可批量修改主轴号为附加轴号，或将附加轴号变为主轴号，然后编号方向上的其他轴号按要求依次重排，重排规则按国家制图标准中主附轴号的编号要求推算，非编号方向的轴号由用户自行修改，不作逆向重排。

命令启动方法

- 菜单命令：【轴网柱子】/【主附转换】。
- 工具栏图标：圊。
- 命令：TChAxisNo。

【练习3-15】：打开附盘文件"dwg\第 03 章\3-15.dwg"，如图 3-34 上图所示，用【主附转换】命令得到下图所示结果。

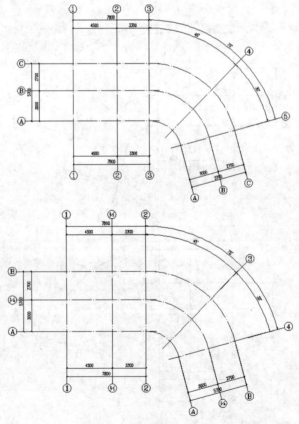

图3-34 【主附转换】命令练习

执行命令后，命令行提示：

请选择需主号变附的轴号或[附号变主(F)/设为不重排(Q)],当前:重排<退出>:

//使用窗选方式选取需要转换的轴号

请选择需主号变附的轴号或[附号变主(F)/设为不重排(Q)],当前:重排<退出>:

//按 Enter 键退出选取状态

3.4.6　轴号对象编辑

鼠标光标移动到轴号上方时轴号对象即可高亮显示，此时单击鼠标右键可弹出快捷菜单，选择【对象编辑】命令即可启动轴号对象编辑，命令行提示：

变标注侧[M]/单轴变标注侧[S]/添补轴号[A]/删除轴号[D]/单轴变号[N]/重排轴号[R]/轴圈半径[Z]/<退出>:

键入选项热键即可启动其中的功能，重要选项介绍如下，其余几种功能与同名命令一致，在此不再赘述。

- 变标注侧：用于控制轴号显示状态，在本侧标轴号（关闭另一侧轴号）、对侧标轴号（关闭一侧轴号）和双侧标轴号（打开轴号）间切换。
- 单轴变标注侧：此功能是任由用户逐个点取要改变显示方式的轴号（在轴号关闭时点取轴线端点），轴号显示的 3 种状态立刻改变，被关闭的轴号在编辑状态下变为虚线并在黑背景中以暗色显示，按 Enter 键结束后隐藏，如图 3-35 所示。

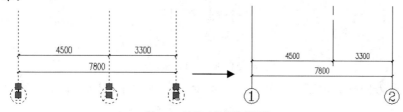

图3-35　轴号对象的隐藏部分

不必为删除一侧轴号去分解轴号对象，变标注侧就可以解决问题。

3.5　综合实例——轴线的编辑和显示控制

用户可以通过一系列命令增加轴线、编辑轴号，同时更新轴线的尺寸标注。也可以通过轴号对象丰富的对象编辑功能，双击轴号进入对象编辑界面修改轴号，以控制其显示方式。

打开附盘文件"dwg\第 03 章\3.5 综合实例.dwg"。

(1)　根据设计的要求在轴号 1 右面 3000 处增加一个分轴号 1/1，步骤如下。

命令启动方式

- 菜单命令：【轴网柱子】/【添加轴线】。
- 命令：TinsAxis。

启动命令添加轴线，系统提示如下。

选择参考轴线 <退出>:　　　　　　　　//在参考轴线 1 上选取任意点

新增轴线是否为附加轴线?[是(Y)/否(N)]<N>:Y//输入 Y 使得新轴线属于附加轴线,根据参考轴线自动生成附加的轴号

偏移方向<退出>:　　　　　　　　　　　　　　//在参考轴线 1 右侧选取任意一个点

距参考轴线的距离<退出>:3000　　　　　　　//输入与轴号 1 的相对距离

系统生成新的附加轴线和附加轴号 1/1。

(2) 重复添加轴线命令,在轴号 E 的上方距离 1000 处生成附加轴线和附加轴号 1/E,如图 3-36 所示。

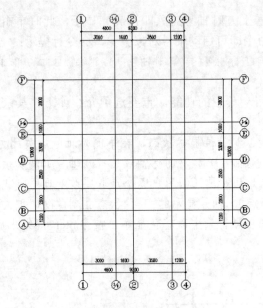

图3-36　编辑轴网生成附加轴线

(3) 在进深方向附加轴号 1/E 的上方 1400 处生成附加轴号 2/E,如图 3-37 所示。

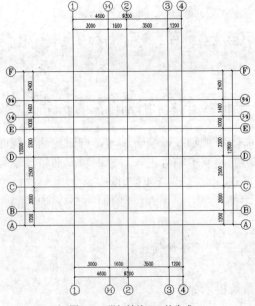

图3-37　附加轴线 2/E 的生成

(4) 双击开间轴号 1~4，进入对象编辑命令。

命令：T81_TObjEdit

选择 [变标注侧(M)/单轴变标注侧(S)/添补轴号(A)/删除轴号(D)/单轴变号(N)/重排轴号

(R)/轴圈半径(Z)]<退出>:N   //打算修改轴号，输入 N

请在要更改的轴号附近取一点：   //在轴号 4 附近取一点

请输入新的轴号(.空号)<4>：1/3   //输入附加轴号

选择 [变标注侧(M)/单轴变标注侧(S)/添补轴号(A)/删除轴号(D)/单轴变号(N)/重排轴号

(R)/轴圈半径(Z)]<退出>:   //按 Enter 键退出对象编辑命令

(5) 双击进深轴号对象，练习通过对象编辑，控制轴号 1/E 仅在轴线左端显示，2/E 仅在轴线右端显示。

命令：T81_TObjEdit

选择 [变标注侧(M)/单轴变标注侧(S)/添补轴号(A)/删除轴号(D)/单轴变号(N)/重排轴号

(R)/轴圈半径(Z)]<退出>:S   //修改单个轴号的显示，输入 S

在需要改变标注侧的轴号附近取一点：   //单击轴号 1/E 轴号两端不显示

在需要改变标注侧的轴号附近取一点：   //单击轴号 1/E 轴号右端不显示

在需要改变标注侧的轴号附近取一点：   //单击轴号 2/E 轴号两端不显示

在需要改变标注侧的轴号附近取一点：   //单击轴号 2/E 轴号右端不显示

在需要改变标注侧的轴号附近取一点：   //单击轴号 2/E 轴号左端不显示

在需要改变标注侧的轴号附近取一点：   //按 Enter 键退出 S 选项

选择 [变标注侧(M)/单轴变标注侧(S)/添补轴号(A)/删除轴号(D)/单轴变号(N)/重排轴号

(R)/轴圈半径(Z)]<退出>:   //按 Enter 键退出对象编辑命令

(6) 选择开间轴线，单击鼠标右键，在弹出的快捷菜单中选择【添加轴线】命令。

(7) 在轴号 2 右边 1200 处，添加附加轴号 1/2。

(8) 双击开间轴号对象，输入"S"，选择单轴变标注侧，上开间轴线 1/2 不显示轴号，完成修改后的轴网如图 3-38 所示。

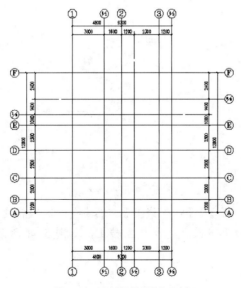

图3-38 对象编辑单轴变标注侧

【练习3-16】： 用墙生轴网命令绘制住宅楼轴线并编辑轴线。

1. 打开附盘文件 "dwg\第 03 章\3-16.dwg"，如图 3-39 所示。

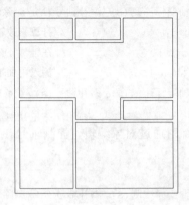

图3-39 墙体平面图

2. 执行墙生轴网命令，命令启动方式如下。

- 菜单命令：【轴网柱子】/【墙生轴网】。
- 工具栏按钮： |→|。
- 命令：TWall2Axis

启动墙生轴网命令，系统提示如下。

请选取要从中生成轴网的墙体：指定对角点：找到 22 个

//按住鼠标左键框选所有墙体，所有的墙体变为虚线显示

请选取要从中生成轴网的墙体： //按 Enter 键或单击鼠标右键结束

执行完上述命令后，即可完成轴网的生成，结果如图 3-40 所示。

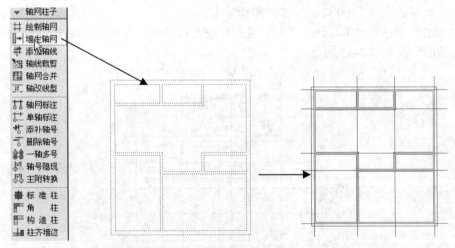

图3-40 墙生轴网命令演示

3. 选择菜单命令【轴网柱子】/【轴改线型】，把轴线由实线转变为点画线，重复选择【轴改线型】命令可在实线和点画线之间相互转化，如图 3-41 所示。

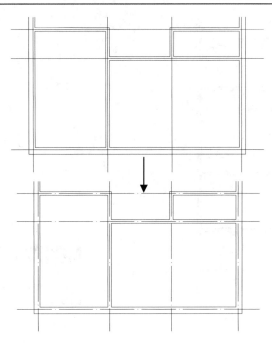

图3-41 【轴改线型】效果

4. 选择菜单命令【轴网柱子】/【轴网标注】，对图 3-39 所示的轴网进行标注，命令启动
   方式如下。
   - 菜单命令:【轴网柱子】/【轴网标注】。
   - 工具栏按钮: ⅱ。
   - 命令: TAxisDim2p。

执行此命令后，会弹出图 3-42 所示的【轴网标注】对话框，选择【双侧标注】单选项，起始轴号设置为"1"。

图3-42 【轴网标注】对话框

命令行提示如下。

```
命令: T81_TAxisDim2p
请选择起始轴线<退出>:          //选择左侧横轴相应的起始轴线
请选择终止轴线<退出>:          //选择右侧横轴相应的终止轴线，这时轴线显示为虚线
请选择不需要标注的轴线:        //按 Enter 键或单击鼠标右键结束
```

5. 结束上述命令后，即可完成横轴轴线的标注，如图 3-43 所示；重复当前的命令按 Enter
   键即可，弹出图 3-44 所示的【轴网标注】对话框，选择【双侧标注】单选项，起始轴
   号设置为"A"。

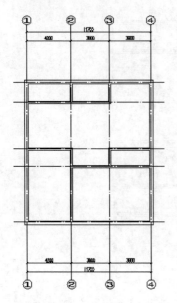

图3-43 横轴轴线的标注

图3-44 【轴网标注】对话框

系统提示如下。

  请选择起始轴线<退出>：   //选择左下侧纵轴相应的起始轴线

  请选择终止轴线<退出>：   //选择左上侧纵轴相应的终止轴线，此时轴线显示为虚线

  请选择不需要标注的轴线：   //按 Enter 键或鼠标右键结束

最后按 Esc 键结束当前命令，轴网标注效果如图 3-45 所示。

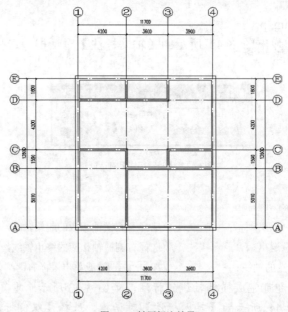

图3-45 轴网标注效果

6. 选择菜单命令【轴网柱子】/【轴号隐现】，对图 3-45 中的右侧轴号 C 进行隐藏，命令启动方式如下。

  ● 菜单命令：【轴网柱子】/【轴号隐现】。

● 命令: TshowLabel。

启动轴号隐现命令，系统提示如下。

    请选择需隐藏的轴号或［显示轴号(F)/设为双侧操作(Q)，当前：单侧隐藏］<退出>:

        //框选轴号C，显示为虚线状态，系统中有3种选择，可根据需要按相关字母进行选取，当前默认操作为"单侧隐藏"

    请选择需隐藏的轴号或［显示轴号(F)/设为双侧操作(Q)，当前：单侧隐藏］<退出>:

                      //按 Enter 键或单击鼠标右键结束

隐藏前后的对比效果如图3-46所示。

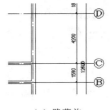
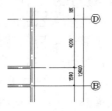

（a）隐藏前　　　　　　　　　　（b）隐藏后

图3-46　轴号隐现效果对比

7. 对轴号 2 进行删除轴号的练习，选择菜单命令【轴网标注】/【删除轴号】，对图 3-47 中的轴号 2 进行删除，命令启动方式如下。

● 菜单命令:【轴网柱子】/【删除轴号】。

● 【常用快捷功能1】工具栏按钮:　。

● 命令: TdelLabel。

启动删除轴号命令，系统提示如下。

    请框选轴号对象<退出>:　　　　　　//按住鼠标左键框选轴号2，显示为虚线状态

    请框选轴号对象<退出>:　　　　　　//按 Enter 键或单击鼠标右键结束

    是否重排轴号?[是(Y)/否(N)]<Y>: N　//默认值显示为Y

删除轴号后的效果对比如图3-47所示。

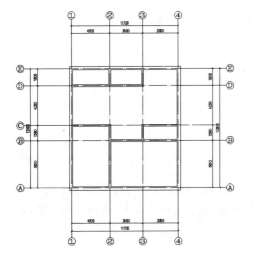
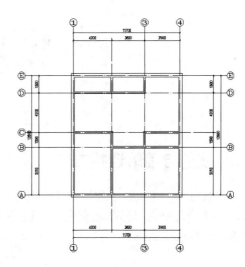

图3-47　删除轴号效果对比

3.6　柱子的概念

柱子在建筑设计中主要起到结构支撑作用，有些时候柱子也用于纯粹的装饰。各种柱子对象定义不同，标准柱用底标高、柱高和柱截面参数描述其在三维空间的位置和形状，构造柱用于砖混结构，只有截面形状而没有三维数据描述，只服务于施工图。

柱与墙相交时按墙柱之间的材料等级关系决定柱自动打断墙或墙穿过柱。如果柱与墙体同材料，墙体被打断的同时与柱连成一体。

柱子的填充方式与柱子的当前比例有关，如柱子的当前比例大于预设的详图模式比例，柱子和墙的填充图案按详图填充图案填充，否则按标准填充图案填充。

标准柱的常规截面形式有矩形、圆形、多边形等，异形截面柱由异形柱命令定义或由任意形状柱子和其他闭合线通过布尔运算获得。

对于插入图中的柱子，用户如果需要移动和修改，可充分利用夹点功能和其他编辑功能。对于标准柱的批量修改，可以使用"替换"的方式，柱子同样可采用 AutoCAD 的编辑命令进行修改，修改后相应墙段会自动更新。此外，柱子、墙可同时用夹点拖动进行编辑。

3.6.1　柱子的夹点定义

每一个夹点都可通过拖动改变柱子的尺寸或位置，如矩形柱的边中夹点用于拖动调整柱子的侧边、对角夹点改变柱子的大小、中心夹点改变柱子的转角或移动柱子，圆柱的边夹点用于改变柱子的半径、中心夹点移动柱子。柱子的夹点定义如图 3-46 所示。

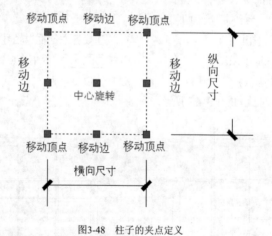

图3-48　柱子的夹点定义

3.6.2　柱子与墙的连接方式

柱子的材料决定了柱子与墙体的连接方式，图 3-49 所示为不同材质墙柱连接关系的示意图，标准填充模式与详图填充模式的切换由菜单命令【天正选项】/【加粗填充】中用户设定的比例自动控制。

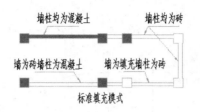

图3-49　柱子和墙的连接

3.6.3　柱子的交互和显示特性

自动裁剪特性：楼梯、坡道、台阶、阳台、散水、屋顶等对象可以自动被柱子裁剪。

矮柱特性：矮柱表示在平面图假定水平剖切线以下的可见柱，在平面图中这种柱不被加粗和填充，此特性在柱特性表中设置。

柱填充颜色：柱子具有材料填充特性，柱子的填充不再单独受各对象的填充图层控制，而是优先由选项中材料颜色控制，更加合理、方便。

3.7　创建柱子

柱子在工程结构中主要承受压力，有时也作为承受弯矩的竖向杆件，用以支承梁、桁架、楼板等，因此，柱子的创建具有重要的工程意义。

3.7.1　柱子的种类

TArch 2014 中柱子的分类如表 3-1 所示。

表 3-1　　　　　　　　　　　　　　　柱子的分类

分类方式	种类
功能	标准柱、角柱、构造柱
材料	砖、石材、钢筋混凝土、金属
形状	矩形、圆形、正三角形、正五边形、正六边形、正八边形、正十二边形、异形柱

3.7.2　标准柱

在轴线的交点或任何位置插入矩形柱、圆柱或正多边形柱，后者包括常用的三边形、五边形、六边形、八边形、十二边形断面。在非轴线交点插入柱子时，基准方向总是沿着当前坐标系的方向。如果当前坐标系是 UCS，柱子的基准方向为 UCS 的 x 轴方向，不必另行设置。

【标准柱】命令的工具栏新增选择 Pline 创建异形柱 和在图中拾取柱子形状或已有柱子 按钮，用于创建异型柱和把已有形状或柱子作为当前标准柱使用。

一、　命令启动方法
- 菜单命令:【轴网柱子】/【标准柱】。
- 工具栏图标:　。

- 命令：TInsColu。

【练习3-17】：打开附盘文件"dwg\第 03 章\3-17.dwg"，进行图 3-50 所示的柱子布置。

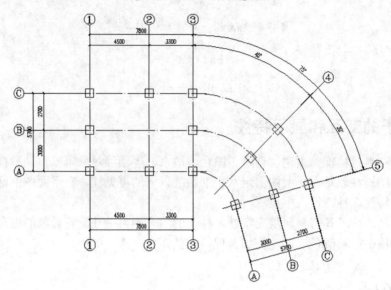

图3-50　标准柱布置图

创建标准柱的步骤如下。

(1) 设置柱子的参数，包括截面类型、截面尺寸和材料，或者从构件库取得以前入库的柱子。

(2) 单击工具栏中的相应图标，选择柱子的定位方式。

(3) 根据不同的定位方式回应相应的命令行输入。

(4) 重复步骤（1）～（3）或按 Enter 键结束标准柱的创建。以下是具体的交互过程。

执行命令后，弹出【标准柱】对话框，图 3-51～图 3-53 所示为几种类型的【标准柱】对话框。

图3-51　方柱的【标准柱】对话框

图3-52　圆柱的【标准柱】对话框

图3-53　多边形柱的【标准柱】对话框

在对话框中输入所有尺寸数据后，单击 ⊕ 按钮，命令行显示：

　　点取位置或[转 90 度(A)/左右翻(S)/上下翻(D)/对齐(F)/改转角(R)/改基点(T)/参考点
(G)]<退出>：　　　　　　　　　　　　　　　　　//在需要位置取点插入

二、 对话框控件的说明

- **【柱子尺寸】**：其中的参数因柱子形状不同而略有差异，如图 3-51～图 3-53 所示。
- **【柱高】**：柱高默认取当前层高，也可从列表选取常用高度。
- **【偏心转角】**：其中的旋转角度在矩形轴网中以 x 轴为基准线。在弧形、圆形轴网中以环向弧线为基准线，以逆时针为正、顺时针为负自动设置。
- **【材料】**：从下拉列表中选择材料，柱子与墙之间的连接形式由两者的材料决定，目前包括砖、石材、钢筋混凝土或金属，默认为钢筋混凝土。
- **【形状】**：设定柱截面类型，列表框中有矩形、圆形和正多边形等柱截面，选择任一种类型成为选定类型。
- ┃**标准构件库...**┃：从柱构件库中取得预定义柱的尺寸和样式，柱构件库如图 3-54 所示。

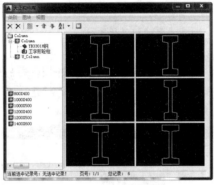

图3-54　标准构件库的柱库

- ⊕：优先捕捉轴线交点插柱，若未捕捉到轴线交点，则在点取位置插入柱子。
- ⊞：在选定的轴线与其他轴线的交点处插柱。
- ⌘：在指定的矩形区域内，所有的轴线交点处插柱。
- ⬚：以当前参数柱子替换图上的已有柱，可以单个替换或以窗选方式成批替换。
- ⬚：以图上已绘制的闭合 Pline 线就地创建异形柱。
- ⬚：以图上已绘制的闭合 Pline 线或已有柱子作为当前标准柱读入界面，接着插入该柱。

3.7.3 角柱

　　在墙角插入形状与墙一致的角柱，可改变各肢长度及各分肢的宽度，宽度默认居中，高度为当前层高。生成的角柱与标准柱类似，每一边都有可调整长度和宽度的夹点，可以方便地按要求修改。

一、 命令启动方法

- 菜单命令：【轴网柱子】/【角柱】。

- 工具栏图标：▛。
- 命令：TCornColu。

【练习3-18】：打开附盘文件"dwg\第 03 章\3-18.dwg"，布置图 3-55 所示的角柱。

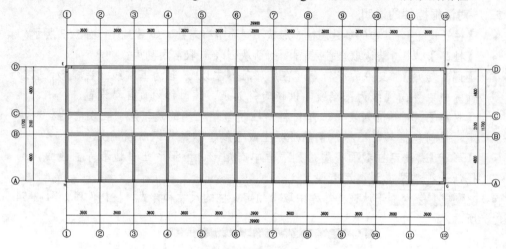

图3-55　角柱布置图

执行命令后，命令行提示：

请选取墙角或[参考点(R)]<退出>：　　　　//依次点取图中 E、F、G、H 四个墙角

选取墙角后弹出【转角柱参数】对话框，如图 3-56 所示，用户可在该对话框中输入合适的参数。

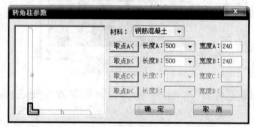

图3-56　【转角柱参数】对话框

参数输入完毕后，单击 确　定 按钮，所选角柱即插入图中。

二、　对话框控件的说明

- 【材料】：从下拉列表中选择材料，柱子与墙之间的连接形式由两者的材料决定，目前包括砖、石材、钢筋混凝土或金属，默认为钢筋混凝土。
- 【长度】：输入角柱各分肢长度。
- 取点A< ：单击 取点A< 按钮，可通过墙上取点得到真实长度，命令行提示：

请点取一点或[参考点(R)]<退出>：

　　　　　　　　　　//用户应依照 取点A< 按钮的颜色从对应的墙上给出角柱端点

- 【宽度】：各分肢宽度默认等于墙宽，改变柱宽后默认对中变化，要求偏心变化在完成后以夹点修改。

3.7.4 构造柱

【构造柱】命令在墙角交点处或墙体内插入构造柱，依照所选择的墙角形状为基准，输入构造柱的具体尺寸，指出对齐方向，默认为钢筋混凝土材质，仅生成二维对象。

一、 命令启动方法

- 菜单命令:【轴网柱子】/【构造柱】。
- 工具栏图标: ▄。
- 命令: TFortiColu。

【练习3-19】: 打开附盘文件"dwg\第03章\3-19.dwg"，布置图3-57所示的构造柱。

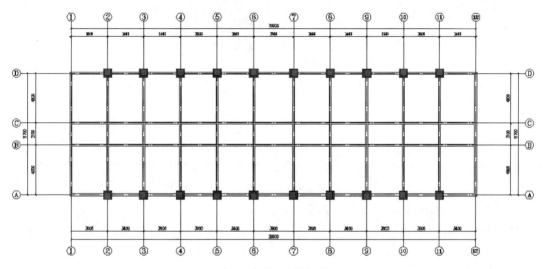

图3-57 构造柱布置结果图

执行命令后，命令行提示:

请选取墙角或[参考点(R)]<退出>:   //点取要建构造柱的墙角或墙中位置或键入R定位

随即弹出【构造柱参数】对话框，如图3-58所示，输入参数，选择对齐边。

参数输入完毕后，单击 确定 按钮，所选构造柱即插入图中，如修改长度与宽度可通过夹点拖动调整。

图3-58 【构造柱参数】对话框

二、 对话框控件的说明

- 【A-C尺寸】: 沿着A-C方向的构造柱尺寸。
- 【B-D尺寸】: 沿着B-D方向的构造柱尺寸。
- 【A/C与B/D】: 对齐边的互锁按钮，用于对齐柱子到墙的两边。

如果构造柱超出墙边，可以使用夹点拉伸或移动。

3.7.5 布尔运算创建异形柱

【布尔运算】不是一个新命令，而是结合布尔运算功能，利用已有的柱了与其他闭合轮廓线，创建各种异形截面柱的功能，异形柱在标准柱对话框的图标工具中创建。

命令启动方法

选择柱子，单击鼠标右键，弹出快捷菜单，选择【布尔运算】命令，如图 3-59 所示。

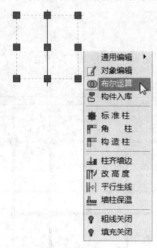

图3-59 布尔运算启动

执行本命令开始前必须满足以下条件。

(1) 被编辑的柱子。

(2) 闭合的矩形或其他形体。

(3) 它们的位置是按照要求安排好的。

【练习3-20】：打开附盘文件"dwg\第 03 章\3-20.dwg"，运用布尔运算，完成图 3-60 所示标注的异形柱的创建。

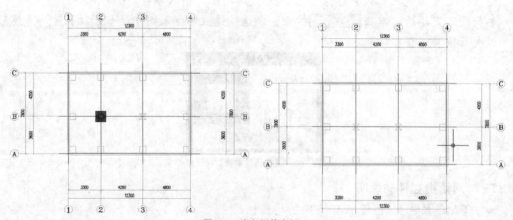

图3-60 布尔运算实例

1. 打开附盘文件，选取需要进行布尔运算的柱子，单击鼠标右键出现快捷菜单，选择【布尔运算】命令，显示【布尔运算】对话框，单击互锁按钮中的"差集"选项，默认勾选【删除第二运算对象】，如图 3-61 所示。

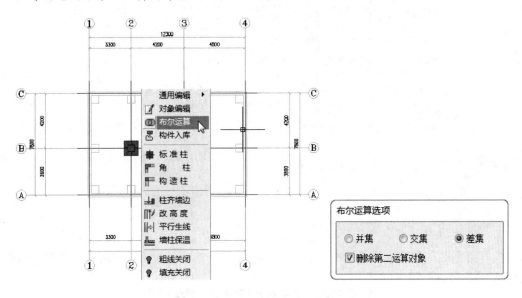

图3-61 启动布尔运算

2. 按照命令提示执行：

选择其它闭合轮廓对象(pline、圆、平板、柱子、墙体造型、房间、屋顶、散水等)://选取圆 1

选择其它闭合轮廓对象(pline、圆、平板、柱子、墙体造型、房间、屋顶、散水等)://选取圆 2

选择其它闭合轮廓对象(pline、圆、平板、柱子、墙体造型、房间、屋顶、散水等)://按 Enter 键完成

3.8 柱子的编辑

对于已经插入图中的柱子，如果需要成批修改，可以使用柱子替换功能或特性编辑功能，当需要个别修改时应充分利用夹点编辑和对象编辑功能，夹点编辑在前面已有详细描述，在此不再赘述。

3.8.1 柱子的替换

利用【标准柱】命令可以方便地批量修改，已经插入图中的柱子。

命令启动方法

• 菜单命令：【轴网柱子】/【标准柱】。

• 工具栏图标：■。

• 命令：TInsColu。

【练习3-21】： 打开附盘文件"dwg\第 03 章\3-21.dwg"，将图中 400*400 的标准柱换成 400*750 的标准柱，结果如图 3-62 所示。

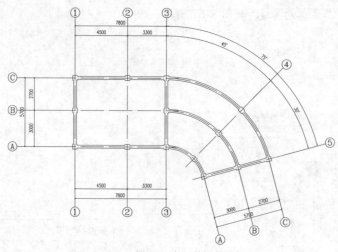

图3-62 柱子替换实例

执行命令后，在弹出的【标准柱】对话框中输入新的柱子数据，然后单击下方工具栏中的替换 按钮，如图 3-63 所示。

图3-63 【标准柱】对话框

执行命令后，命令行提示：

选择被替换的柱子： //用两点框选图中要替换的柱子区域或选取要替换的个别柱子均可

3.8.2 柱子的对象编辑

双击要修改的柱子，即可弹出【标准柱】对话框，如图 3-64 所示，可在对话框中对柱子进行编辑修改。

图3-64 柱对象编辑

修改参数后，单击 确定 按钮即可更新所选的柱子。

3.8.3 柱齐墙边

【柱齐墙边】命令将柱子边与指定墙边对齐，可一次选多个柱子一起完成墙边对齐，条件是各柱对齐墙边的方式一致。

命令启动方法

- 菜单命令:【轴网柱子】/【柱齐墙边】。

- 工具栏图标: 。
- 命令: TAlignColu。

【练习3-22】: 打开附盘文件"dwg\第 03 章\3-22dwg",如图 3-65 上图所示,用【柱齐墙边】命令得到下图所示结果。

命令启动,命令行显示:

请点取墙边<退出>:   //取作为柱子对齐基准的墙边

选择对齐方式相同的多个柱子<退出>:   //选择多个柱子

选择对齐方式相同的多个柱子<退出>:   //按 Enter 键结束选择

请点取柱边<退出>:   //点取这些柱子的对齐边

请点取墙边<退出>:   //重选作为柱子对齐基准的其他墙边或按 Enter 键退出命令

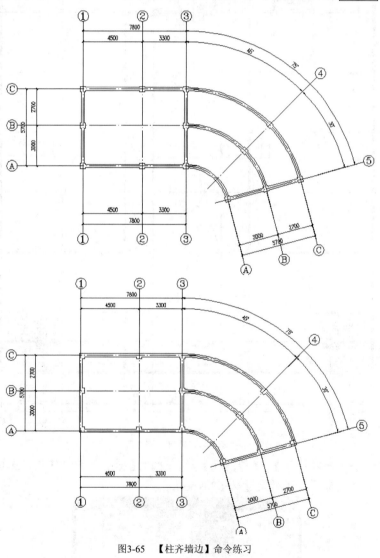

图3-65 【柱齐墙边】命令练习

3.8.4　上机综合练习

【练习3-23】：　打开附盘文件"dwg\第 03 章\3-23.dwg"，综合运用上述柱子创建编辑的方法，完成某住宅首层平面的柱子布置，如图 3-66 所示。

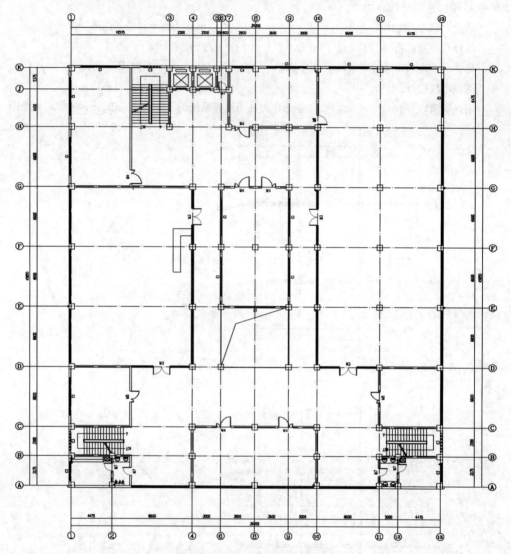

图3-66　某住宅首层平面柱子布置结果

1. 选择菜单命令【轴网柱子】/【标准柱】后，弹出【标准柱】对话框，如图 3-67 所示，在对话框中设置标准柱子的尺寸为 600*600。

图3-67　方柱的【标准柱】对话框

2. 在对话框中输入所有尺寸数据后，单击 ⊞ 按钮，命令行显示：

     请选择一轴线<退出>：   //依次选择 A～K 轴线完成柱子的布置

3. 依次删掉轴线 A/6，9；B/6，8，9；C/6，9；D/8；E/8；G/8；H/4，5；K/9 相交的柱子。

4. 启动【轴网柱子】/【柱齐墙边】命令完成四边的柱齐墙边，命令行显示：

     请点取墙边<退出>：   //取作为柱子对齐基准的墙边

     选择对齐方式相同的多个柱子<退出>：   //选择多个柱子

     选择对齐方式相同的多个柱子<退出>：   //按 Enter 键结束选择

     请点取柱边<退出>：   //点取这些柱子的对齐边

     请点取墙边<退出>：   //重选作为柱子对齐基准的其他墙边或按 Enter 键退出命令

完成柱子的布置。

3.9 小结

本章主要介绍的内容如下。

(1) 直线轴网和圆弧轴网的创建方法，轴网的标注与编辑，直线轴网与弧轴网的规范标注与编辑方法。轴号的编辑介绍了直线轴网与弧轴网的轴号对象编辑方法。

(2) 柱子对象的特点与使用方法，标准柱、角柱和构造柱的创建方法，柱子的位置编辑和形状编辑方法。

(3) 轴网建立是建筑的基础，轴网数据的输入方法很多，要灵活掌握轴网数据输入方法需勤加练习。

(4) 一般情况下，都是下开间和左进深，可理解为 x 轴方向和 y 轴方向数据。

(5) 轴网标注，效率高且整齐美观，标注与天正建筑软件 TArch 3.X 的点取不一样，如水平标注，天正建筑软件 TArch 2014 是点取开间轴线，习惯了 TArch 3.X 的读者要注意。据了解，建筑设计院的工程师偏爱天正建筑软件 TArch 3.X，长期使用已成习惯。

(6) 轴网编辑方便灵活，尤其是对不规则建筑，轴线裁剪等非常有用，点取矩形对角线上两点，即可轻松裁剪掉矩形内的轴网。对个别轴网也可夹点编辑。

(7) 轴线默认使用的线型是细实线，是为了绘图过程中方便捕捉，用户在出图前应该用【轴改线型】命令改为规范要求的点画线。

(8) 天正尺寸有时需要适当修改或调整，如把尺寸标注移动，移动前先打散，就可执行了。尺寸数字高度的修改，可用 Dimtxt 命令改变字高。

(9) 柱子比较简单，易出的问题是柱子插入后偏心。移动也容易，但要灵活应用目标捕捉才能有理想结果。

(10) 天正软件增强的布尔运算功能，解决了散水、柱子、楼板、线脚等对象之间的裁剪遮挡处理，增强的柱子对象提供夹点拖动功能，修改快捷，支持与平板和楼梯等对象之间的自动裁剪。

3.10 习题

1. 练习制作轴网。

     下开间：3*3300，3900，3*3600。左进深：4200，2100，4200

2. 练习制作轴网。

　　　　下开间：3600，3300，3900

　　　　上开间：4200，3900，4500

　　　　左进深：3600，3600，3000

　　　　右进深：3000，3600，3000

3. 收集有关建筑图纸，制作出相应的轴网，将各种建筑都实践一下。

4. 对制作出的轴网进行轴网裁剪，将那些没有墙体的轴网裁剪掉，注意留出线头，操作时关闭对象捕捉，并可局部放大操作。

5. 试插入各种柱子，并使用柱子替换功能或柱子编辑功能进行编辑。

6. 收集有关信息，参加房交会、房博会，了解房地产市场，收集各房地产公司的宣传材料，特别是房屋建筑图，对其进行研究、分析、对比并提出自己的看法。试制作出相应的轴网。

7. 参见后面各章练习题中的建筑图，制作出各个建筑图的轴网。

8. 采取轴网裁剪方式裁剪轴网，再用其他的方法裁剪轴网，对比几种方法的差异。

第4章　墙体

【学习重点】
- 熟悉墙体的概念。
- 掌握墙体创建的方法。
- 熟练掌握墙体的编辑方法。
- 熟悉墙体立面工具。
- 掌握内外识别工具。

4.1　墙体的概念

墙体是建筑物的重要组成部分。它的主要作用是承重、围护或分隔空间。墙体按受力情况和材料不同可分为承重墙和非承重墙，按墙体构造方式又可分为实心墙、烧结空心砖墙、空斗墙和复合墙。

墙体是天正建筑软件中的核心对象，它是模拟实际墙体的专业特性构建的，因此可实现墙角的自动修剪、墙体之间按材料特性连接、与柱子和门窗互相关联等智能特性，并且墙体是建筑房间的划分依据，理解墙对象的概念非常重要。墙对象不仅包含位置、高度、厚度这样的几何信息，还包括墙类型、材料、内外墙这样的内在属性。

一个墙对象是柱间或墙角间具有相同特性的一段直墙或弧墙单元，墙对象与柱子围合而成的区域就是房间，墙对象中的"虚墙"作为逻辑构件，围合建筑中挑空的楼板边界与功能划分的边界（如同一空间内餐厅与客厅的划分），可以查询得到各自的房间面积数据。

4.1.1　墙基线的概念

墙基线是墙体的定位线，通常位于墙体内部并与轴线重合，墙体的两条边线就是依据基线按左右宽度确定的。墙基线同时也是墙内门窗测量基准，如墙体长度指该墙体基线的长度，弧窗宽度指弧窗在墙基线位置上的宽度。

墙体的相关判断都是依据于基线，比如墙体的连接相交、延伸和剪裁等，因此互相连接的墙体应当使它们的基线准确地交接。天正建筑软件规定墙基线不准重合，如果在绘制过程中产生重合墙体，系统将弹出警告，并阻止这种情况的发生。

要点提示　墙基线只是一个逻辑概念，出图时不会打印到图纸上。

4.1.2 墙体用途与特性

天正建筑软件定义的墙体按用途可分为以下几类。

- 一般墙：包括建筑物的内外墙，参与按材料的加粗和填充。
- 虚墙：用于空间的逻辑分隔，以便于计算房间面积。
- 卫生隔断：卫生间洁具隔断用的墙体或隔板，不参与加粗填充与房间面积计算。
- 矮墙：表示在水平剖切线以下的可见墙（如女儿墙），不会参与加粗和填充。矮墙的优先级低于其他所有类型的墙，矮墙之间的优先级由墙高决定，不受墙体材料控制。

对于一般墙，还进一步以内外特性分为内墙、外墙两类，它们的图形表示相同，用于节能计算时，室内外温差计算不必考虑内墙；用于组合生成建筑透视三维模型时，常常不必考虑内墙，大大节省渲染所需的内存。图 4-1 所示为矮墙与一般墙的示例图。

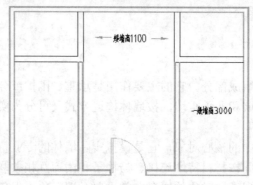

图4-1 矮墙与一般墙示例

4.1.3 墙体材料系列

墙体的材料类型用于控制墙体的二维平面图效果。相同材料的墙体在二维平面图上墙角连通一体，系统约定按优先级高的墙体打断优先级低的墙体的预设规律处理墙角清理。优先级由高到低的材料依次为钢筋混凝土墙、石墙、砖墙、填充墙、示意幕墙和轻质隔墙，它们之间的连接关系如图 4-2 所示。

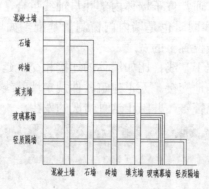

图4-2 墙材料系列的优先关系

4.1.4 玻璃幕墙与示意幕墙的关系

使用【绘制墙体】命令，在【绘制墙体】对话框的【材料】下拉列表中选择【玻璃幕墙】，创建的便是玻璃幕墙对象，它的三维表示由玻璃、竖挺和横框等构件表示，可以通过对象编辑详细设置。图层设于专门的幕墙图层 CURTWALL，通过对象编辑界面可对组成玻璃幕墙的构件进行编辑，创建隐框或明框幕墙，适用于三维建模。平面图的表示方式默认按【示意】模式显示为四线或三线，可通过在特性栏中的【外观】/【平面显示栏】下拉列表中选择【详图】，如图 4-3 所示，显示出玻璃、立挺和横框等构件的平面。在平面图的【示意】模式下编辑对象时，不能直接对幕墙宽度进行修改，幕墙宽度是通过修改竖挺的截面长来定义的，如图4-4 所示。

图4-3 玻璃幕墙特性栏

图4-4 玻璃幕墙编辑对话框

选择其他材料创建的是墙对象，双击对象编辑可以把材料改为示意幕墙而非玻璃幕墙，示意幕墙的三维表示简单，它的图层依然是墙层 WALL，颜色不变，但用户可以修改其图层与颜色。

此外，玻璃幕墙的二维平面表示有两种级别，在当前比例小于 1：100（例如 1：50）时由于线条太密而使用三线表示，而在当前比例大于或等于 1：100 时使用四线表示，如图 4-5 所示。而普通墙改为示意幕墙后均使用 4 线表示，与当前比例无关。

（a）大于或等于1：100时的幕墙示意图　　　　　　（b）小于1：100时的幕墙示意图

图4-5 玻璃幕墙的示意图

4.1.5　墙体加粗与线宽打印设置

　　使用状态栏的【加粗】按钮，如图 4-6 所示，可以把墙体边界线加粗显示和输出。加粗的参数在天正选项命令下的加粗填充中设置，最终打印时还需通过打印样式表设置墙线颜色对应的线宽，如果加粗打开，实际墙线宽度是两者的组合效果。

图4-6　状态栏加粗按钮

　　打印在图纸上的墙线实际宽度=加粗宽度+1/2 墙柱在天正打印样式表 ctb 文件中设定的宽度。例如，按照目前的默认值，选项设置的线宽为 0.4，ctb 文件中设为 0.4，打印出来为 0.6，如果是打印室内设计或其他非建筑专业使用的平面图，不必打开加粗功能。

4.2　墙体的创建

　　墙体可使用【绘制墙体】命令创建或由【单线变墙】命令从直线、圆弧或轴网转换。下面介绍这两种创建墙体的方法。墙体的底标高为当前标高（Elevation），墙高默认为楼层层高。墙体的底标高和墙高可在墙体创建后用【改高度】命令进行修改，当墙高给定为 0 时，墙体在三维视图下不生成三维视图。

　　天正建筑软件支持圆墙的绘制，圆墙可以由两段同心圆弧墙拼接而成。

4.2.1　绘制墙体

　　【绘制墙体】命令执行后打开【绘制墙体】的非模式对话框，在对话框中可以设定墙体参数，不必关闭对话框即可直接使用"直墙""弧墙"和"矩形布置"3 种方式绘制墙体对象。墙线相交处自动处理，墙宽随时定义、墙高随时改变，在绘制过程中墙端点可以回退，用户使用过的墙厚参数在数据文件中按不同材料分别保存。

　　为了准确定位墙体端点位置，天正软件内部提供了对已有墙基线、轴线和柱子的自动捕捉功能。必要时可以将天正软件内含的自动捕捉功能关闭，然后按 F3 键打开 AutoCAD 的捕捉功能。

　　TArch 2014 为 AutoCAD 2004 以上平台用户提供了动态墙体绘制功能，单击状态栏上的 动态标注 按钮，启动动态距离和角度提示，按 Tab 键可切换参数栏，输入距离和角度数据。

图4-7　菜单命令

　　命令启动方法
- 菜单命令：【墙体】/【绘制墙体】（见图 4-7）。
- 工具栏图标：　。
- 命令：TWall。

【练习4-1】：　绘制图 4-8 所示的某住宅 240mm 墙体。

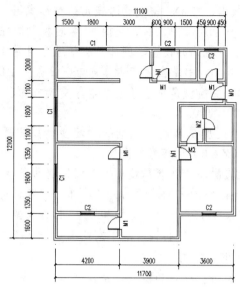

图4-8 某住宅墙体

1. 打开附盘文件 "dwg\第 04 章\4-1.dwg"，单击工具栏中的 ▬ 按钮或选择菜单命令【墙体】/【绘制墙体】，弹出【绘制墙体】对话框，如图 4-9 所示，进入【左宽】、【右宽】选项卡，对应上面尺寸分别输入左宽、右宽的数据。

图4-9 【绘制墙体】对话框中下开间的输入

2. 单击下面的工具栏按钮，在 "直墙" "弧墙" 和 "矩形绘墙" 3 种绘制方式中选择其中之一，在对话框中输入所有尺寸数据后，单击 ▤ 按钮，命令行显示：

　　　　起点或[参考点(R)]<退出>：

　　　　　　　　//画直墙的操作类似于 LINE 命令，可连续输入直墙下一点，或按 Enter 键结束绘制

　　直墙下一点或[弧墙(A)/矩形画墙(R)/闭合(C)/回退(U)]<另一段>：　　　　//连续绘制墙线

　　直墙下一点或[弧墙(A)/矩形画墙(R)/闭合(C)/回退(U)]<另一段>：　　　　　　//单击鼠标右键
停止绘制

　　　　起点或[参考点(R)]<退出>：　　　　　　　　//单击鼠标右键退出命令进入绘图区绘制墙体，完成墙
体的绘制

对话框控件的说明如下。

- 【墙宽参数】：包括左宽、右宽两个参数，其中墙体的左、右宽度，指沿墙体定位点顺序，基线左侧和右侧部分的宽度，对于矩形布置方式，则分别对应基线内侧宽度和基线外侧的宽度，对话框相应提示改为内宽、外宽。其中左宽（内宽）、右宽（外宽）都可以是正数，也可以是负数或 0。

- 【墙宽组】：在数据列表中预设有常用的墙宽参数，每一种材料都有各自常用的墙宽组系列供选用，用户若定义新的墙宽组，使用后会自动添加进列表中。

用户选择其中某组数据，按 Del 键可删除当前这个墙宽组。

- 【墙基线】：基线位置设左、中、右、交换共 4 种控制，左、右是计算当前墙体总宽后，全部左偏或右偏的设置，例如，当前墙宽组为 100，120，单击 左 按钮后即可改为 220，0。中是当前墙体总宽居中设置，上例中单击 中 按钮后即可改为 110，110。交换就是把当前左右墙厚交换方向，单击 交换 按钮后可将 100，120 改为 120，100。

- 【高度】/【底高】：高度是墙高，从墙底到墙顶计算的高度，底高是墙底标高，从本图零标高（Z = 0）到墙底的高度。

- 【材料】：包括从轻质隔墙、玻璃幕墙、填充墙到钢筋混凝土共 8 种材质，按材质的密度预设了不同材质之间的遮挡关系，通过设置材料绘制玻璃幕墙。

- 【用途】：包括一般墙、卫生隔断、虚墙和矮墙 4 种类型，其中矮墙是新添的类型，具有不加粗、不填充的特性，表示女儿墙等特殊墙体。

【练习4-2】： 绘制图 4-10 所示的弧墙。

在绘制墙体对话框中输入所有尺寸数据后，单击【绘制弧墙】工具栏中的 按钮，命令行提示：

起点或[参考点(R)]<退出>：	//给出弧墙起点 A
弧墙终点或[直墙(L)/矩形画墙(R)]<取消>：6000	//给出弧墙终点 B 输入 6000
点取弧上任意点或[半径(R)]<取消>：1800	//键入 1800 指定半径

绘制完一段弧墙后，自动切换到直墙状态，单击鼠标右键退出命令。

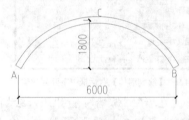

图4-10 弧墙绘制方法

4.2.2 等分加墙

【等分加墙】命令主要用于在已有的大房间按等分的原则划分出多个小房间。将一段墙在纵向等分，垂直方向加入新墙体，同时新墙体延伸到给定边界。本命令有 3 种相关墙体参与操作过程，有参照墙体、边界墙体和生成的新墙体。

命令启动方法

- 菜单命令:【墙体】/【等分加墙】。
- 工具栏图标: 𝍌。
- 命令: TDivWall。

【练习4-3】： 等分加墙实例。

1. 打开附盘文件 "dwg\第 04 章\4-3.dwg"，在图 4-11 中选取下方的水平墙段等分添加 4 段厚为 200 的内墙。

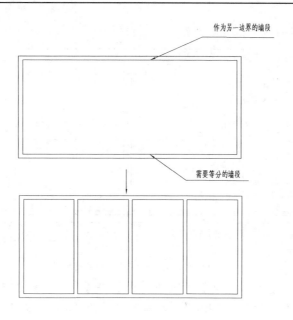

图4-11　等分加墙实例

2.　执行命令后，命令行提示：

选择等分所参照的墙段<退出>：　　　　　//选择要准备等分的墙段

随即在弹出的【等分加墙】对话框中的【等分数】栏内将数值改为"4"，如图 4-12 所示。

图4-12　【等分加墙】对话框

选择作为另一边界的墙段<退出>：　　　　//选择与要准备等分的墙段相对的墙段为边界绘图

4.2.3　单线变墙

【单线变墙】命令有两个功能：一是将 Line、Arc 命令绘制的单线转为天正墙体对象，并删除选中单线，生成墙体的基线与对应的单线相重合；二是在基于设计好的轴网中创建墙体，然后进行编辑，创建墙体后仍保留轴线，智能判断清除轴线的伸出部分，可以自动识别新旧两种多段线，便于生成椭圆墙。

命令启动方法
- 菜单命令：【墙体】/【单线变墙】。
- 工具栏图标：![icon]。
- 命令：TSWall。

【练习4-4】：　轴网生墙的应用实例。

1.　打开附盘文件 "dwg\第 04 章\4-4.dwg"，创建图 4-13 所示外墙厚 360、内墙厚 240 的墙体。

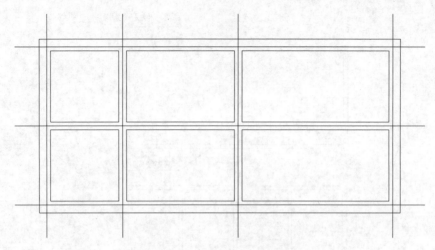

图4-13　轴网生成内外不同厚度的墙体

2. 执行命令后，弹出【单线变墙】对话框，分别将【外墙宽】分组框中的【外侧宽】栏改为 240，【内侧宽】栏改为 120，【内墙宽】栏改为 240，如图 4-14 所示。

图4-14　【单线变墙】对话框

3. 选中【轴网生墙】单选项，此时只选取轴线图层的对象，命令行提示如下：

　　　选择要变成墙体的直线、圆弧、圆或多段线：　　　　　　//指定两个对角点指定框选范围
　　　选择要变成墙体的直线、圆弧、圆或多段线：　　　　　　//按 Enter 键退出选取，创建墙体

4.2.4　墙体分段

　　【墙体分段】命令在天正建筑 2013 开始改进了分段的操作，可预设分段的目标：给定墙体材料、保温层厚度、左右墙宽，然后以该参数对墙进行多次分段操作，不需要每次分段重复输入。新的墙体分段命令既可分段为玻璃幕墙，又能将玻璃幕墙分段为其他墙。

命令启动方法
- 菜单命令:【墙体】/【墙体分段】。
- 工具栏图标: ▄┛。
- 命令: TPartwall。

【练习4-5】：　墙体分段的应用实例。

1. 打开附盘文件 "dwg\第 04 章\4-5.dwg"，如图 4-15 左图所示。将原 120 厚普通砖墙 AB 分为三段，中间段材料改为混凝土，宽度为 100+100，结果如图 4-15 右图所示。

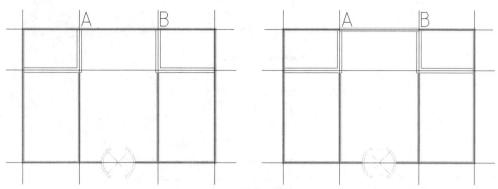

图4-15　墙体分段编辑

2. 执行命令后，弹出【墙体分段设置】对话框，如图 4-16 所示，勾选【左宽】将其参数修改为 100，勾选【右宽】将其参数修改为 100，在【材料】栏选择"钢筋混凝土"。

图4-16　【墙体分段设置】对话框

3. 在【墙体分段设置】对话框中完成预设墙体参数后，按照命令行提示连续操作：

请选择一段墙 <退出>：　　　　　　　//选取原墙体 AB

选择起点<返回>：　　　　　　　　//选取起点 A

选择起点<返回>：　　　　　　　　//选取终点 B，按 Enter 键退出选取完成墙体分段

4.2.5　墙体造型

【墙体造型】命令根据指定多段线外框生成与墙关联的造型，常见的墙体造型是墙垛、壁炉、烟道一类与墙砌筑在一起，平面图与墙连通的建筑构造，墙体造型的高度与其关联的墙高一致，但可以通过双击加以修改。墙体造型可以用于墙体端部（墙角或墙柱连接处），包括跨过两个墙体端部的情况，除了正常的外凸造型外还提供了向内开洞的内凹造型（仅用于平面）。

命令启动方法

- 菜单命令：【墙体】/【墙体造型】。
- 工具栏图标：。
- 命令：TAddPatch。

【练习4-6】：　墙体造型实例。

1. 打开附盘文件"dwg\第 04 章\4-6.dwg"，创建图 4-17 所示的外凸墙体造型。

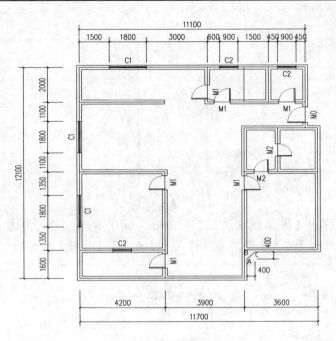

图4-17 外凸墙体造型实例

2. 执行命令后，命令行提示：

选择[外凸造型(T)/内凹造型(A)]<外凸造型>： //按 Enter 键默认采用外凹造型

墙体造型轮廓起点或[点取图中曲线(P)/取参考点(R)]<退出>：
　　　　　//绘制墙体造型的轮廓线第一点或点取已有的闭合多段线作轮廓线

直段下一点或[弧段(A)/回退(U)]<结束>： //造型轮廓线的第二点 B

直段下一点或[弧段(A)/回退(U)]<结束>： //造型轮廓线的第三点 C

直段下一点或[弧段(A)/回退(U)]<结束>：
　　　　　//单击鼠标右键或按 Enter 键结束命令，绘制出外凸墙体造型

内凹的墙体造型还可用于不规则断面门窗洞口的设计（目前仅用于二维），外凸造型可用于墙体改变厚度后出现缺口的补齐。

4.2.6 净距偏移

【净距偏移】命令功能类似 AutoCAD 的 Offset（偏移）命令，可以用于室内设计中，以测绘净距建立墙体平面图的场合。该命令会自动处理墙端交接，但不处理由于多处净距偏移引起的墙体交叉，如果有墙体交叉，请使用【修墙角】命令自行处理。

命令启动方法
- 菜单命令:【墙体】/【净距偏移】。
- 工具栏图标: ▐◀。
- 命令: TOffset。

【练习4-7】: 墙体净距偏移应用实例。

1. 打开附盘文件 "dwg\第 04 章\4-7.dwg"，完成图 4-18 所示的墙体净距偏移。

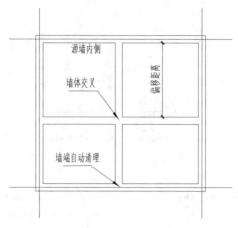

图4-18　墙体净距偏移应用实例图

2.　执行命令后，命令行提示：

> 输入偏移距离<4000>:2400　　　　　　　　　//输入两墙之间偏移的净距
> 请点取墙体一侧<退出>:　　　　　　　　　　//点取源墙内侧
> 请点取墙体一侧<退出>:　　　　　　　　　　//按 Enter 键结束选择，完成墙体净距偏移

4.3　墙体的编辑

　　墙体对象支持 AutoCAD 的通用编辑命令，可使用包括偏移（Offset）、修剪（Trim）、延伸（Extend）等命令进行修改，对墙体执行以上操作时均不必显示墙基线。

　　此外可直接使用删除（Erase）、移动（Move）和复制（Copy）命令进行多个墙段的编辑操作。TArch 2014 也有专用的编辑命令对墙体进行专业意义的编辑，简单的参数编辑只需双击墙体即可进入对象编辑对话框，拖动墙体的不同夹点可改变长度与位置。

4.3.1　倒墙角

　　【倒墙角】命令与 AutoCAD 的倒角（Fillet）命令相似，专门用于处理两段不平行的墙体的端头交角，使两段墙以指定倒角半径进行连接，注意如下几点。

　　（1）　当倒角半径不为 0 时，两段墙体的类型、总宽和左右宽必须相同，否则无法进行。

　　（2）　当倒角半径为 0 时，自动延长两段墙体进行连接，此时两墙段的厚度和材料可以不同，当参与倒角两段墙平行时，系统自动以墙间距为直径加弧墙连接。

　　（3）　在同一位置不应反复进行半径不为 0 的倒角操作，在再次倒角前应先把上次倒角时创建的圆弧墙删除。

命令启动方法

- 菜单命令:【墙体】/【倒墙角】。
- 工具栏图标:　。
- 命令: TFillet。

【练习4-8】:　墙体倒墙角应用实例。

1.　打开附盘文件 "dwg\第 04 章\4-8.dwg"，如图 4-19 左图所示，进行墙体倒墙角操作，结果如图 4-19 右图所示。

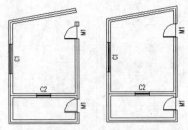

图4-19　墙体倒墙角应用实例

2.　执行命令后，命令行提示：

　　　　选择第一段墙或 [设圆角半径 (R) ，当前=0] <退出>：　　//选择倒角的第一段墙体

　　　　选择另一段墙<退出>：　　　　　　　　　　　//选择倒角的第二段墙体，命令立即完成

4.3.2　修墙角

　　　　【修墙角】命令提供对属性完全相同的墙体相交处的清理功能。当用户使用 AutoCAD 的某些编辑命令，或者利用夹点拖动对墙体进行操作后，墙体相交处有时会出现未按要求打断的情况，采用本命令框选墙角可以轻松处理。本命令也可以更新墙体、墙体造型、柱子及维护各种自动裁剪关系，如柱子裁剪楼梯、凸窗一侧撞墙等情况。

　　命令启动方法

- 菜单命令：【墙体】/【修墙角】。
- 工具栏图标： 。
- 命令：TFixWall。

【练习4-9】：　墙体修墙角应用实例。

1.　打开附盘文件"dwg\第 04 章\4-9.dwg"，应用墙体修墙角功能完成图 4-20 所示的图形。

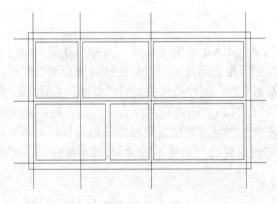

图4-20　墙体修墙角功能应用实例

2.　执行命令后，命令行提示：

　　　　请框选需要处理的墙角、柱子或墙体造型.

　　　　请点取第一个角点或 [参考点 (R)] <退出>：　　　　//框选需要处理的墙体交角

　　　　点取另一个角点<退出>：　　　　　　　　　　　//框选需要处理的墙体交角，完成退出

4.3.3 基线对齐

【基线对齐】命令用于纠正两种情况的墙线错误，（1）由于基线不对齐或不精确对齐而导致墙体显示或搜索房间出错；（2）由于短墙存在而造成墙体显示不正确的情况下，去除短墙并连接剩余墙体。

命令启动方法

- 菜单命令:【墙体】/【基线对齐】。
- 工具栏图标: ✚。
- 命令: TAdjWallBase。

【练习4-10】: 基线对齐练习。

1. 打开附盘文件"dwg\第 04 章\4-10.dwg"，应用墙线对齐命令完成图 4-21 右图所示的对齐结果。

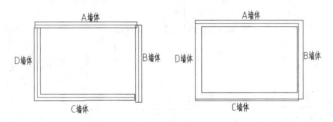

图4-21 基线对齐练习

2. 执行命令后，命令行提示:

　　请点取墙基线的新端点或新连接点或[参考点(R)]<退出>:

　　　　　　　　　　　　　　//点取作为对齐点的一个基线端点，不应选取端点外的位置

　　请选择墙体(注意:相连墙体的基线会自动联动!)<退出>:　　//选择要对齐该基线的墙体对象

　　请选择墙体(注意:相连墙体的基线会自动联动!)<退出>:　　//继续选择后按 Enter 键退出

　　请点取墙基线的新端点或新连接点或[参考点(R)]<退出>:　　//点取其他基线交点作为齐点

本实例共需要进行 3 次基线对齐操作。

4.3.4 墙柱保温

【墙柱保温】命令可在图中已有的墙段上加入或删除保温层线，遇到门该线自动打断，遇到窗自动把窗厚度增加。

命令启动方法

- 菜单命令:【墙体】/【墙柱保温】。
- 工具栏图标: ⌐⌐⌐。
- 命令: TAddInsulate。

【练习4-11】: 墙柱保温练习实例。

1. 打开附盘文件"dwg\第 04 章\4-11.dwg"，应用墙柱保温命令完成图 4-22 所示的墙体保温图的绘制。

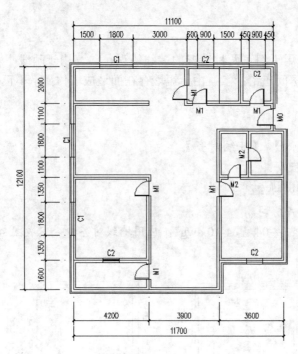

图4-22 墙体保温图

2. 执行命令后，命令行提示：

    指定墙体保温的一侧或 [外墙内侧 (I) /外墙外侧 (E) /消保温层 (D) /保温层厚 (当前=80)

    (T)]<退出>: //点取墙做保温的一侧，每次处理一个墙段

    指定墙体保温的一侧或 [外墙内侧 (I) /外墙外侧 (E) /消保温层 (D) /保温层厚 (当前=80)

    (T)]<退出>: //按 Enter 键退出命令

4.3.5 边线对齐

【边线对齐】命令用来对齐墙边，并维持基线不变，边线偏移到给定的位置。换句话说，就是维持基线位置和总宽不变，通过修改左右宽度达到边线与给定位置对齐的目的。通常用于处理墙体与某些特定位置的对齐，特别是和柱子的边线对齐。墙体与柱子的关系并非都是中线对中线，要把墙边与柱边对齐，无非两个途径，直接用基线对齐柱边绘制，或者先不考虑对齐，而是快速地沿轴线绘制墙体，待绘制完毕后用本命令进行处理。后者可以把同一延长线方向上的多个墙段一次取齐，推荐使用这种方式。

命令启动方法

- 菜单命令:【墙体】/【边线对齐】。
- 工具栏图标: ▟。
- 命令: TAlignWall。

【练习4-12】: 边线对齐练习。

1. 打开附盘文件 "dwg\第 04 章\4-12.dwg"，进行边线对齐练习，得到图 4-23 所示的边线对齐结果。

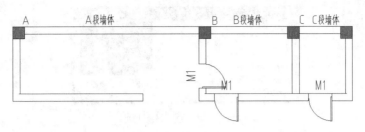

图4-23　边线对齐结果

2. 执行命令后，命令行提示：

请点取墙体边应通过的点或[参考点(R)]<退出>:　//取墙体边线通过的一点 *A*

请点取一段墙<退出>:　　　　　　　　　　　　//选中 *A* 段墙体，按 Enter 键重复命令

请点取墙体边应通过的点或[参考点(R)]<退出>:　//取墙体边线通过的一点 *B*

请点取一段墙<退出>:　　　　　　　　　　　　//选中 *B* 段墙体，按 Enter 键重复命令

请点取墙体边应通过的点或[参考点(R)]<退出>:　//取墙体边线通过的一点 *C*

请点取一段墙<退出>:　　　　　　　　　　　　//选中 *C* 段墙体

4.3.6　墙齐屋顶

　　【墙齐屋顶】命令用来向上延伸墙体，使原来水平的端顶成为与单坡和双坡屋顶一致的斜面。使用本命令前，人字屋顶对象（单坡或双坡）要已在墙平面对应的位置上绘制完成，屋顶与山墙的竖向关系应经过合理调整。

命令启动方法

- 菜单命令:【墙体】/【墙齐屋顶】。
- 工具栏图标: 🏠。
- 命令: TWallAlignroof。

【练习4-13】: 墙齐屋顶实例练习。

1. 打开附盘文件 "dwg\第 04 章\4-13.dwg"，进行墙齐屋顶练习。
2. 执行命令后，命令行提示：

请选择人字屋顶: //在平面图上选择人字屋顶

请选择墙: 　　　//选择一侧山墙

请选择墙: 　　　//选择另一侧山墙

请选择墙:

　　　//按 Enter 键结束选择，完成墙体对齐

　　此时在平面图上没有变化，但是在轴测图和立面视图中可见山墙延伸到坡顶的效果，如图 4-24所示。

图4-24　墙齐屋顶实例

4.3.7　普通墙的对象编辑

　　双击墙体后可弹出【墙体编辑】对话框，如图 4-25 所示。通过此对话框可以方便地进行墙高、墙宽、底高、用途及保温层添加等墙体的编辑。

图4-25 【墙体编辑】对话框

【练习4-14】：将图中内隔墙改为左右宽分别为 100 的墙体，如图 4-26 所示。

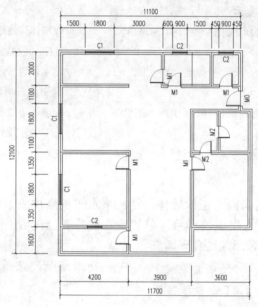

图4-26 墙体编辑练习实例

1. 打开附盘文件 "dwg\第 04 章\4-14.dwg"，双击需要编辑的内墙。
2. 弹出【墙体编辑】对话框，将【左宽】、【右宽】文本框中的数值分别改为 100、100，如图 4-27 所示。

图4-27 【墙体编辑】对话框

3. 修改完成后，单击 确定 按钮，即可完成对选定墙体的修改。

4.3.8 墙的反向编辑

从 TArch 7.0 开始提供的曲线编辑【反向】命令可用于墙体，可以将墙对象的起点和终点反向，也就是翻转了墙的生成方向，同时相应地调整了墙的左右宽，因此边界不会发生变化。

选择要反向的墙体的实现方法是单击鼠标右键，选择快捷菜单中【曲线编辑】子菜单下的【反向】命令。

4.3.9　幕墙转换

【幕墙转换】命令是旧版本命令【转为幕墙】的改进，新命令可把各种材料的墙与玻璃幕墙之间作双向转换。

命令启动方法

- 菜单命令:【墙体】/【幕墙转换】。
- 工具栏图标: 图。
- 命令: TConvertCurtain。

【练习4-15】: 应用【幕墙转换】命令将图中墙体 A 转为幕墙，如图 4-28 所示。

图4-28　幕墙转换实例

1. 打开附盘文件"dwg\第 04 章\4-15.dwg"。
2. 执行【幕墙转换】命令后，命令行提示:

    请选择要转换为玻璃幕墙的墙或[幕墙转墙(Q)]<退出>: 　//选中 A 段墙体，可以多选

    请选择要转换为玻璃幕墙的墙: 　　//按 Enter 键结束选择并进行转换，再次按 Enter 键退出命令

要转换的墙体改为按玻璃幕墙对象的表示方式和颜色显示，三线或者四线按当前比例是否大于设定的比例限值如 1：100 而定。

双击玻璃幕墙即可弹出【玻璃幕墙编辑】对话框，如图 4-29 所示。

图4-29　【玻璃幕墙编辑】对话框

对话框控件的说明如下。

一、幕墙分格

- 【玻璃图层】：确定玻璃放置的图层，如果准备渲染请单独置于一层中，以便附给材质。
- 【横向分格】：高度方向分格设计。默认的高度为创建墙体时的原高度，可以输入新高度。如果均分，系统自动算出分格距离；如果不均分，先确定格数，再从序号 1 开始顺序填写各个分格距离。按 Delete 键可删除当前这个墙宽列表。
- 【竖向分格】：水平方向分格设计，操作程序同【横向分格】一样。

二、竖挺/横框

- 【图层】：确定竖挺或横框放置的图层，如果进行渲染请单独置于一层中，以方便附材质。
- 【截面宽】/【截面长】：竖挺或横框的截面尺寸。
- 【垂直隐框幕墙】/【水平隐框幕墙】：如果勾选此项，竖挺或横框向内退到玻璃后面；如果不选择此项，分别按"对齐位置"和"偏移距离"进行设置。
- 【玻璃偏移】/【横框偏移】：定义本幕墙玻璃/横框与基准线之间的偏移，默认玻璃/横框在基准线上，偏移为 0。
- 【基线位置】：选下拉列表中预定义的墙基线位置，默认为竖挺中心。

本命令应注意如下两点。

(1) 幕墙和墙重叠时，幕墙可在墙内绘制，通过【对象编辑】命令可修改墙高与墙底高，表达幕墙不落地或不通高的情况。

(2) 幕墙与普通墙类似，可以在墙中插入门窗，幕墙中常常要求插入上悬窗用于通风。

4.4 墙体编辑工具

墙体在创建后，可以双击进行本墙段的对象编辑修改，但对于多个墙段的编辑，使用下面的墙体编辑工具会更有效。

4.4.1 改墙厚

单段修改墙厚使用【对象编辑】命令即可，本命令按照墙基线居中的规则批量修改多段墙体的厚度，但不适合修改偏心墙。

命令启动方式

- 菜单命令：【墙体】/【墙体工具】/【改墙厚】。
- 工具栏图标：╫。
- 命令：TWallThick。

【练习4-16】：应用【改墙厚】命令将图 4-30 所示的 D、E、F 3 段墙的厚度改为240mm。

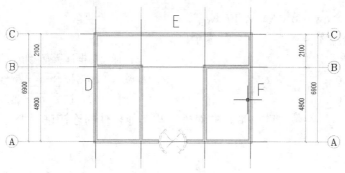

图4-30　改墙厚实例

1. 打开附盘文件“dwg\第 04 章\4-16.dwg”。
2. 执行【改墙厚】命令后，命令行提示：

　　请选择墙体：　　　　　　　//选择要改墙厚的墙体，选择完毕后选中的墙体高亮显示

　　新的墙宽<120>：

　　　　//输入新墙宽值 240，选中墙段按给定墙宽修改，并对墙段和其他构件的连接处进行处理，按 Enter 键退出命令。

4.4.2　改外墙厚

　　【改外墙厚】命令用于整体修改外墙厚度，执行本命令前应事先识别外墙，否则无法找到外墙进行处理。

命令启动方法

- 菜单命令：【墙体】/【墙体工具】/【改外墙厚】。
- 工具栏图标： ┽┠。
- 命令：TExtThick。

【练习4-17】：　应用【改墙厚】命令将图 4-31 所示外墙的厚度改为 340mm，其中内侧宽 120，外侧宽 240。

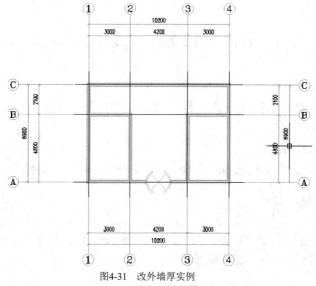

图4-31　改外墙厚实例

1. 打开附盘文件"dwg\第 04 章\4-17.dwg"。
2. 执行【改外墙厚】命令后，命令行提示：

请选择外墙：	//鼠标光标框选所有墙体，只有外墙亮显
内侧宽<120>：	//输入 120，按 Enter 键确认
外侧宽<120>：	//输入 240，按 Enter 键确认

交互完毕按新墙宽参数修改外墙，并对外墙与其他构件的连接进行处理。

4.4.3　改高度

【改高度】命令可对选中的柱、墙体及其造型的高度和底标高成批进行修改，是调整这些构件竖向位置的主要手段。修改底标高时，门窗底的标高可以和柱、墙联动修改。

命令启动方法

- 菜单命令：【墙体】/【墙体工具】/【改高度】。
- 工具栏图标：▥。
- 命令：TChHeight。

执行命令后，命令行提示：

选择墙体、柱子或墙体造型：	//选择需要修改的建筑对象
新的高度<3000>：	//输入新的对象高度
新的标高<0>：	//输入新的对象底面标高（相对于本层楼面的标高）
是否维持窗墙底部间距不变？（Y/N）[N]：	//输入 Y 或 N,认定门窗底标高是否同时修改

回应完毕选中的柱、墙体及造型的高度和底标高按给定值修改。如果墙底标高不变，窗墙底部间距不论输入 Y 或 N 都没有关系，但如果墙底标高改变了，就会影响窗台的高度，比如底标高原来是 0，新的底标高是−300，以 Y 响应时各窗的窗台相对墙底标高而言，高度维持不变，但从立面图看就是窗台随墙下降了 300。如以 N 响应，则窗台高度相对于底标高间距就作了改变，而从立面图看窗台却没有下降。

4.4.4　改外墙高

【改外墙高】命令与【改高度】命令类似，只是仅对外墙有效。运行本命令前，应已作过内外墙的识别操作。

命令启动方法

- 菜单命令：【墙体】/【墙体工具】/【改外墙高】。
- 工具栏图标：▥。
- 命令：TChEWallHeight。

此命令通常用在无地下室的首层平面，把外墙从室内标高延伸到室外标高。

4.4.5　平行生线

【平行生线】命令类似 Offset，生成一条与墙线（分侧）平行的曲线，也可以用于柱子，生成与柱子周边平行的一圈粉刷线。

命令启动方法

- 菜单命令:【墙体】/【墙体工具】/【平行生线】。
- 工具栏图标:║•│。
- 命令: TWall2Curve。

执行命令后,命令行提示:

请点取墙边或柱子<退出>:   //点取墙体的内皮或外皮

输入偏移距离<100>:   //输入墙皮到线的净距

本命令可以用来生成依靠墙边或柱边定位的辅助线,如粉刷线、勒脚线等。图 4-32 所示为以本命令生成外墙勒脚的情况。

图4-32　平行生线实例

4.4.6　墙端封口

【墙端封口】命令改变墙体对象自由端的二维显示形式,使用本命令可以使其封闭和开口两种形式互相转换。本命令不影响墙体的三维效果,对已经与其他墙相接的墙端不起作用。

命令启动方法

- 菜单命令:【墙体】/【墙体工具】/【墙端封口】。
- 工具栏图标:⊐。
- 命令: TChWallTerm。

执行命令后,命令行提示:

选择墙体: //选择要改变端头形状的墙段

选择墙体: //按 Enter 键退出命令

4.5　墙体立面工具

墙体立面工具不是在立面施工图上执行的命令,而是在绘制平面图时,为立面或三维建模做准备编制的几个墙体立面设计命令。

4.5.1　墙面 UCS

为了构造异型洞口或异型墙立面,必须在墙体立面上定位和绘制图元,需要把 UCS 设置到墙面上,【墙面 UCS】命令临时定义一个基于所选墙面(分侧)的 UCS 用户坐标系,在指定视口转为立面显示。

命令启动方法

- 菜单命令:【墙体】/【墙体立面】/【墙面 UCS】。
- 工具栏图标:▦。
- 命令: TUcsWall。

执行命令后，命令行显示：

　　请点取墙体一侧<退出>：　　　　　　　　　　　　　　　　//点取墙体的外皮

如果图中有多个视口，则命令行接着提示：

　　点取要设置坐标系的视口<当前>：　　　　　　　　　　　　//点取视口内一点

本命令自动把当前视图置为平行于坐标系的视图。

4.5.2　异形立面

【异形立面】命令可通过对矩形立面墙的适当剪裁，构造不规则立面形状的特殊墙体，如创建双坡或单坡山墙与坡屋顶底面相交。

命令启动方法

- 菜单命令：【墙体】/【墙体立面】/【异形立面】。
- 工具栏图标：
- 命令：TShapeWall。

执行命令后，命令行提示：

　　选择定制墙立面的形状的不闭合多段线<退出>：　　　　　　//在立面视口中点取范围线

　　选择墙体：　　　　　　　　　　//在平面或轴测图视口选取要改为异形立面的墙体，可多选

选中墙体随即根据边界线变为不规则立面形状或更新为新的立面形状，命令结束后作为边界的多段线仍保留以备再用。

【异形立面】命令的要点如下。

(1)　异形立面的剪裁边界依据墙面上绘制的多段线（Pline）表述，如果构造后想保留矩形墙体的下部，多段线从墙两端一边入一边出即可。如果构造后想保留左部或右部，则在墙顶端的多段线端头指向保留部分的方向即可。

(2)　墙体变为异形立面后，夹点拖动等编辑功能将失效。异形立面墙体生成后如果接续墙端继续画新墙，异形墙体能够保持原状，如果新墙与异形墙有交角，则异形墙体恢复原来的形状。

(3)　运行本命令前，应先用【墙面 UCS】临时定义一个基于所选墙面的 UCS，以便在墙体立面上绘制异形立面墙边界线。为便于操作可将屏幕置为多视口配置，立面视口中用多段线（Pline）命令绘制异形立面墙剪裁边界线，其中多段线的首段和末段不能是弧段。

4.5.3　矩形立面

【矩形立面】命令是【异形立面】的逆命令，可将异形立面墙恢复为标准的矩形立面墙。

命令启动方法

- 菜单命令：【墙体】/【墙体立面】/【矩形立面】。
- 工具栏图标：
- 命令：TDelWallShape。

执行命令后，命令行提示：

　　选择墙体：　　　　　　　　　　　　　　　　//选取要恢复的异形立面墙体（允许多选）

本命令把所选中的异形立面墙恢复为标准的矩形立面墙。

4.6 内外识别工具

内外识别工具主要包括识别内外、指定内墙、指定外墙及加亮外墙等。

4.6.1 识别内外

自动识别内、外墙并同时设置墙体的内外特征，节能设计中要使用外墙的内外特征。

命令启动方法

- 菜单命令:【墙体】/【识别内外】/【识别内外】。
- 工具栏图标: 。
- 命令: TMarkWall。

执行命令后，命令行提示:

　　　　请选择一栋建筑物的所有墙体（或门窗）:　　　　　　　　　　　//选择构成建筑物的墙体

按 [Enter] 键后系统会自动判断所选墙体的内、外墙特性，并用红色虚线高亮显示外墙外边线，用【Redraw（重画）】命令可消除高亮显示的虚线，如果存在天井或庭院时，外墙的包线是多个封闭区域，要结合【指定外墙】命令进行处理。

4.6.2 指定内墙

用手工选取方式将选中的墙体置为内墙，内墙在三维组合时不参与建模，可以减少三维渲染模型的大小与内存开销。

命令启动方法

- 菜单命令:【墙体】/【识别内外】/【指定内墙】。
- 工具栏图标: 。
- 命令: TMarkIntWall。

执行命令后，命令行提示:

　　　　选择墙体:　　　　　　　　　　　　//由用户自己选取属于内墙的墙体
　　　　选择墙体:　　　　　　　　　　　　//按 [Enter] 键结束墙体选取

4.6.3 指定外墙

【指定外墙】命令将选中的普通墙体内外特性置为外墙，除了把墙指定为外墙外，还能指定墙体的内外特性用于节能计算，也可以把选中的玻璃幕墙两侧翻转，适用于设置了隐框（或框料尺寸不对称）的幕墙，调整幕墙本身的内外朝向。在做节能设计时必须先执行【识别内外】命令，如果识别不成功，需要使用本命令指定。

命令启动方法

- 菜单命令:【墙体】/【识别内外】/【指定外墙】。
- 工具栏图标: 。
- 命令: TMarkExtWall。

执行命令后，命令行提示:

请点取墙体外皮：　　//逐段点取外墙的外皮一侧或幕墙框料边线，选中墙体外边线高亮显示

4.6.4　加亮外墙

【加亮外墙】命令可将当前图中所有外墙的外边线用红色虚线高亮显示，以便用户了解哪些墙是外墙，哪一侧是外侧。用【Redraw（重画）】命令可消除高亮显示的虚线。

命令启动方法

- 菜单命令：【墙体】/【识别内外】/【加亮外墙】。
- 工具栏图标：📇。
- 命令：THLExtWall。

单击命令后命令随即执行，无命令行提示。

4.7　上机综合练习

【练习4-18】：综合上述知识，完成图 4-33 所示的某办公楼的轴网和墙体图。

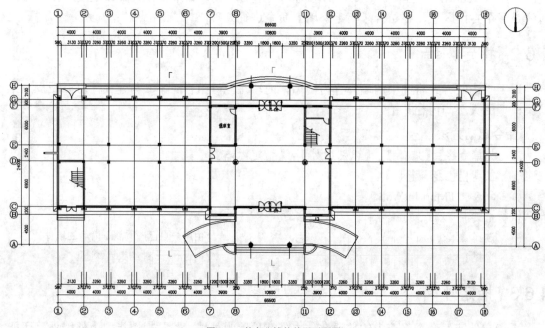

图4-33　某办公楼的首层平面图

1. 绘制轴网并进行轴网标注，其轴网尺寸分别为：

　　　下开间：6*4000，3900，10800，3900，6*4000

　　　左进深：4500，1200，6900，2400，6000，900，2100

　　轴网绘制及轴网标注结果如图 4-34 所示。

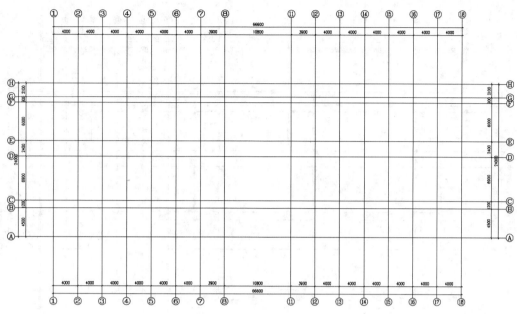

图4-34 轴网绘制及标注结果

2. 柱子布置。各标准柱的尺寸分别为标准柱 1: 400*400; 标准柱 2: 250*250; 标准柱 3: R = 500, 布置结果如图 4-35 所示。

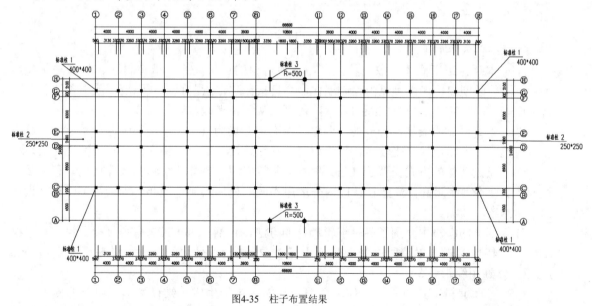

图4-35 柱子布置结果

3. 完成 240 墙体布置, 结果如图 4-36 所示。

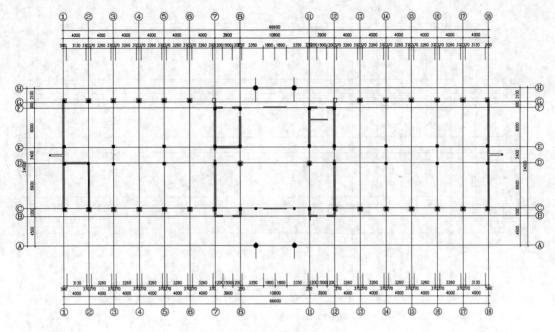

图4-36 墙体布置结果

4.8 小结

本章主要内容如下。

(1) 本章介绍了墙体对象的特点，与其他对象的连接关系，墙体材料、类型与优先级关系。墙体的创建，墙体可以由绘制墙体命令直接创建，绘制直墙或弧墙，或由单线和轴网转换而来。同时完成二维及三维的表示，还可以从天正老版本转化而成。

(2) 本章讲述的墙体，一般的二四墙，左右墙宽均为 120，基线居中，若是厚墙，就有多种情况，三七墙作外墙比较多。不论如何，互相连接的墙体应使它们的基线准确交接。

(3) 绘制墙体的方式类似于 Line 画线，非常方便，更有转绘圆弧墙等功能。利用【单线变墙】命令效率最高，注意默认的内外墙厚不同，外墙外侧宽 240。当然，可以根据设计需求而修改。

(4) 墙体的编辑中介绍了各种编辑墙体的方法，包括 AutoCAD 命令直接编辑、对象编辑、对象特性编辑。单墙段的修改可使用【对象编辑】，平面的修改可以使用夹点拖动和AutoCAD 通用编辑命令。

(5) 墙体编辑工具中三维墙体参数编辑功能，用于生成三维模型、日照节能模型和立剖面图。墙体立面工具中介绍了与三维视图有关的墙体立面编辑方法，用于创建异形门窗洞口与非矩形的立面墙体。内外识别工具中介绍了识别墙体内墙与外墙外皮的方法，提供自动识别与交互识别命令，用于保温与节能等。

(6) 墙体是建筑中最基本、最重要的构件，Tarch 2014 的墙体是具有几何和物理意义的天正自定义建筑对象，而不是两条（或一组）零散的线。支持对象编辑特性，可使用夹点及对话框对墙体对象进行修改。

(7) TArch 2014 的墙、柱、造型、窗、切割线等具有智能特性（如自动连接、打断、裁剪）的天正对象支持块编辑与块内自动更新。

（8）上网访问天正公司主页（http://www.tangent.com.cn），读者还可以登录国内著名的 ABBS 建筑论坛（http://www.abbs.com.cn），在天正软件特约论坛上发帖，详细描述遇到的天正软件问题，很快会得到来自专家和同行的帮助。

（9）墙体制作出以后，读者可以进行三维观察，方法是选择菜单命令【视图（V）】/【视觉样式（S）】/【概念（C）】，再选择菜单命令【视图（V）】/【动态观察（B）】/【自由动态观察（F）】来上下左右观察，可清楚地查看到自己的三维立体建筑，这时制作出的立体图可以翻滚，主要是查看墙体是否合适。

返回平面视图方法是选择菜单命令【视图（V）】/【三维视图（D）】/【俯视（T）】，也可以选择菜单命令【三维视图（D）】/【平面视图（P）】/【世界 UCS（W）】。返回二维线框的方法是选择菜单命令【视图（V）】/【视觉样式（S）】/【二维线框（2）】。

4.9 习题

1. 将第 3 章制作出的轴网用【单线变墙】命令生成墙体。
2. 以制作出的轴网为参照，用【绘制墙体】命令绘出墙体。
3. 收集各房地产公司的宣传材料，特别是房屋建筑图，试制作出相应的轴网和墙体。
4. 分别制作图 4-37 和图 4-38 所示建筑图的轴网和墙。

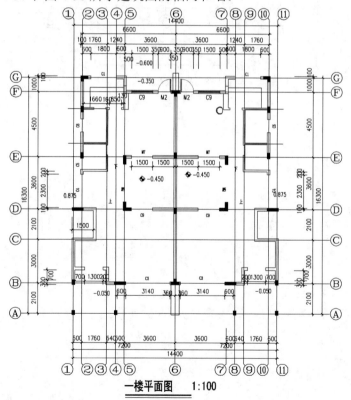

图4-37 某办公楼首层平面图

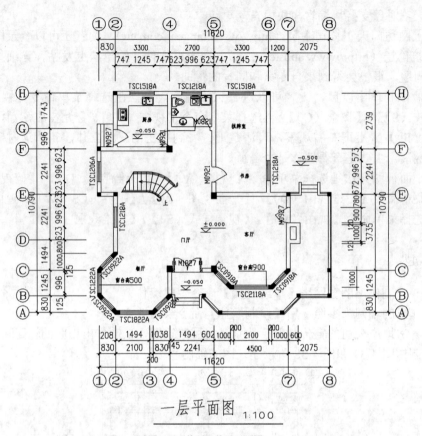

一层平面图 1:100

图4-38 某别墅首层平面图

第5章　门窗

【学习重点】
- 门窗的概念。
- 门窗的创建。
- 门窗的编辑。
- 门窗编号与门窗表。
- 门窗工具。
- 门窗库。

5.1　门窗的概念

门、窗（带形窗和转角窗除外）和洞口是同一种对象，统称为门窗。软件中的门窗是一种附属于墙体并需要在墙上开启洞口，带有编号的 AutoCAD 自定义对象，它包括通透的和不通透的墙洞在内；门窗和墙体建立了智能联动关系，门窗插入墙体后，墙体的外观几何尺寸不变，但墙体对象的粉刷面积、开洞面积已经立刻更新以备查询。门窗和其他自定义对象一样可以用 AutoCAD 的命令和夹点编辑修改，并可通过电了表格检查和统计整个工程的门窗编号。

门窗对象附属在墙对象之上，离开墙体的门窗就将失去意义。按照和墙的附属关系，软件中定义了两类门窗对象：一类是只附属于一段墙体，即不能跨越墙角，对象 DXF 类型 TCH-OPENING；另一类附属于多段墙体，即跨越一个或多个转角，对象 DXF 类型 TCH-CORNER-WINDOW。前者和墙之间的关系非常严谨，因此系统根据门窗和墙体的位置，能够可靠地在设计编辑过程中自动维护和墙体的包含关系，例如，可以把门窗移动或复制到其他墙段上，系统可以自动在墙上开洞并安装上门窗；后者比较复杂，离开了原始的墙体，可能就不再正确，因此不能向前者那样可以随意编辑。

门窗创建对话框中提供了所有需要输入的门窗参数，包括编号、几何尺寸和定位参考距离，如果把门窗高度参数改为 0，则系统在三维视图下不开该门窗。

5.1.1　门的种类

门的种类在绘图中分为普通门、子母门、组合门窗和推拉门等多种形式，下面就前 3 种常用的门种类进行讲解。

二维视图和三维视图都用图块来表示，可以从门窗图库中分别挑选门窗的二维形式和三维形式，其合理性由用户自己来掌握。

一、普通门

普通门参数如图 5-1 所示，其中【门槛高】指门的下缘到所在墙底标高的距离，通常就是离本层地面的距离，工具栏右边第一个图标是新增的构件库。

图5-1　普通门的参数

单击【门】对话框中最左端的【天正构件库】进入门窗图库，如图 5-2 所示。

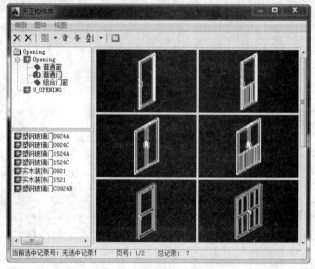

图5-2　门窗图库

二、子母门

子母门是两个平开门的组合，在门窗表中作为单个门窗进行统计，其参数定义比较简单，如图 5-3 所示。

图5-3　子母门参数

三、组合门窗

把已经插入的两个以上的普通门和（或）窗组合为一个对象，作为单个门窗对象统计，其优点是组合门窗各个成员的平面和立面都可以由用户独立控制。

5.1.2　窗的种类

窗的种类在绘图中分为普通窗、弧窗、凸窗、转角窗、门连窗、带形窗、高窗和上层窗等多种形式。

一、 普通窗

普通窗的特性和普通门类似，其参数如图 5-4 所示，比普通门多一个【高窗】复选项控件，选中后按规范图例以虚线表示高窗。

图5-4 普通窗参数

二、 弧窗

弧窗安装在弧墙上，且安装有与弧墙具有相同曲率半径的弧形玻璃。二维用 3 线或 4 线表示，默认的三维为一弧形玻璃加四周边框，弧窗的参数如图 5-5 所示。用户可以用菜单命令【门窗工具】/【窗棂展开】与【窗棂映射】来添加更多的窗棂分格。

图5-5 弧窗参数

三、 凸窗

凸窗即外飘窗，因可增加有效使用面积而又不占用房间本身的面积，近年来较为流行。这种凸窗的安全措施要完善，凸窗结构牢固可靠，窗下部的玻璃应采用高强度玻璃，以保安全。

另外，所谓的"无烟灶台"说穿了也是凸窗结构，这种无烟灶台不仅有利于烟气外排，还增大了厨房的有效面积。

对于楼板挑出的落地凸窗，实际上平面图应该使用带形窗来实现，即创建凸窗前添加若干段墙体，然后在这些墙体上布置带窗，这样才能正确地计算房间面积，其对话框如图 5-6 所示。

图5-6 凸窗参数

矩形凸窗还可以设置两侧是玻璃还是挡板，侧面碰墙时自动被剪裁，以获得正确的平面图效果，各种凸窗类型如图 5-7 所示。

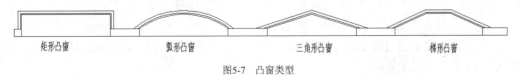

矩形凸窗　　　　　　弧形凸窗　　　　　　三角形凸窗　　　　　　梯形凸窗

图5-7 凸窗类型

四、　矩形洞

墙上的矩形空洞可以穿透也可以不穿透墙体，有多种二维形式可选，其对话框如图 5-8 所示。对于不穿透墙体的洞口，用户只能使用【异形洞】命令给出洞口进入墙体的深度。

图5-8　矩形洞参数

矩形洞口与普通门一样，可以在图 5-8 所示的形式上添加门口线。

五、　门连窗

门连窗是一个门和一个窗的组合，在门窗表中作为单个门窗进行统计，其缺点是门的平面图例固定为单扇平开门，在 TArch 2014 中提供组合门窗可代替选项，如图 5-9 所示。

图5-9　门连窗参数

六、　转角窗

转角窗是跨越两段相邻转角墙体的普通窗或凸窗。二维用 3 线或 4 线表示（当前比例小于 1∶100 时按 3 线表示），三维视图有窗框和玻璃，可在特性栏设置为转角洞口，角凸窗还有窗楣和窗台板，侧面碰墙时自动剪裁，获得正确的平面图效果。

七、　带形窗

带形窗是跨越多段墙体的多扇普通窗的组合，各扇窗共享一个编号，它没有凸窗特性，其他特性和转角窗相同。

八、　门窗编号

门窗编号用来标识尺寸相同、材料与工艺相同的门窗。门窗编号是对象的文字属性，在插入门窗时键入创建或选择【门窗编号】命令自动生成，可通过在位编辑修改。

系统在插入门窗或修改编号时，在同一 DWG 范围内检查同一编号的门窗洞口尺寸和外观应相同，【门窗检查】命令可检查同一工程中门窗编号是否满足这一规定。

九、　高窗和上层窗

高窗和上层窗是门窗的一个属性，两者都是指位于平面图默认剖切平面以上的窗户。两者的区别是高窗用虚线表示二维视图，而上层窗没有二维视图，只提供门窗编号，表示该处存在另一扇（等宽）窗，但存在三维视图，用于生成立面和剖面图中的窗，如图 5-10 所示。

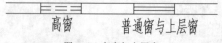

图5-10　高窗与上层窗

天正建筑中的平面门窗是基于图块插入的，但是它们与普通图块的构造方法不同，需要使用专门的图块入库工具。

5.2 门窗的创建

门窗是天正建筑软件中的核心对象之一，类型和形式非常丰富，然而大部分门窗都使用矩形的标准洞口，并且在一段墙或多段相邻墙内连续插入，规律十分明显。创建这类门窗就是要在墙上确定门窗的位置。

TArch 软件提供了多种定位方式，以便用户快速在墙内确定门窗的位置，新增动态输入方式，在拖动定位门窗的过程中按 Tab 键可切换门窗定位的当前距离参数，以键盘直接输入数据进行定位，适用于各种门窗定位方式中混合使用，图 5-11 所示为在 AutoCAD 下拖动门窗的情况。

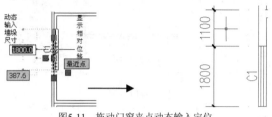

图5-11　拖动门窗夹点动态输入定位

5.2.1 门窗

普通门、普通窗、弧窗、凸窗和矩形洞等的定位方式基本相同，因此用【门窗】命令即可创建这些门窗类型。在 5.1 节已经介绍了各种门窗的特点，本小节以普通门为例，对门窗的创建方法作深入的介绍。

选择菜单命令【门窗】/【门窗】后弹出对话框的下方有一工具栏，分隔条左边是定位模式图标，右边是门窗类型图标，对话框上方是待创建门窗的参数，由于门窗界面是无模式对话框，单击工具栏图标选择门窗类型及定位模式后，即可按命令行提示进行交互插入门窗。

应注意，在弧墙上使用普通门窗插入时，如果门窗的宽度大、弧墙的曲率半径小，这时将会导致插入失败，可改用弧窗类型。

TArch 2014 的【构件库】可以保存已经设置参数的门窗对象，单击【门窗参数】对话框中最右边的图标可以打开构件库，从库中获得入库的门窗，高宽按构件库保存的参数，窗台和门槛高按当前值不变。

命令启动方法

- 菜单命令:【门窗】/【门窗】。
- 工具栏图标: ◫。
- 命令: TOpening。

【练习5-1】:　普通门练习。

1. 打开附盘文件 "dwg\第 05 章\5-1.dwg"，插入图 5-12 所示的普通门。

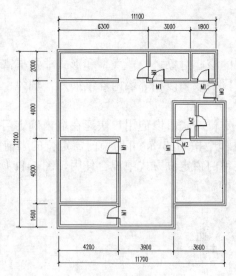

图5-12　普通门创建练习图

2.　选择菜单命令【门窗】/【门窗】，弹出图 5-13 所示的对话框。

图5-13　【门】对话框

自由插入可在墙段的任意位置插入，速度快但不易准确定位，通常用在方案设计阶段。以墙中线为分界内外移动鼠标光标，可控制内外开启方向，按 Shift 键控制左右开启方向，单击墙体后，门窗的位置和开启方向就完全确定了，工具栏如图 5-14 所示。

![图5-14 自由插入门窗工具栏]

图5-14　自由插入门窗

命令行提示：

点取门窗插入位置(Shift 一左右开)<退出>：

//点取要插入门窗的墙体即可插入门窗，按 Shift 键改变开向

下面按工具栏的门窗定位方式从左到右依次介绍其他插入方法。

(1)　顺序插入。

顺序插入以距离点取位置较近的墙边端点或基线端为起点，按给定距离插入选定的门窗。此后顺着前进方向连续插入，插入过程中可以改变门窗类型和参数。在弧墙顺序插入时，门窗按照墙基线弧长进行定位，工具栏如图 5-15 所示。

![图5-15 沿墙顺序插入工具栏]

图5-15　沿墙顺序插入

命令行提示：

点取墙体<退出>：　　　　　　　　　　　　　　//点取要插入门窗的墙体

输入从基点到门窗侧边的距离<退出>：　　　　　//键入起点到第一个门窗边的距离

输入从基点到门窗侧边的距离或[左右翻转(S)/内外翻转(D)]<退出>：

//键入起点到前一个门窗边的距离

(2) 轴线等分插入。

将一个或多个门窗等分地插入到两条轴线间的墙段等分线中间，如果墙段内没有轴线，则该侧按墙段基线等分插入。

命令行提示：

点取门窗大致的位置和开向(Shift一左右开)<退出>：

//在插入门窗的墙段上任取一点，该点相邻的轴线高亮显示

指定参考轴线(S)/门窗或门窗组个数(1~7)<1>：   //键入插入门窗或门窗组个数

括号中给出按当前轴线间距和门窗宽度计算可以插入的个数范围，结果如图 5-16 所示。按 S 键可跳过高亮显示的轴线，选取其他轴线作为等分的依据（要求仍在同一个墙段内）。

图5-16   轴线等分插入实例

(3) 墙段等分插入。

与轴线等分插入相似，【墙段等分插入】命令在一个墙段上按墙体较短的一侧边线，插入若干个门窗，按墙段等分使各门窗之间墙垛的长度相等。

命令行提示：

点取门窗大致的位置和开向(Shit一左右开)<退出>：   //在插入门窗的墙段上单击一点

门窗/门窗组个数(1~5)<1>：

//键入插入门窗的个数，括号中给出按当前墙段与门窗宽计算的可用范围

上述命令行交互的实例如图 5-17 所示。

图5-17   墙段等分插入门窗实例

(4) 垛宽定距插入。

系统选取距离点取位置最近的墙边线顶点作为参考点，按指定垛宽距离插入门窗。【垛宽定距插入】命令特别适合插入室内门，实例设置垛宽为 240，在靠近墙角左侧插入门，如图 5-18 所示。

图5-18   垛宽定距插入门窗实例

命令行提示：

点取门窗大致的位置和开向(Shift一左右开)<退出>：   //点取参考垛宽一侧的墙段插入门窗

(5) 轴线定距插入。

【轴线定距插入】与【垛宽定距插入】相似，系统自动搜索距离点取位置最近的轴线的交点，将该点作为参考位置按预定距离插入门窗，实例如图 5-19 所示。

图5-19   轴线定距插入门窗实例

(6) 按角度定位插入。

【按角度定位插入】命令专用于弧墙插入门窗，按给定角度在弧墙上插入直线形门窗，如图 5-20 所示。

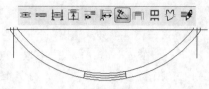

图5-20 角度定位插入及实例

命令行提示：

点取弧墙<退出>：   //点取弧线墙段

门窗中心的角度<退出>：   //键入需插入门窗的角度值

(7) 满墙插入。

【满墙插入】是指门窗在门窗宽度方向上完全充满一段墙，使用这种方式时，门窗宽度参数由系统自动确定，如图 5-21 所示。

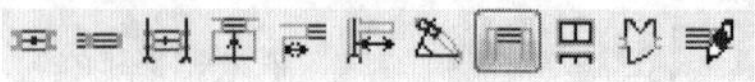

图5-21 满墙插入

命令行提示：

点取门窗大致的位置和开向(shift 一左右开)<退出>：   //点取墙段，按 Enter 键结束

(8) 插入上层门窗。

在同一个墙体已有的门窗上方再加一个宽度相同、高度不同的窗，这种情况常常出现在高大的厂房外墙中，如图 5-22 所示。

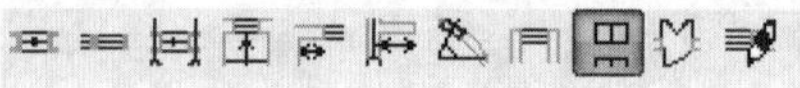

图5-22 插入上层门窗

先单击图标，然后输入上层窗的编号、窗高和上下层窗间距离。使用本方式时，注意尺寸参数中上层窗的顶标高不能超过墙顶高。

(9) 门窗替换。

用于批量修改门窗，包括门窗类型之间的转换。用对话框内的当前参数作为目标参数，替换图中已经插入的门窗。单击图标，对话框右侧出现参数过滤开关。如果不打算改变某一参数，可去除该参数开关的复选项，对话框中该参数按原图保持不变，如图 5-23 所示。例如，将门改为窗要求宽度不变，应将"宽度"开关去除勾选。

图5-23 门窗替换

5.2.2 组合门窗

【组合门窗】命令不会直接插入一个组合门窗，而是把前面使用【门窗】命令插入的多个门窗组合为一个整体的"组合门窗"，组合后的门窗按一个门窗编号进行统计，在三维显

示时子门窗之间不再有多余的面片。

命令启动方法

- 菜单命令：【门窗】/【组合门窗】。
- 工具栏图标： 。
- 命令：TGroupOpening。

【练习5-2】： 组合门窗练习。

1. 打开附盘文件"dwg\第 05 章\5-2.dwg"，完成图 5-24 所示的组合门窗 MC-1。

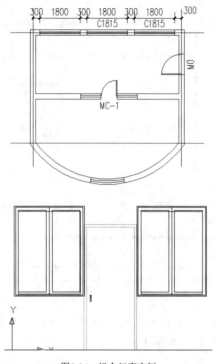

图5-24　组合门窗实例

2. 命令启动后，命令行提示：

选择需要组合的门窗和编号文字：	//选择要组合的第一个门窗
选择需要组合的门窗和编号文字：	//选择要组合的第二个门窗
选择需要组合的门窗和编号文字：	//选择要组合的第三个门窗
选择需要组合的门窗和编号文字：	//按 Enter 键结束选择
输入编号:MC-1	//键入组合门窗编号，更新这些门窗为组合门窗

【组合门窗】命令不会自动对各子门窗的高度进行对齐，修改组合门窗时临时分解为子门窗，修改后重新进行组合。本命令用于绘制比较复杂的门连窗与子母门，简单情况下可直接绘制，不必使用【组合门窗】命令。

5.2.3　带形窗

【带形窗】命令可创建窗台高与窗高相同，沿墙连续的带形窗对象，按一个门窗编号进行统计，带形窗转角可以被柱子、墙体等造型遮挡。

命令启动方法

- 菜单命令:【门窗】/【带形窗】。
- 工具栏图标: 。
- 命令: TBanWin。

【练习5-3】: 带形窗绘制。

1. 打开附盘文件 "dwg\第 05 章\5-3.dwg",完成图 5-25 所示的带形窗 DC13315。

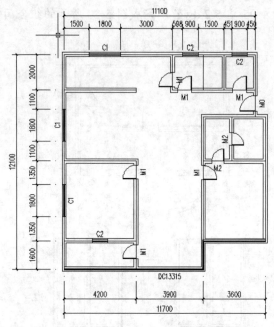

图5-25 某住户带形窗绘制图

2. 执行命令后,弹出图 5-26 所示的对话框,在【编号】文本框中输入 "DC13315",同时在【窗户高】及【窗台高】文本框中输入带形窗参数,命令行提示:

起始点或[参考点(R)]<退出>:	//在带形窗开始墙段点取准确的起始位置
终止点或[参考点(R)]<退出>:	//在带形窗结束墙段点取准确的结束位置
选择带形窗经过的墙:	//选择带形窗经过的多个墙段
选择带形窗经过的墙:	//按 Enter 键结束命令

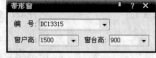

图5-26 【带形窗】对话框

注意:

(1) 如果在带形窗经过的路径存在相交的内墙,应把它们的材料级别设置得比带形窗所在墙低,才能正确表示窗墙相交。

(2) 带形窗本身不能被 Stretch(拉伸)命令拉伸,否则会消失。

(3) 玻璃分格的三维效果请使用【窗棂展开】和【窗棂映射】命令处理。

(4) 带形窗暂时还不能设置为洞口。

(5) 柱子可以在转角处遮挡带形窗,其他位置应采用先插入柱子的方法。

5.2.4　转角窗

【转角窗】命令创建在墙角两侧插入窗台高、窗高相同，长度可选的两段带形窗，它包括普通角窗与角凸窗两种形式，按一个门窗编号进行统计。

命令启动方法

- 菜单命令：【门窗】/【转角窗】。
- 工具栏图标：▛。
- 命令：TCornerWin。

【练习5-4】：　转角窗绘制。

1. 打开附盘文件"dwg\第 05 章\5-4.dwg"，完成图 5-27 所示的转角窗 ZJC2015 和转角凸窗 ZJC2016。

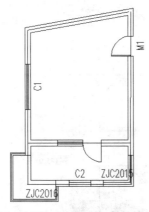

图5-27　转角窗 ZJC2015 和转角凸窗 ZJC2016

2. 命令启动后，弹出的【绘制角窗】对话框如图 5-28 所示，在自动编号栏中输入转角窗的编号，在对话框中按设计要求选择转角窗的参数及类型。

图5-28　【绘制角窗】对话框

命令行提示：

请选取墙内角<退出>：	//点取转角窗所在的墙内角，窗长从内角算起
转角距离 1<1000>:2000	//当前墙段变虚，输入从内角计算的窗长 2000
转角距离 2<1000>:1200	//另一墙段变虚，输入从内角计算的窗长 1200

完成转角窗的绘制。

5.3　门窗的编辑

最简单的门窗编辑方法是选取门窗可以激活门窗夹点，拖动夹点进行夹点编辑不必使用任何命令，批量翻转门窗可使用专门的门窗翻转命令处理。

5.3.1 门窗的夹点编辑

　　普通门、普通窗都有若干个预设好的夹点，拖动夹点时门窗对象会按预设的行为作出动作，熟练操纵夹点进行编辑是用户应该掌握的高效编辑手段。夹点编辑的缺点是一次只能对一个对象进行操作，而不能一次更新多个对象，为此系统提供了各种门窗编辑命令。门窗对象提供的编辑夹点功能如图 5-29 和图 5-30 所示，其中部分夹点用 Ctrl 键来切换功能。

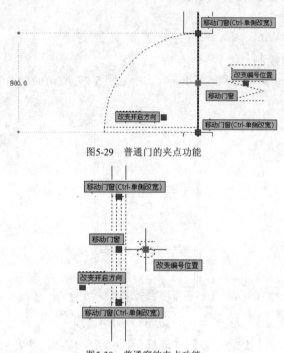

图5-29　普通门的夹点功能

图5-30　普通窗的夹点功能

5.3.2 对象编辑与特性编辑

　　双击门窗对象即可进入【对象编辑】命令对门窗进行参数修改，或者单击鼠标右键选择门窗对象，从弹出的快捷菜单中选择【对象编辑】或【对象特性】命令，虽然两者都可以用于修改门窗属性，但是相对而言，【对象编辑】命令启动了创建门窗的对话框，如图 5-31 所示，参数比较直观，而且可以替换门窗的外观样式。门窗对象编辑对话框与插入对话框类似，只是没有了插入或替换的一排图标，并增加了【单侧改宽】复选项。

图5-31　门窗的对象编辑界面

　　在对话框中选中【单侧改宽】复选项，输入新宽度，单击 确　定 按钮后，命令行提示：

　　　　是否其他 1 个相同编号的门窗也同时参与修改？[是(Y)/否(N)]<Y>：

　　　　　　　　//如果要所有相同门窗都一起修改，就回应 Y，否则回应 N

点取发生变化的一侧：　　　　　　//用户在改变宽度的一侧给点

以"Y"回应后，系统会逐一提示用户对每一个门窗点取发生变化的一侧，此时应根据拖引线的指示，平移到该门窗位置点取变化的一侧。

特性编辑可以批量修改门窗的参数，如门口线、编号的文字样式和内部图层等，并且可以控制一些其他途径无法修改的细节参数。

　如果希望新门窗宽度是对称变化的，不要选中【单侧改宽】复选项。

5.3.3　内外翻转

选择需要内外翻转的门窗，统一以墙中为轴线进行翻转，适用于一次处理多个门窗的情况，方向总是与原来相反。

命令启动方法

- 菜单命令：【门窗】/【内外翻转】。
- 工具栏图标：🗝。
- 命令：TMirWinIO。

【练习5-5】：　　【内外翻转】命令练习。

1. 打开附盘文件"dwg\第 05 章\5-5.dwg"，完成图 5-32 所示的左图向右图门窗的内外翻转。

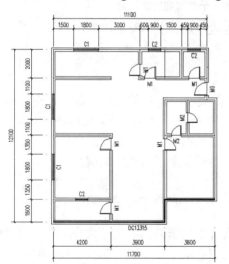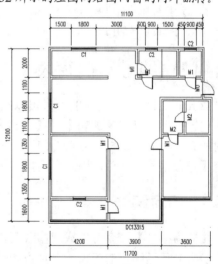

图5-32　门窗的内外翻转

2. 执行命令后，命令行提示：

选择待翻转的门窗：　　　　　　　　//选择各个要求翻转的门窗

选择待翻转的门窗：　　　　　　　　//按 Enter 键结束选择后对门窗进行内外翻转

5.3.4　左右翻转

选择需要左右翻转的门窗，统一以门窗中垂线为轴线进行翻转，适用于一次处理多个门窗的情况，方向总是与原来相反。

命令启动方法

- 菜单命令:【门窗】/【左右翻转】。
- 工具栏图标菜单: ◢◣。
- 命令: TMirWinLR。

【练习5-6】:　【左右翻转】命令练习。

1. 打开附盘文件 "dwg\第 05 章\5-6.dwg",完成图 5-33 所示的左图向右图门窗的左右翻转。

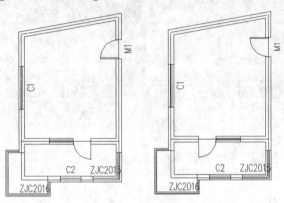

图5-33　门窗的左右翻转

2. 执行命令后,命令行提示:

　　选择待翻转的门窗:　　　　　　　　　　　//选择各个要求翻转的门窗

　　选择待翻转的门窗:　　　　　　　　　　　//按 Enter 键结束选择后完成对门窗的左右翻转

5.4　门窗编号与门窗表

　　TArch 2014 有关门窗的编号可以在绘制门窗时直接在门窗参数面板中输入,也可以绘制完门窗后通过【对象编辑】及【门窗编号】命令再输入。【门窗编号】可以按 S 键一次性对所有选中的门窗按照各自的门窗类型和洞口尺寸自动编号。另外,在对象特性表中还提供有【隐藏编号】一栏,用户可根据实际需要选择是否要隐藏已有的门窗编号。

5.4.1　门窗编号

　　【门窗编号】命令可生成或修改门窗编号,根据普通门窗的门洞尺寸大小编号,可以删除(隐去)已经编号的门窗,转角窗和带形窗按默认规则编号。TArch 2014 自动编号 S 选项,可以不需要样板门窗,按 S 键直接按照洞口尺寸自动编号。

　　如果改编号的范围内门窗还没有编号,会出现选择要修改编号的样板门窗的提示,【门窗编号】命令每一次执行只能对同一种门窗进行编号,因此只能选择一个门窗作为样板,多选后会要求逐个确认,对与这个门窗参数相同的编为同一个号,如果以前这些门窗有过编号,即使删除编号,也会提供默认的门窗编号值。

命令启动方法

- 菜单命令:【门窗】/【门窗编号】。
- 工具栏图标: ◢。

- 命令：TChWinLab。

【练习5-7】： 【门窗编号】命令练习。

1. 打开附盘文件"dwg\第 05 章\5-7.dwg"，完成图 5-34 所示门窗的编号。

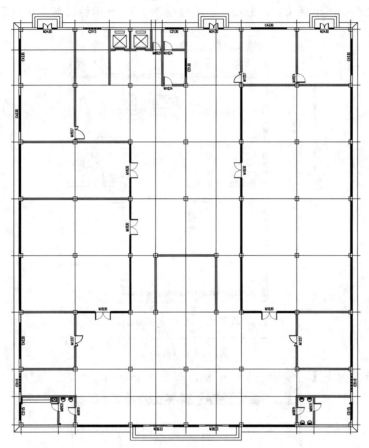

图5-34 【门窗编号】命令练习

2. 启动命令，命令行提示：

请选择需要改编号的门窗的范围： //用 AutoCAD 的任何选择方式选取门窗编号范围

请选择需要改编号的门窗的范围： //按 Enter 键结束选择

请选择需要修改编号的样板门窗或[自动编号(s)]:S

//键入 S 自动编号，完成图 5-34 所示的编号

> **要点提示** 转角窗的默认编号规则为 ZJC1、ZJC2……，带形窗为 DC1、DC2……，由用户根据具体情况自行修改。

5.4.2 门窗检查

【门窗检查】命令显示门窗参数电子表格，检查当前图中已插入的门窗数据是否合理。

命令启动方法

- 菜单命令:【门窗】/【门窗检查】。

- 工具栏图标: ☑。
- 命令: TValidOp。

【练习5-8】：　**【门窗检查】**命令练习。

1. 打开附盘文件"dwg\第 05 章\5-8.dwg"，检查图 5-35 所示的门窗数据是否合理。

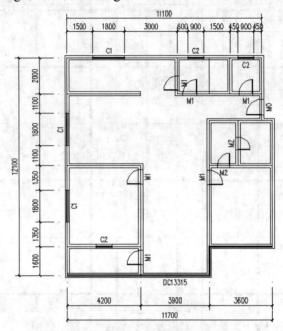

图5-35　门窗检查图

2. 启动命令后，弹出【门窗检查】对话框，如图 5-36 所示。

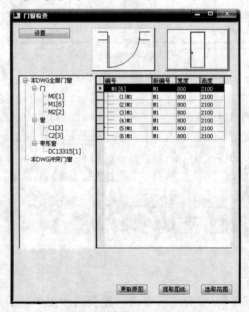

图5-36　【门窗检查】对话框

5.4.3 门窗表

【门窗表】命令用于统计本图中使用的门窗参数，检查后生成传统样式门窗表或符合国标《建筑工程设计文件编制深度规定》样式的门窗表。

命令启动方法

- 菜单命令:【门窗】/【门窗表】。
- 工具栏图标: ⊞。
- 命令: TStatOp。

【练习5-9】: 【门窗表】命令练习。

1. 打开附盘文件"dwg\第 05 章\5-9.dwg"，完成图 5-37 所示的门窗表。

门窗表

类型	设计编号	洞口尺寸(mm)	数量	图集名称	页次	选用型号	备注
普通门	M1	3000X2700	1				
	M2	2400X2100	3				
	M3	2700X2100	5				
	M4	1800X2100	1				
	M5	1200X2100	4				
普通窗	C1	2400X1800	16				
	C2	1500X1800	8				
	C3	1800X2100	1				
	C4	1200X1800	2				

图5-37 门窗表

2. 执行命令后，命令行提示:

请选择门窗或[设置(S)]<退出>:　　　　　　//指定对角点
请选择门窗:　　　　　　　　　　　　　　　//全选图形
请点取门窗表位置(左上角点)<退出>:　　　　//在图中合适的位置点取门窗表放置

系统首先对门窗编号进行检查并报告有冲突的门窗编号，然后生成图 5-37 所示的门窗表。

如果对生成的表格宽高及标题不满意，可以通过表格编辑或双击表格内容进入在位编辑，直接进行修改，图5-38所示为【表格设定】对话框。

图5-38 【表格设定】对话框

5.4.4 门窗总表

【门窗总表】命令用于统计本工程中多个平面图使用的门窗编号，检查后生成门窗总表，可由用户在当前图上指定各楼层平面所属门窗，适用于在一个 DWG 图形文件上存放多楼层平面图的情况。

命令启动方法

- 菜单命令:【门窗】/【门窗总表】。
- 工具栏图标: ▦。
- 命令: TPrjOP。

执行命令后,在当前工程打开的情况下,对话框内已经读入当前工程的各平面图层的门窗数据,通过鼠标右键单击选中的行与列,从弹出的快捷菜单中进行表格编辑。

执行命令后,如果当前工程没有建立或没有打开,会提示用户新建工程,如图 5-39 所示。

图5-39 新建工程警告对话框

新建工程的步骤请参阅第 12 章"天正工程管理"一节。门窗总表对话框的内容与【门窗表】基本相同,可以对门窗表的内容进行编辑修改,完毕后单击 确 定 按钮。插入门窗总表命令行提示:

> 统计标准层 xxxx 的门窗表
>
> …
>
> 门窗表位呈(左上角点)或[参考点(R)]<退出>: //点取表格在图上的插入位置

【门窗总表】命令同样有检查门窗并报告错误的功能,输出时按照国标门窗表的要求,数量为 0 的在表格中以空格表示。

如果需要对门窗总表进行修改,请在插入门窗表后通过表格对象编辑修改。注意,由于采用新的自定义表头,不能对表列进行增删,修改表列需要重新制作表头加入门窗表库。

5.5 门窗工具

TArch 2014 中的门窗工具主要有编号复位、编号后缀、门窗套及门口线等,借助这些工具可以方便地对门窗进行编辑。

5.5.1 编号复位

【编号复位】命令把门窗编号恢复到默认位置,特别适用于解决门窗"改变编号位置"夹点与其他夹点重合,而使两者无法分开的问题。

命令启动方法

- 菜单命令:【门窗】/【门窗工具】/【编号复位】。
- 工具栏图标: ➚。
- 命令: TResetLabPos。

执行命令后,命令行提示:

> 选择名称待复位的门窗: //点选或窗选门窗
> 选择名称待复位的门窗: //按 Enter 键退出命令

5.5.2 编号后缀

【编号后缀】命令把选定的一批门窗编号添加指定的后缀，适用于对称的门窗在编号后增加"反"缀号的情况，添加后缀的门窗与原门窗独立编号。

命令启动方法

- 菜单命令：【门窗】/【门窗工具】/【编号后缀】。
- 工具栏图标：C2反。
- 命令：TLabelFix。

执行命令后，命令行提示：

选择需要在编号后加缀的窗：	//点选或窗选门窗
选择需要在编号后加缀的窗：	//继续选取或按 Enter 键退出选择
请输入需要加的门窗编号后缀<反>：	//键入新编号后缀或增加"反"后缀

5.5.3 门窗套

【门窗套】命令是在门窗两侧加墙垛，三维显示为四周加全门窗框套，其中可单击选项删除添加的门窗套。

命令启动方法

- 菜单命令：【门窗】/【门窗工具】/【门窗套】。
- 工具栏图标：▥。
- 命令：TOpSlot。

【练习5-10】： 【门窗套】命令练习。

1. 打开附盘文件"dwg\第 05 章\5-10.dwg"，完成图 5-40 所示门窗套的添加。

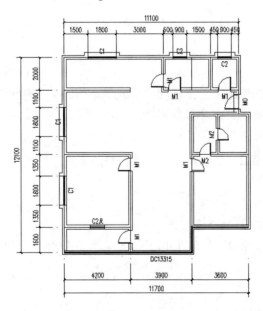

图5-40 门窗套的添加

2. 启动命令后，弹出【门窗套】对话框，如图 5-41 所示。在对话框中默认选中的是【加门窗套】单选项。可以切换为【消门窗套】单选项，在设置【伸出墙长度】和【门窗套宽度】文本框参数后，移动鼠标进入绘图区，命令行提示：

请选择外墙上的门窗：　　　　　　　　//选择要加门窗套的门窗
请选择外墙上的门窗：　　　　　　　　//按 Enter 键结束选择
点取窗套所在的一侧：　　　　　　　　//给点定义窗套生成侧

消门窗套的命令行交互与加门窗套类似，不再重复。

图5-41　【门窗套】对话框

门窗套是门窗对象的附属特性，可通过特性栏设置门窗套的有无和参数。门窗套在加粗墙线和图案填充时与墙一致，如图 5-42 所示。室内设计的门窗套线是附加装饰物，由专门的【加装饰套】命令完成。

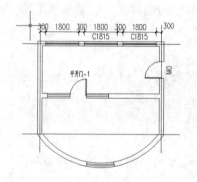
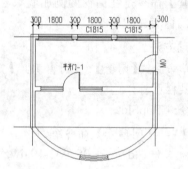

图5-42　加装饰套

5.5.4　门口线

【门口线】命令是在平面图上指定的一个或多个门的某一侧添加门口线，表示门槛或门两侧地面标高不同，门口线是门的对象属性之一，因此门口线会自动随门移动。

命令启动方法
- 菜单命令：【门窗】/【门窗工具】/【门口线】。
- 工具栏图标：⌾。
- 命令：TDoorLine。

【练习5-11】：【门口线】命令练习。

1. 打开附盘文件"dwg\第 05 章\5-11.dwg"，完成图 5-43 所示门口线的添加。

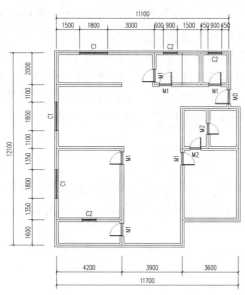

图5-43 门口线的添加

2. 启动命令后，弹出【门口线】对话框，完成图 5-44 所示对话框的设置。

图5-44 【门口线】对话框

3. 命令行提示:

请选取需要加门口线的门:	//以 AutoCAD 选择方式选取要加门口线的门
请选取需要加门口线的门:	//按 Enter 键退出选择
请选取需要加门口线的门:	//按 Enter 键执行命令

表示门槛时门口两侧都要加门口线，这时需要重复执行本命令，对已有门口线一侧执行本命令，即可清除本侧的门口线。

5.6 门窗库

门窗库以天正提供的门窗原型环境，利用已有门窗为原型进行非标准门窗图块的制作和门窗库的管理。

5.6.1 平面门窗图块的概念

天正建筑从第一个版本开始，平面门窗图块的定义就与普通的图块不同，有以下特点。

- 门窗图块基点与门窗洞的中心对齐。
- 门窗图块是 1*1 的单位图块，用在门窗对象时按实际尺寸放大。
- 门窗对象用宽度作为图块的 X 方向的比例，按不同用途选择宽度或墙厚作为图块的 Y 方向的比例。

使用门窗宽度还是墙厚作为图块 Y 方向放大比例与门窗图块入库类型有关，窗和推拉门、密闭门的 Y 方向和墙厚有关,用墙厚作为图块 Y 方向缩放比例。平开门的 Y 方向与墙厚无关,它用门窗宽度作为图块 Y 方向缩放比例。

为方便门窗的制作,系统提供了【门窗原型】命令和【门窗入库】命令,在二维门窗入库时,系统会自动把门窗原型转化为单位门窗图块。需要特别注意的是,用户制作平面门窗时,应按同一类型门窗进行制作,例如,应以原有的推拉门作为原型制作新的推拉门,而不能跨类型进行制作,与二维门窗库的位置无关。

5.6.2 门窗原型

根据当前视图状态构造门窗制作的环境,轴测视图构建的是三维门窗环境,否则是平面门窗环境,在其中把用户指定的门窗分解为基本对象,作为新门窗改绘的样板图。

命令启动方法

- 菜单命令:【门窗】/【门窗工具】/【门窗原型】。
- 工具栏图标: 。
- 命令: TOpTem。

执行命令后,命令行提示:

选择图中的门窗: //选取图上打算作为门窗图块样板的门窗(不要选加门窗套的门窗)

如果选取的视图是二维,则进入二维门窗原型;若选取的视图是三维,则进入三维门窗原型,图 5-45 所示为二维门的原型。

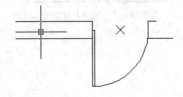

图5-45 二维门的原型

二维门窗原型:图 5-45 所示的门(或窗)被水平地放置在一个墙洞中。还有一个用红色"X"表示的基点,门窗尺寸与样式完全与用户所选择的一致,但此时门(窗)不再是图块,而是由 Line(直线)、Arc(弧线)、Circle(圆)、Pline(多段线)等容易编辑的图元组成,用户用上述图元可在墙洞之间绘制自己的门窗。

三维门窗原型:系统将提问是否按照三维图块的原始尺寸构造原型。如果按照原始尺寸构造原型,能够维持该三维图块的原始模样。否则门窗原型的尺寸采用插入后的尺寸,并且门窗图块全部分解为 3DFace。对于非矩形立面的门窗,需要在_TCH_BOUNDARY 图层上用闭合 Pline 描述出立面边界。

门窗原型放置在单独的临时文档窗口中,直到门窗入库或放弃制作门窗,此期间用户不可以切换文档,放弃入库时关闭原型的文档窗口即可。

5.6.3 门窗入库

【门窗入库】命令用于将门窗制作环境中制作好的平面或三维门窗加入用户门窗库中,新加入的图块处于未命名状态,应打开图库管理系统,从二维或三维门窗库中找到该图块,

并及时对图块进行命名。系统能自动识别当前用户的门窗原型环境,平面门入库到
U_DORLIB2D 中,平面窗入库到 U_WINLIB2D 中,三维门窗入库到 U_WDLIB3D 中,依
此类推。

命令启动方法

- 菜单命令:【门窗】/【门窗工具】/【门窗入库】。
- 工具栏图标: 。
- 命令: TWin2Lib。

执行命令后没有交互提示,系统把当前临时文档窗口关闭,显示新门窗入库后的门窗图库。

用户入库的门窗图块被临时命名为"新名字",可双击对该图块进行重命名,拖动该图
块到合适的门窗类别中。

5.7 上机综合练习

【练习5-12】: 综合运用上述知识,绘制图 5-46 所示某图书馆首层的门窗,其中各门窗的
尺寸如图 5-47 所示。

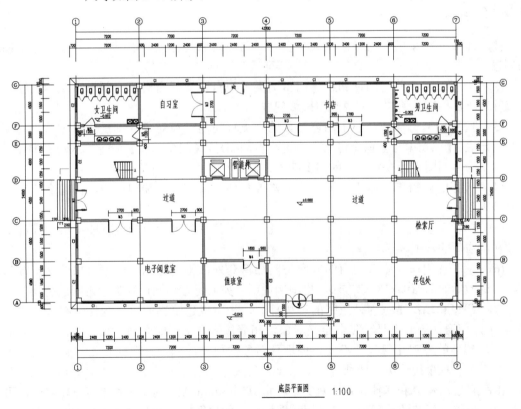

图5-46 某住宅楼标准层的门窗

门窗表

类型	设计编号	洞口尺寸(mm)	数量	图集名称	页次	选用型号	备注
普通门	M1	3000X2700	1				
	M2	2400X2100	3				
	M3	2700X2100	5				
	M4	1800X2100	1				
	M5	1200X2100	4				
普通窗	C1	2400X1800	16				
	C2	1500X1800	8				
	C3	1800X2100	1				
	C4	1200X1800	2				

图5-47　门窗表

1.　打开附盘文件 "dwg\第 05 章\5-12.dwg"，选择菜单命令【门窗】/【门窗】，根据门窗表中各门窗的参数，在图 5-13 所示的对话框中定义参数。

2.　在图 5-46 所示需要绘制的门窗的地方插入相应的门窗。

5.8　小结

　　(1)　本章介绍了门窗的概念、天正自定义门窗对象的特点、墙对象的联动关系及门窗的创建。

　　(2)　天正门窗分普通门窗和特殊门窗两类，为自定义门窗对象，新增了组合门窗，实现墙柱对平面门窗的遮挡，解决凸窗碰墙问题。

　　(3)　门窗的编辑部分介绍了门窗对象的夹点行为与门窗对象的批量编辑方法，门窗编号与门窗表。【门窗编号】命令可对门窗进行自动编号，【门窗总表】命令可从一个 DWG 图形中的多个平面图中提取各楼层的门窗编号，创建整个工程的门窗总表。

　　(4)　天正的门窗工具用于门窗的图例修改与外观修饰，添加门口线、门窗套、装饰门窗套等附属特性。

　　(5)　门窗库以天正提供的门窗原型环境，利用已有门窗为原型进行非标准门窗图块的制作和门窗库的管理。

　　(6)　除了使用命令修改门窗的方向与附加窗套外，特别介绍了门窗对象的夹点行为特征与右键激活的门窗编辑对象方法，也举例说明了如何进行不同门窗类型之间的替换。

　　(7)　门窗和墙洞是室内外空间的过渡部分，是组成建筑物的重要构件。在天正 TArch 2014 中，门窗（洞）也是一种自定义对象，和墙体建立了智能联动关系。门窗（洞）插入墙体后，墙体的外观几何尺寸不变，但墙体对象的粉刷面积、开洞面积将立刻更新以备查询，为未来工程量统计接口做准备。

　　(8)　门窗（洞）和其他自定义对象一样可以用 AutoCAD 的命令和夹点编辑修改，可以通过电子表格进行统计。天正备有专用的图块库，如果图库中的门窗块不能满足需要，用户还可以自己制作门窗图块，将外来图块输入天正图库。

　　(9)　本章讲述了各种类门窗，其实在实际工程中，使用最多的依然是普通门和普通窗，窗的插入方式按中心插入较多，而门的插入方式有多种。

　　(10)对于较繁杂的多层建筑，门窗类型和数量都较多，此时可借助【门窗检查】功能，通过门窗编号验证表检查，便于及时查错及修改，也利于工程方面的统计。

(11) 门窗编辑方便，翻转容易，也可利用门窗专业夹点进行编辑。

(12) 对象编辑：门窗选中后，单击鼠标右键，即可进入门窗对象编辑，非常方便。此外，也可在选定一类门窗后，单击 AutoCAD 工具栏上的"对象特性"图标，可显示出有关门窗的电子表格，使用方便。

(13) 天正软件新增【组合门窗】命令，可以轻松解决复杂门窗的拼接组合问题，另外，新增了凸窗的侧面碰墙遮挡处理。

(14) 天正软件更新的门窗图库，改进了推拉门与密闭门的插入方法和以前作为窗插入的编号统计问题。

5.9 习题

1. 打开附盘文件"dwg\第 05 章\练习 1.dwg"，利用门窗插入的各种方式插入图 5-48 所示的门窗，其中门窗尺寸读者可以总结其各自的特点和适应场合自行设定。

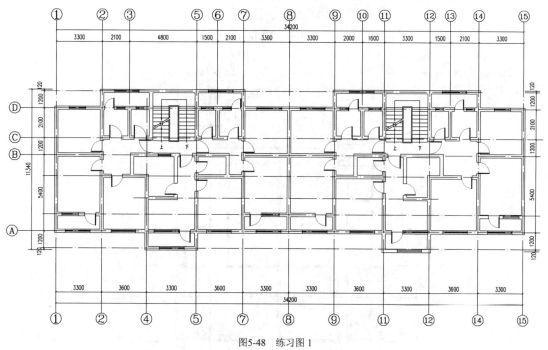

图5-48 练习图 1

2. 打开附盘文件"dwg\第 05 章\练习 2.dwg"，对已制作出的门窗（如图 5-49 所示）进行内外翻转、左右翻转、替换等编辑操作。

3. 综合上述各章知识完成图 5-50 所示某别墅首层平面图绘制，对门窗进行编辑、替换，并进行门窗编号、门窗检查、作门窗表。

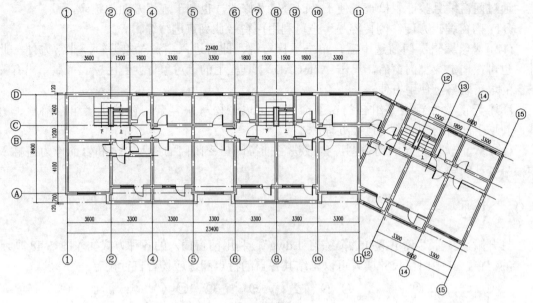

图5-49　练习图 2

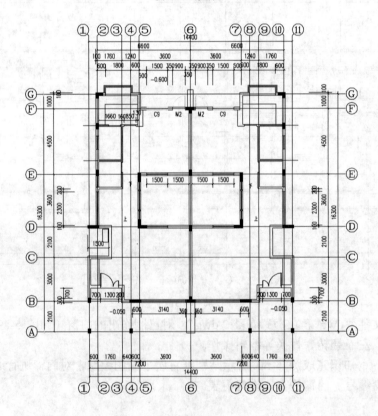

图5-50　练习图 3

第6章　楼梯及室内外设施

【学习重点】
- 各种楼梯的创建。
- 楼梯扶手与栏杆。
- 其他设施的创建。

6.1　普通楼梯的创建

　　TArch 2014 提供了由自定义对象建立的基本梯段对象，包括直线、圆弧与任意梯段，由梯段组成了常用的双跑楼梯对象、多跑楼梯对象，考虑了楼梯对象在二维与三维视图下的不同可视特性。双跑楼梯具有梯段改为坡道、标准平台改为圆弧休息平台等灵活可变特性，各种楼梯与柱子在平面相交时，楼梯可以被柱子自动剪裁。双跑楼梯的上下行方向标识符号可以自动绘制。

6.1.1　直线梯段

　　【直线梯段】命令执行后在对话框中输入梯段参数绘制直线梯段，可以单独使用或用于组合复杂楼梯与坡道。

命令启动方法
- 菜单命令：【楼梯其他】/【直线梯段】。
- 工具栏图标：▤。
- 命令：TLStair。

【练习6-1】：　打开附盘文件"dwg\第 06 章\6-1.dwg"，完成图 6-1 所示的 M2 外直线梯段的绘制。

1.　启动命令，弹出图 6-2 所示的【直线梯段】对话框，设置参数。
　　命令行提示：
　　　　点取位置或[转 90 度(A)/左右翻(S)/上下翻(D)/对齐(F)/改转角(R)/改基点(T)]<退出>：
　　　　A　　　　　　//输入 A 转 90°，点取图 6-1 中要求绘制直线梯段的位置，完成直线梯段绘制
2.　对话框控件的说明。
- ▦梯段宽< ：梯段宽度，该项为按钮，可在图中点取两点获得梯段宽。
- 【梯段长度】：直段楼梯的踏步宽度×（踏步数目－1）＝平面投影的梯段长度。
- 【梯段高度】：直段楼梯的总高，始终等于踏步高度的总和，如果梯段高度被改变，自动按当前踏步高度调整踏步数，最后根据新的踏步数重新计算踏步高度。

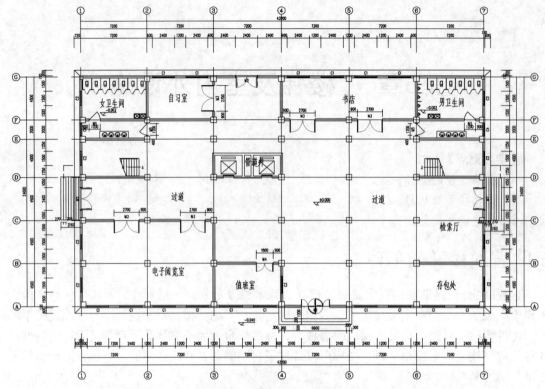

图6-1 某图书馆首层平面图

图6-2 【直线梯段】对话框

- 【踏步高度】: 输入一个概略的踏步高度设计初值, 由楼梯高度推算出最接近初值的设计值。由于踏步数目是整数, 梯段高度是一个给定的整数, 因此踏步高度并非总是整数。用户给定一个概略的目标值后, 系统经过计算确定踏步高度的精确值。

- 【踏步数目】: 该项可直接输入或步进调整, 由梯段高度和踏步高度概略值推算取整获得, 同时修正踏步高度, 也可改变踏步数, 与梯段高度一起推算踏步高度。

- 【踏步宽度】: 楼梯段的每一个踏步板的宽度。

- 【需要 2D/3D】: 用来控制梯段的二维视图和三维视图, 某些梯段只需要二维视图, 某些梯段则只需要三维视图。

- 【作为坡道】: 选中此复选项, 踏步作防滑条间距, 楼梯段按坡道生成。有【加防滑条】和【落地】复选项。

6.1.2 圆弧梯段

【圆弧梯段】命令创建单段弧线形梯段，适合单独的圆弧楼梯，也可与直线梯段组合创建复杂楼梯和坡道，如大堂的螺旋楼梯与入口的坡道。

命令启动方法

- 菜单命令：【楼梯其他】/【圆弧梯段】。
- 工具栏图标：📙。
- 命令：TAStair。

【练习6-2】： 打开附盘文件"dwg\第06章\6-2.dwg"，完成图6-3所示某圆弧梯段的绘制。

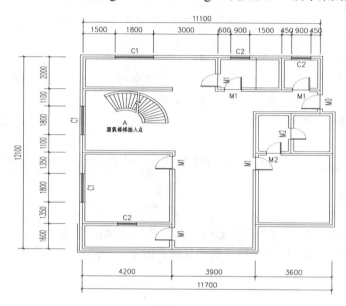

图6-3 某圆弧楼梯的绘制

启动命令后，弹出【圆弧梯段】对话框，在此进行参数设置，如图6-4所示。

图6-4 【圆弧梯段】对话框

命令行提示：

点取位置或[转90度(A)/左右翻(S)/上下翻(D)/对齐(F)/改转角(R)/改基点(T)]<退出>：
点取绘制圆弧梯段的位置，完成圆弧梯段的绘制。

圆弧梯段为自定义对象，可以通过拖动夹点进行编辑，夹点的意义如图6-5所示，也可以双击楼梯进入对象编辑重新设定参数。

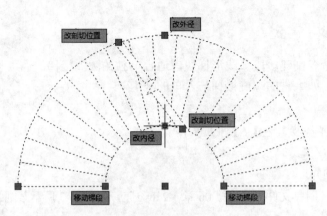

图6-5　圆弧梯段夹点意义图

梯段夹点的功能说明。

- 【改内径】：梯段被选中后亮显，同时显示 7 个夹点，如果该圆弧梯段带有剖断，在剖断的两端还会显示 2 个夹点。在梯段内圆中心的夹点为改内径。点取该夹点，即可拖移该梯段的内圆改变其半径。
- 【改外径】：在梯段外圆中心的夹点为改外径。点取该夹点，即可拖移该梯段的外圆改变其半径。
- 【移动梯段】：拖动 5 个夹点中的任意一个，即可以该夹点为基点移动梯段。

6.1.3　任意梯段

【任意梯段】命令以用户给定的 Line、Arc 作为楼梯的边线，在对话框中输入踏步参数，可用作各种楼梯造型，创建形状多变的梯段，除了两个边线为直线或弧线外，其余参数与直线梯段相同。

命令启动方法

- 菜单命令:【楼梯其他】/【任意梯段】。
- 工具栏图标: 📄。
- 命令: TCStair。

【练习6-3】：　打开附盘文件"dwg\第 06 章\6-3.dwg"，完成图 6-6 所示任意梯段的绘制。

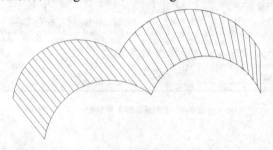

图6-6　某任意梯段图

1.　执行命令后，命令行提示:

　　　　请点取梯段左侧边线(LINE/ARC)：　　　　　　　　　　　　　//点取一根 LINE 线
　　　　请点取梯段右侧边线(LINE/ARC)：　　　　　　　　　　　　　//点取另一根 LINE 线

点取后屏幕弹出图 6-7 所示的【任意梯段】对话框，其中选项与直线梯段基本相同。

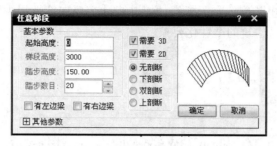

图6-7　【任意梯段】对话框

2. 输入相应参数后，单击 确定 按钮，即绘制出以指定的两根线为边线的梯段。

任意梯段为自定义对象，可以通过拖动夹点进行编辑，夹点的意义如图 6-8 所示，也可以双击楼梯进入对象编辑重新设定参数。

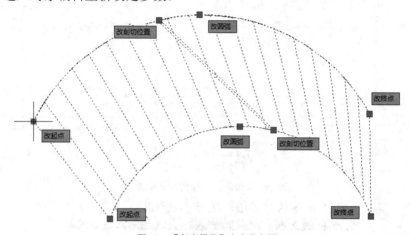

图6-8　【任意梯段】夹点意义图

【任意梯段】夹点的功能说明.

- 【改起点】：起始点的夹点为"改起点"。控制所选侧梯段的起点。如两边同时改变起点可改变梯段的长度。
- 【改终点】：终止点的夹点为"改终点"，控制所选侧梯段的终点。如两边同时改变终点可改变梯段的长度。
- 【改圆弧/平移边线】：中间的夹点为"平移边线"或"改圆弧"，按边线类型而定，控制梯段的宽度或圆弧的半径。

6.1.4　双跑楼梯

双跑楼梯是最常见的楼梯形式，是由两跑直线梯段、一个休息平台、一个（或两个）扶手和一组（或两组）栏杆构成的自定义对象，具有二维视图和三维视图。如果完整的双跑楼梯不适应需要，可以用 Explode 命令将其分解为梯段、平台和扶手，然后增加部件或编辑部件。如果第一跑步数和第二跑步数不一致时，程序提供有"齐平台""居中""齐楼板"和"自由" 4 种踏步取齐方式，梯段可以通过夹点任意调整对齐位置。此外，楼梯也可以作为坡道来使用，作为坡道时防滑条的疏密是根据楼梯踏步数来确定的，事先要选好踏步数量。

双跑楼梯对象内包括常见的构件组合形式变化，如是否设置两侧扶手、中间扶手在平台是否连接、设置扶手伸出长度、有无梯段边梁（尺寸需要在特性栏中调整），体息平台是半圆形或矩形等，尽量满足建筑的个性化要求。

命令启动方法

- 菜单命令：【楼梯其他】/【双跑楼梯】。
- 工具栏图标：▦。
- 命令：TRStair。

【练习6-4】： 打开附盘文件"dwg\第06章\6-4.dwg"，完成图6-9所示双跑楼梯的绘制。

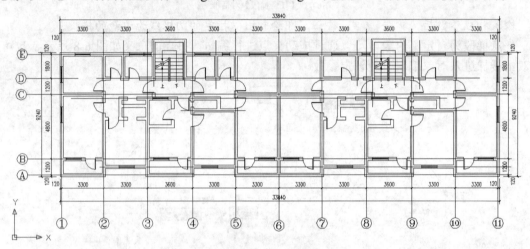

图6-9　某住宅小区双跑楼梯的绘制

1. 启动命令，弹出图6-10所示的对话框，进行参数设置。

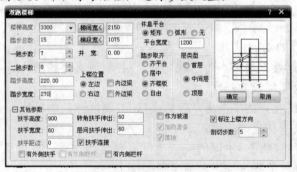

图6-10　【双跑楼梯】对话框

2. 命令行提示：

点取位置或[转90度(A)/左右翻(S)/上下翻(D)/对齐(F)/改转角(R)/改基点(T)]<退出>：

点取图中将要绘制双跑楼梯的位置，完成绘制。

【双跑楼段】对话框的控件说明如下。

- 梯间宽< ：双跑楼梯的总宽。单击该按钮可从平面图中直接量取楼梯间净宽作为双跑楼梯的总宽。
- 【楼梯高度】：双跑楼梯的总高，默认为当前楼层高度，对相邻楼层高度不等时应按实际情况调整。

- 【井宽】：默认取 100 为井宽，修改梯间宽时，井宽不变，但梯段宽和井宽两个数值互相关联。
- 【踏步总数】：默认踏步总数为20，是双跑楼梯的关键参数。
- 【一跑步数】：以踏步总数推算一跑步数与二跑步数，总数为奇数时先增一跑步数。
- 【二跑步数】：二跑步数默认与一跑步数相同，两者都允许用户修改。
- 【踏步高度】：用户可先输入大约的初始值，由楼梯高度与踏步数推算出最接近初值的设计值，推算出的踏步高度有均分的舍入误差。
- 【休息平台】：有矩形、弧形、无 3 种选项，在非矩形休息平台时，可以选无平台，以便自己用平板功能设计休息平台。
- 【平台宽度】：按建筑设计规范，休息平台的宽度应大于梯段宽度，在选弧形休息平台时应修改宽度值，最小值不能为 0。
- 【踏步取齐】：当一跑步数与二跑步数不等时，两梯段的长度不一样，因此有两梯段的对齐要求，由设计人员选择。
- 【扶手宽度】/【扶手高度】：默认值分别为900高，60*100的扶手断面尺寸。
- 【扶手距边】：在1∶100图上一般取0，在1∶50详图上应标以实际值。
- 【有外侧扶手】：在外侧添加扶手，但不会生成外侧栏杆，室外楼梯需要单独添加。
- 【有内侧栏杆】：选中此复选项，命令自动生成默认的矩形截面竖栏杆。
- 【层类型】：在平面图中按楼层分为 3 种类型绘制，包括：首层只给出一跑的下剖断、中间层的一跑是双剖断、顶层的一跑无剖断。
- 【作为坡道】：选中此复选项，楼梯段按坡道生成。

（1）勾选【作为坡道】复选项前要求楼梯的两跑步数相等，否则坡长不能准确定义。
（2）坡道的防滑条的间距用步数来设置，在选中【作为坡道】复选项前要设好。

双跑楼梯为自定义对象，可以通过拖动夹点进行编辑，夹点的意义如图 6-11 所示。也可以双击楼梯进入对象编辑重新设定参数。

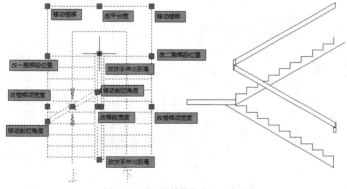

图6-11 【双跑楼梯】夹点示意图

【双跑楼段】夹点功能说明如下。

- 【移动楼梯】：该夹点用于改变楼梯位置，夹点位于楼梯体息平台的两个角点。

- 【改平台宽】：该夹点用于改变体息平台的宽度，同时改变方向线。
- 【改梯段宽度】：拖动该夹点对称改变两梯段的梯段宽，同时改变梯井宽度，但不改变楼梯间宽度。
- 【改楼梯间宽度】：拖动该夹点改变楼梯间的宽度，同时改变梯井宽度，但不改变两梯段的宽度。
- 【改一跑梯段位置】：该夹点位于一跑末端角点，纵向拖动夹点可改变一跑梯段位置。
- 【改二跑梯段位置】：该夹点位于二跑起端角点，纵向拖动夹点可改变二跑梯段位置。
- 【改扶手伸出距离】：两夹点各自位于扶手两端，分别拖动改变平台和楼板处的扶手伸出距离。
- 【移动剖切位置】：该夹点用于改变楼梯剖切位置，可沿楼梯拖动改变位置。
- 【移动剖切角度】：两夹点用于改变楼梯剖切位置，可拖动改变角度。

6.1.5　多跑楼梯

【多跑楼梯】命令创建由梯段开始且以梯段结束、梯段和休息平台交替布置、各梯段方向自由的多跑楼梯，要点是先在对话框中确定"基线在左"或"基线在右"的绘制方向。其可以在绘制梯段过程中实时显示当前梯段步数、已绘制步数及总步数，便于设计中决定梯段起止位置，绘图交互中的热键切换基线路径左右侧的命令选项，便于绘制休息平台间走向左右改变的 Z 型楼梯。

命令启动方法
- 菜单命令：【楼梯其他】/【多跑楼梯】。
- 工具栏图标：█。
- 命令：TMultiStair。

【练习6-5】：　打开附盘文件"dwg\第 06 章\6-5.dwg"，完成图 6-12 所示多跑楼梯的绘制。

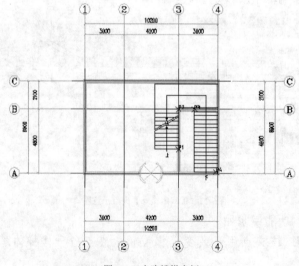

图6-12　多跑楼梯实例

1. 启动命令，弹出图 6-13 所示的对话框，进行参数设置。

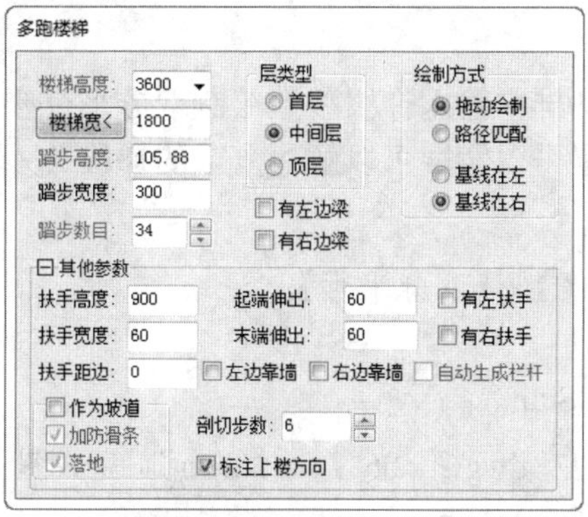

图6-13 【多跑楼梯】对话框

【多跑楼梯】对话框的控件说明如下。

- 【拖动绘制】：暂时进入图形中量取楼梯间净宽作为双跑楼梯总宽。
- 【路径匹配】：楼梯按已有多段线路径作为基线绘制，不作拖动绘制。
- 【基线在左】：拖动绘制时是以基线为标准的，这时楼梯画在基线右边。
- 【基线在右】：拖动绘制时是以基线为标准的，这时楼梯画在基线左边。
- 【左边靠墙】：按上楼方向，左边不画出边线。
- 【右边靠墙】：按上楼方向，右边不画出边线。

2. 在【多跑楼梯】对话框中设置"基线在右"，楼梯宽度为 1800，确定楼梯参数和类型后，拖动鼠标到绘图区绘制，命令行提示：

起点<退出>：	//在辅助线处点取首梯段起点 P1 位置
输入下一点或 [路径切换到左侧(Q)]<退出>：	//在楼梯转角处点取首梯段终点 P2
输入下一点或 [路径切换到左侧(Q)/撤消上一点(U)]<退出>：	//拖动楼梯转角后再休息平台结束处点取 P3 作为第二梯段起点
输入下一点或 [路径切换到左侧(Q)/撤消上一点(U)]<退出>：	//此时以回车结束休息平台绘制，切换到绘制梯段
输入下一点或 [路径切换到左侧(Q)/撤消上一点(U)]<退出>：	//拖动绘制梯段到梯段结束，梯段结束点 P4
起点<退出>：	//回车结束绘制

多跑楼梯由给定的基线来生成，基线就是多跑楼梯左侧或右侧的边界线。基线可以事先绘制好，也可以交互确定，分别对应对话框中的【路径匹配】和【拖动绘制】，但不要求基线与实际边界完全等长。按照基线给定的路径，当步数到达给定的数目（即高度到达给定的数值）时结束绘制。多跑楼梯的休息平台是自动确定的，休息平台的宽度与梯段宽度相同，休息平台的形状由基线决定。基线的顶点数目为偶数，即梯段数目的两倍。

6.2 其他楼梯的创建

TArch 2014 还有以下楼梯对象：【双分平行】、【双分转角】、【双分三跑】、【交叉楼梯】、【剪刀楼梯】、【三角楼梯】和【矩形转角】等。其创建方法与上述楼梯的创建方法大同小异，在此不一一赘述。

6.2.1 双分平行

【双分平行】命令在对话框中输入梯段参数绘制双分平行楼梯，可以选择从中间梯段上楼或从边梯段上楼，通过设置平台宽度可以解决复杂的梯段关系。

命令启动方法

- 菜单命令：【楼梯其他】/【双分平行】。
- 工具栏图标：■。
- 命令：TDrawParallelStair。

【练习6-6】： 打开附盘文件"dwg\第 06 章\6-6.dwg"，完成图 6-14 所示双分平行楼梯的绘制。

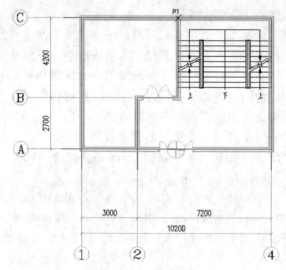

图6-14 双分平行楼梯实例

1. 启动命令，弹出图 6-15 所示的对话框，进行参数设置。

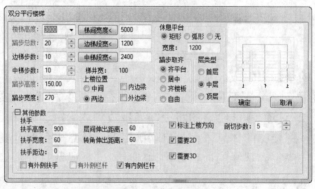

图6-15 【双分平行楼梯】对话框

【双分平行楼梯】对话框的控件说明如下。

- 【楼梯高度】：由用户输入的双分平行楼梯两个楼梯梯段的总高度，有常用层高列表可供选择。
- 【踏步总数】：由楼梯高度，在建筑常用踏步高合理数值范围内，程序计算获得的踏步总数。

- 【楼梯步数】：双分转角楼梯两个楼梯梯段各自的步数，默认两个梯段步数相等，可由用户改变。
- 【踏步高度】：根据楼梯高度，由程序推算出符合建筑规范合理范围的设计值。由于踏步数目是整数，楼梯高度是给定的整数，因此踏步高度并非总是整数。用户也可以给定边梯和中梯步数，系统重新计算确定踏步高的精确值。
- 【踏步宽度】：楼梯段的每一个踏步板的宽度。
- 【中梯段宽/边梯段宽】：两类楼梯段各自的梯段宽度。
- 【休息平台】：休息平台的宽度是边跑的外侧到中跑边线，长度是两个边跑之间的距离。
- 【上楼位置】：可以绘制按从边跑和中跑上楼两种上楼位置，自动处理剖切线和上楼方向线的绘制。
- 【内外边梁】：用于绘制梁式楼梯，可分别绘制内侧边梁和外侧边梁，梁宽和梁高参数在特性栏中修改。
- 【层类型】：可以按当前平面图所在的楼层，以建筑制图规范的图例绘制楼梯的对应平面表达形式。
- 【扶手高宽】：默认值分别为从第一步台阶起算 900 高，断面 60×100 的扶手尺寸。
- 【扶手距边】：扶手边缘距梯段边的数值，在 1∶100 图上一般取 0，在 1∶50 详图上应标以实际值。
- 【边梯扶手伸出】：两个边梯起步处的扶手伸出距离。
- 【中梯扶手伸出】：中梯起步处的扶手伸出距离。
- 【有外侧扶手】：楼梯内侧默认总是绘制扶手，外侧按照要求而定，勾选后绘制外侧扶手。
- 【有外侧栏杆】：外侧绘制扶手也可选择是否勾选绘制外侧栏杆，边界为墙时常不用绘制栏杆。
- 【有内侧栏杆】：如果需要绘制自定义栏杆或栏板时可去除勾选，不绘制默认栏杆。
- 【标注上楼方向】：可选择是否标注上楼方向箭头线。
- 【剖切步数】：可选择楼梯的剖切位置，以剖切线所在踏步数定义。
- 【需要 2D、3D】：用来控制绘制二维视图和三维视图，某些情况只需要二维视图，某些情况则只需要三维视图。

2. 在对话框中输入楼梯的参数，可根据右侧的动态显示窗口，确定楼梯参数是否符合要求。单击 确定 按钮，命令行提示：

　　　点取位置或 [转 90 度(A)/左右翻(S)/上下翻(D)/对齐(F)/改转角(R)/改基点(T)]<退出>：
　　　　　　//点取梯段插入点位置 P1，回车键结束

6.2.2　双分三跑

【双分三跑】命令在对话框中输入梯段参数绘制双分转角楼梯，可以选择从中间梯段上

楼或从边梯段上楼。

命令启动方法

- 菜单命令:【楼梯其他】/【双分三跑】。
- 工具栏图标:
- 命令:TDrawDoubleMulStair。

【练习6-7】:   打开附盘文件"dwg\第 06 章\6-7.dwg",完成图 6-16 所示双分三跑楼梯的绘制。

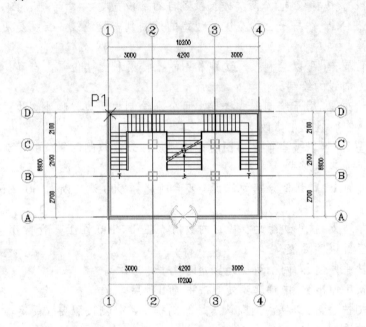

图6-16   双分三跑楼梯实例

1.   启动命令,弹出图 6-17 所示的对话框,进行参数设置。

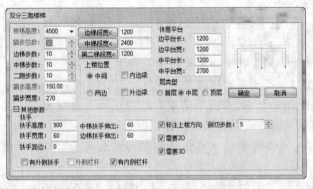

图6-17   【双分三跑楼梯】对话框

2.   在对话框中输入楼梯的参数,可根据右侧的动态显示窗口,确定楼梯参数是否符合要求。单击 确定 按钮,命令行提示:

　　　　　点取位置或 [转 90 度(A) /左右翻(S) /上下翻(D) /对齐(F) /改转角(R) /改基点(T)]<退出>:

　　　　　 //点取梯段插入点位置 P1,回车键结束

6.2.3 剪刀楼梯

【剪刀楼梯】命令在对话框中输入梯段参数绘制剪刀楼梯，考虑作为疏散逃生的防火楼梯使用，两跑之间需要绘制防火墙，因此本楼梯扶手和梯段各自独立，在首层和顶层楼梯有多种梯段排列可供选择。

命令启动方法

- 菜单命令:【楼梯其他】/【剪刀楼梯】。
- 工具栏图标: ▦。
- 命令: TDrawCrossStair。

【练习6-8】：　打开附盘文件"dwg\第06章\6-8.dwg"，完成图6-18所示剪刀楼梯的绘制。

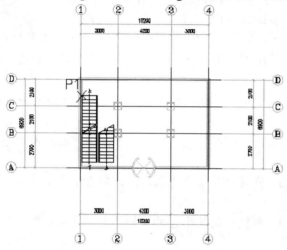

图6-18　剪刀楼梯绘制实例

1. 启动命令，弹出图6-19所示的对话框，进行参数设置。

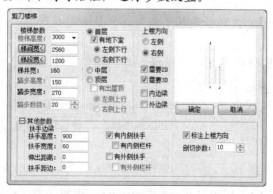

图6-19　【剪刀楼梯】对话框

【剪刀楼梯】对话框的控件说明如下。

- 【梯间宽<】：剪刀楼梯的梯间宽包括两倍的梯段宽加梯井宽。单击 梯间宽< 按钮可从平面图中直接量取。
- 【梯段宽<】：梯段宽由用户直接键入或单击 梯段宽< 按钮从平面图中直接量取。

- 【楼梯高度】：楼梯高度应按当前实际绘制的楼梯高度参数键入。
- 【梯井宽】：显示梯井宽参数，它等于梯间宽减两倍的梯段宽，修改梯间宽时，梯井宽自动改变。
- 【踏步高度】：根据楼梯高度，由程序推算出符合建筑规范合理范围的设计值。由于踏步数目是整数，楼梯高度是给定的整数，因此踏步高度并非总是整数。用户也可以给定边梯和中梯步数，系统重新计算确定踏步高的精确值。
- 【踏步数目】：由楼梯高度，在建筑常用踏步高合理数值范围内，程序计算获得的踏步总数。
- 【踏步宽度】：楼梯段的每一个踏步板的宽度。
- 【有地下室】：首层时，如有地下室，勾选本复选框，提供一个下行梯段。
- 【左侧/右侧下行】单击单选按钮，选择其中一侧有一个梯段作为下行梯段。
- 【有出屋顶】顶层时，如有出屋顶，勾选本复选框，提供一个上行梯段。
- 【左侧/右侧上行】单击单选按钮，选择其中一侧有一个梯段作为上行梯段。
- 【扶手高度/宽度】：默认值分别为从第一步台阶起算 900 高，断面 60×100 的扶手尺寸。
- 【扶手距边】：扶手边缘距梯段边的数值，在 1：100 图上一般取 0，在 1：50 详图上应标以实际值。
- 【伸出距离】：在剪刀楼梯情况下默认扶手上下伸出距离相等，为负值时不伸出楼梯端线外。
- 【有外侧扶手】：楼梯外侧按照要求而定，勾选后绘制外侧扶手，剪刀梯比较窄，常不设外侧扶手。
- 【有外侧栏杆】：外侧绘制扶手也可选择是否勾选绘制外侧栏杆，边界为墙时常不用绘制栏杆。
- 【有内侧扶手】：楼梯内侧按照要求而定，勾选后绘制内侧扶手，剪刀梯内侧有防火墙，一般不设内侧扶手。
- 【有内侧栏杆】：内侧绘制扶手也可选择是否勾选绘制外侧栏杆，边界为墙时常不用绘制栏杆。

2. 在对话框中输入楼梯的参数，可根据右侧的动态显示窗口，确定楼梯参数是否符合要求。单击 确定 按钮，命令行提示：

    点取位置或 [转 90 度 (A) /左右翻 (S) /上下翻 (D) /对齐 (F) /改转角 (R) /改基点 (T)] <退出>：

    //点取梯段插入点位置 P1，按 Enter 键结束

6.2.4 三角楼梯

本命令在对话框中输入梯段参数绘制三角楼梯，可以选择不同的上楼方向。

命令启动方法

- 菜单命令：【楼梯其他】/【三角楼梯】
- 工具栏图标：🔩。
- 命令：TDrawTriangleStair。

【练习6-9】：打开附盘文件"dwg\第 06 章\6-9.dwg"，完成图 6-20 所示剪刀楼梯的绘制。

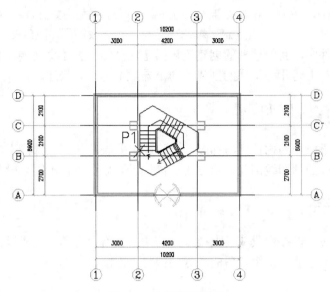

图6-20 三角楼梯绘制实例

1. 启动命令，弹出图 6-21 所示的对话框，进行参数设置。

图6-21 【三角楼梯】对话框

【三角楼梯】对话框的控件说明如下。

- 【楼梯高度】：楼梯高度应按当前实际绘制的楼梯高度参数键入。

- 【梯段宽<】：梯段宽由用户直接键入或单击 梯段宽< 按钮从平面图中直接量取。

- 【井宽<】：由于三角楼梯的井宽参数是变化的，这里的井宽是两个梯段连接处起算的初始值，最小井宽为 0。

- 【单跑步数】：由楼梯高度在建筑常用踏步高合理数值范围内，程序按三跑计算出的单跑步数。

- 【踏步高度】：根据楼梯高度，由程序推算出符合建筑规范合理范围的设计值。由于踏步数目是整数，楼梯高度是给定的整数，因此踏步高度并非总是整数。用户也可以给定边梯和中梯步数，系统重新计算确定踏步高的精确值。

- 【显示平台】：去除勾选表示不显示休息平台，当用户需要自行绘制非标准的休息平台时使用。

- 【上楼方向】：可按设计要求，选择"顺时针"或"逆时针"两种之一，改变上楼的梯段和剖切位置。

2. 在对话框中输入楼梯的参数，可根据右侧的动态显示窗口，确定楼梯参数是否符合要求。单击 确定 按钮，命令行提示：

点取位置或 [转 90 度 (A) /左右翻 (S) /上下翻 (D) /对齐 (F) /改转角 (R) /改基点 (T)] <退出>:
//点取梯段插入点位置 P1, 按 Enter 键结束

天正 2014 软件中, 其他楼梯的创建还包括【双分转角】、【交叉楼梯】及【矩形转角】楼梯, 因创建方法与上述几种楼梯的创建大同小异, 不再一一赘述。

6.3 楼梯扶手与栏杆

扶手作为与梯段配合的构件, 与梯段和台阶产生关联。放置在梯段上的扶手, 可以遮挡梯段, 也可以被梯段的剖切线剖断, 通过【连接扶手】命令可把不同分段的扶手连接起来。

6.3.1 添加扶手

【添加扶手】命令以楼梯段或沿上楼方向的 Pline 路径为基线生成楼梯扶手, 可自动识别楼梯段和台阶, 但不能识别组合后的多跑楼梯与双跑楼梯。

命令启动方法

- 菜单命令: 【楼梯其他】/【添加扶手】
- 工具栏图标: 圖。
- 命令: THandRail。

【练习6-10】: 打开附盘文件 "dwg\第 06 章\6-10.dwg", 完成图 6-22 所示楼梯扶手的添加。

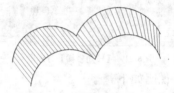

图6-22　楼梯扶手的添加

执行命令后, 命令行提示:

请选择梯段或作为路径的曲线 (线/弧/圆/多段线): 　　//选取梯段或已有曲线

扶手宽度<60>: 　　　　　　　　　　　　　//键入新值或按 Enter 键接受默认值

扶手顶面高度<900>: 　　　　　　　　　　　//键入新值或按 Enter 键接受默认值

扶手距边<0>: 　　　　　　　　　　　　　　//键入新值或按 Enter 键接受默认值

双击创建的扶手, 可打开【扶手】对话框进行扶手的编辑, 如图 6-23 所示。

图6-23　【扶手】对话框

对话框控件的说明如下。

- 【形状】：扶手的形状可选 "方形" "圆形" 和 "栏板" 3 种，在下面可分别输入适当的尺寸。
- 【对齐】：仅对 Pline、Line、Arc 和 Circle 作为基线时起作用。Pline 和 Line 用作基线时，以绘制时取点方向为基准方向。对于 Arc 和 Circle 是内侧为左，外侧为右。而楼梯段用作基线时对齐默认为 "中间"，为与其他扶手连接，往往需要改为一致的对齐方向。
- 加顶点< / 删顶点< / 改顶点< ：可通过单击 加顶点< 和 删顶点< 按钮增加或删除扶手顶点，通过单击 改顶点< 按钮进入图形中修改扶手各段高度，命令行提示如下：

  选取顶点：　　　　　　　　　　　　　　　//鼠标指针移到扶手上，程序自动显示顶点位置

  改夹角[A]/点取[P]/输入顶点标高<3000>： //输入顶点标高值或键入 P 取对象标高

6.3.2 连接扶手

【连接扶手】命令把未连接的扶手彼此连接起来，如果准备连接的两段扶手的样式不同，连接后的样式以第一段为准。连接顺序要求是前一段扶手的末端连接下一段扶手的始端，梯段的扶手则按上行方向为正向，需要从低到高顺序选择扶手的连接时，接头之间应留出空隙，不能相接和重叠。

命令启动方法

- 菜单命令:【楼梯其他】/【连接扶手】。
- 工具栏图标: 𝆓 。
- 命令: TLinkHand。

【练习6-11】： 打开附盘文件 "dwg\第 06 章\6-11.dwg"，完成图 6-24 所示楼梯扶手的连接。

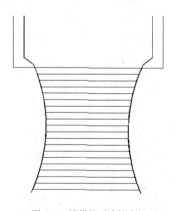

图6-24　楼梯扶手连接实例

执行命令后，命令行提示：

  选择待连接的扶手(注意与顶点顺序一致)：　　　　　　//选取待连接的第一段扶手

  选择待连接的扶手(注意与顶点顺序一致)：　　　　　　//选取待连接的第二段扶手

按 Enter 键后两段楼梯扶手就被连接起来。

6.3.3 楼梯栏杆的创建

在 TArch 2014 中的双跑楼梯对话框有自动添加竖栏杆的设置，但其他楼梯则仅可创建扶手或栏杆与扶手都没有，此时可先按上述方法创建扶手，然后使用菜单命令【三维建模】/【造型对象】/【路径排列】来绘制栏杆。

由于栏杆在施工平面图中不必表示，主要用于三维建模和立剖面图，在平面图中没有显示栏杆时，注意选择视图类型。

操作步骤如下。

(1) 执行菜单命令【三维建模】/【造型对象】/【栏杆库】选择栏杆的造型效果，如图6-25 所示。天正的栏杆库里面提供有一些现成的栏杆单元，如果用户觉得不能完全满足自身需要，还可以通过【路径曲面】、【变截面体】和其他一些三维操作命令来建立新的栏杆单元。

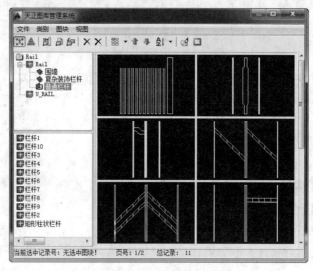

图6-25 栏杆造型效果图

(2) 在平面图中插入合适的栏杆单元（也可用其他三维造型方法创建栏杆单元）。

(3) 执行菜单命令【三维建模】/【造型对象】/【路径排列】来构造楼梯栏杆。

6.4 其他设施的创建

本节主要介绍电梯、自动扶梯、阳台、台阶、坡道及散水的创建。

6.4.1 电梯

【电梯】命令创建的电梯图形包括轿厢、平衡块和电梯门，其中轿厢和平衡块是二维线对象，电梯门是天正门窗对象。绘制条件是每一台电梯周围已经由天正墙体创建了封闭房间作为电梯井，如要求电梯井贯通多个电梯，需要临时加虚墙分隔。

命令启动方法

- 菜单命令:【楼梯其他】/【电梯】。
- 工具栏图标: 。

- 命令：TElevator。

【练习6-12】： 打开附盘文件"dwg\第06章\6-12.dwg"，完成图6-26所示电梯的绘制。

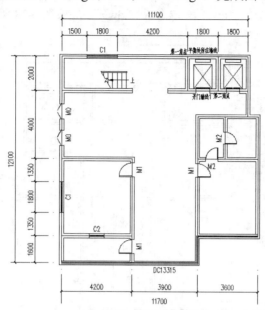

图6-26　电梯绘制实例

1. 命令启动后，弹出图 6-27 所示的【电梯参数】对话框，在对话框中设定电梯类型、载重量、门形式、门宽、轿厢宽、轿厢深等参数。其中，电梯类别分别有"客梯""住宅梯""医院梯"和"货梯"4 种类别，每种电梯形式均有已设定好的不同的设计参数。

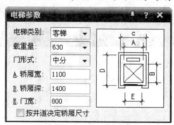

图6-27　【电梯参数】对话框

2. 输入参数后按命令行提示执行：

请给出电梯间的一个角点或 [参考点(R)]<退出>： 　　　　　//点取第一脚点
再给出上一角点的对角点： 　　　　　//点取第二脚点
请点取开电梯门的墙线<退出>： 　　　　　//点取开门墙线
请点取平衡块的所在的一侧<退出>： 　　//点取平衡块所在一侧完成电梯的绘制

6.4.2　自动扶梯

【自动扶梯】命令通过在对话框中输入梯段参数，绘制单台/双台自动扶梯或自动人行步道（坡道）。本命令只能创建二维图形，对三维和立剖面生成不起作用。

命令启动方法

- 菜单命令：【楼梯其他】/【自动扶梯】。

- 工具栏图标：✎。
- 命令：tdrawautostair。

【练习6-13】：打开附盘文件"dwg\第 06 章\6-13.dwg"，完成图 6-28 所示自动扶梯的绘制。

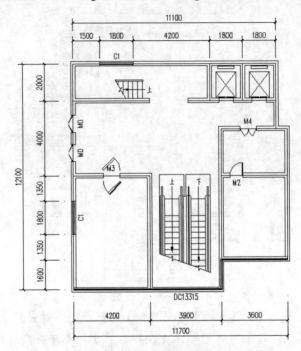

图6-28　自动扶梯绘制实例

1. 命令启动后，在弹出的【自动扶梯】对话框中完成参数的修改，如图 6-29 所示。

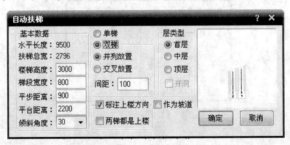

图6-29　【自动扶梯】对话框

2. 在对话框中调整完各参数，单击 确定 按钮后，命令行提示：

　　点取位置或 [转 90 度(A)/左右翻(S)/上下翻(D)/对齐(F)/改转角(R)/改基点(T)]<退出>：
　　D　　　　　//输入"D"选择上下翻，点取自动扶梯的插入点后，系统即将自动扶梯插入图中

【自动扶梯】对话框的控件说明如下。

- 【倾斜角】：自动扶梯的倾斜角度，有 30°、35° 这两种角度。
- 【楼段宽度】：扶梯梯阶的宽度，随厂家型号不同而异。
- 【单梯】/【双梯】：可选择绘制单台或双台连排的自动扶梯。
- 【楼梯高度】：自动扶梯的设计高度。

6.4.3　阳台

【阳台】命令以几种预定样式绘制阳台，或选择预先绘制好的路径生成阳台，或以任意绘制方式创建阳台。一层的阳台可以自动遮挡散水，阳台对象可以被柱子局部遮挡。

命令启动方法

- 菜单命令:【楼梯其他】/【阳台】。
- 工具栏图标:🚪。
- 命令: TBalcony。

【练习6-14】： 打开附盘文件"dwg\第 06 章\6-14.dwg"，完成图 6-30 所示阳台的绘制。

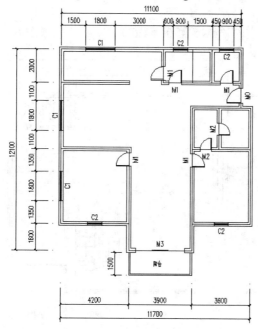

图6-30　阳台绘制实例

1. 命令启动，弹出图 6-31 所示的【绘制阳台】对话框。

图6-31　【绘制阳台】对话框

2. 对话框下方的工具栏从左到右分别为凹阳台、矩形三面阳台、阴角阳台、沿墙偏移绘制、任意绘制与选择已有路径生成共 6 种阳台绘制方式。

单击矩形三面阳台图标▭，命令行显示:

阳台起点<退出>：　　　　　　　　　　　　//给出外墙阴角点，沿着阳台长度方向拖动

阳台终点或 [翻转到另一侧(F)]<取消>：　　//给出阳台终点位置，完成阳台绘制

6.4.4 台阶

【台阶】命令可直接绘制矩形单面台阶、矩形三面台阶、阴角台阶、沿墙偏移等预定样式的台阶，或把预先绘制好的 Pline 转成台阶、直接绘制平台创建台阶，若平台不能由本命令创建，应下降一个踏步高度绘制下一级台阶作为平台，直台阶两侧需要单独补充 Line 线画出二维边界，台阶可以自动遮挡之前绘制的散水。

命令启动方法
- 菜单命令:【楼梯其他】/【台阶】。
- 工具栏图标: ▦。
- 命令: TStep。

【练习6-15】: 打开附盘文件"dwg\第 06 章\6-15.dwg"，完成图 6-32 所示台阶的绘制。

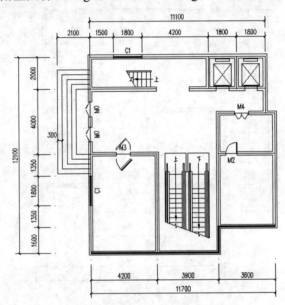

图6-32 台阶的绘制实例

1. 执行命令后，弹出图 6-33 所示的对话框，进行参数设置。

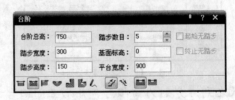

图6-33 【台阶】对话框

2. 选择矩形三面台阶，命令行提示:

　　　指定第一点或[中心定位(C)/门窗对中(D)]<退出>:　　　//起始边墙体相接处给一点
　　　第二点或 [翻转到另一侧(F)]<取消>:　　　//结束边墙体相接处给一点

完成台阶的绘制。

工具栏从左到右分别为绘制方式、楼梯类型、基面定义 3 个区域，可组合成满足工程需要的各种台阶类型，具体介绍如下。

- 绘制方式包括矩形单面台阶、矩形三面台阶、矩形阴角台阶、圆弧台阶、沿墙偏移绘制、选择已有路径绘制和任意绘制共 7 种绘制方式。
- 楼梯类型分为普通台阶与下沉式台阶两种，前者用于门口高于地坪的情况，后者用于门口低于地坪的情况。
- 基面定义可以是平台面和外轮廓面两种，后者多用于下沉式台阶。

3. 双击台阶即可进入【台阶】对话框，如图 6-34 所示，在该对话框中修改台阶有关数据，单击 确定 按钮即可更新台阶。

图6-34　对象编辑台阶

6.4.5　坡道

【坡道】命令可通过参数构造单跑的入口坡道，多跑、曲边与圆弧坡道由各楼梯命令中的【作为坡道】选项创建。

命令启动方法

- 菜单命令:【楼梯其他】/【坡道】。
- 工具栏图标: 。
- 命令: TAscent。

【练习6-16】: 打开附盘文件"dwg\第 06 章\6-16.dwg"，完成图 6-35 所示坡道的绘制。

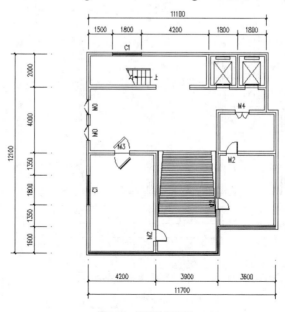

图6-35　坡道绘制实例

1. 执行命令后，弹出图 6-36 所示的对话框，进行参数设置。

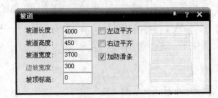

图6-36 【坡道】对话框

2. 命令行提示：

点取位置或 [转 90 度(A)/左右翻(S)/上下翻(D)/对齐(F)/改转角(R)/改基点(T)]<退出>：

//点取即将坡道插入图中，其他选项设置与楼梯类似

6.4.6 散水

【散水】命令可通过自动搜索外墙线绘制散水，散水对象自动被凸窗、柱子等对象裁剪。通过对象编辑添加和删除顶点，可以满足绕壁柱、绕落地阳台等各种变化。

命令启动方法

*   菜单命令：【楼梯其他】/【散水】。
*   工具栏图标：📇。
*   命令：TOutlna。

【**练习6-17**】：打开附盘文件"dwg\第 06 章\6-17.dwg"，完成图 6-37 所示散水的绘制。

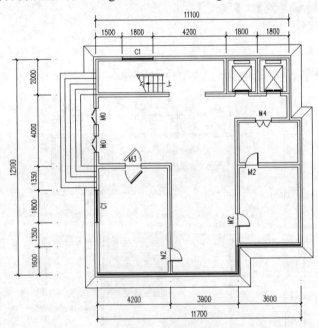

图6-37 散水绘制实例

1. 命令启动后，弹出图 6-38 所示的对话框，进行参数设置。

图6-38　【散水】对话框

2. 命令行提示：

　　　　请选择构成一完整建筑物的所有墙体(或门窗、阳台) <退出>：

　　　　　　　　//全选墙体后按对话框要求生成散水与勒脚、室内地面，按 Enter 键结束操作

散水对话框的控件说明如下。

- 【室内外高差】：键入本工程范围使用的室内外高差，默认为450。
- 【偏移距离】：键入本工程外墙勒脚对外墙皮的偏移值。
- 【散水宽度】：键入新的散水宽度，默认为600。
- 【创建室内外高差平台】：选中该复选项后，在各房间中按零标高创建室内地面。

6.5 上机综合练习

【练习6-18】： 打开附盘文件"dwg\第 06 章\6-18.dwg"，运用上述知识完成图 6-39 所示某
图书馆首层平面图中楼梯、台阶、散水的绘制。

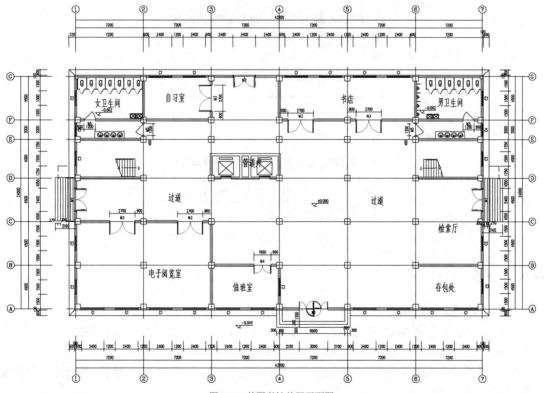

图6-39　某图书馆首层平面图

1. 启动【双跑楼梯】命令完成图中双跑楼梯的绘制，在【双跑楼梯】对话框中设置相关
参数，如图 6-40 所示。

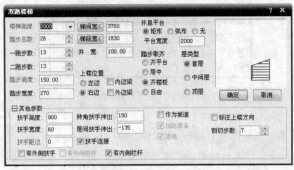

图6-40　【双跑楼梯】对话框

2. 启动【电梯】命令完成图中电梯的绘制，其电梯参数如图 6-41 所示。

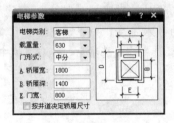

图6-41　【电梯参数】对话框

3. 启动【台阶】命令，完成图中台阶的绘制，其台阶参数如图 6-42 所示。

图6-42　【台阶】对话框

4. 启动【散水】命令完成图中散水的绘制，其散水参数如图 6-43 所示。

图6-43　【散水】对话框

6.6　小结

本章主要内容总结如下。

（1）本章介绍了各种楼梯的创建，TArch 2014 直接提供最常见的双跑和多跑楼梯的绘制，其他形式的楼梯由楼梯组件（梯段、休息平台、扶手等）拼合而成。

（2）楼梯扶手与栏杆都是楼梯的附属构件，在天正建筑中栏杆专用于三维建模，绘制平面图时仅需绘制扶手。

（3）其他室外设施的创建，包括阳台、台阶、坡道等构件。操作时按提示进行，一般不困难。基于墙体创建包括阳台、台阶与坡道等自定义对象。

（4）本章重点是双跑楼梯，楼梯中直线梯段、圆弧梯段、任意梯段、电梯生成等相对容易。双跑楼梯应熟练掌握，特别要充分利用双跑楼梯夹点编辑，包括移动楼梯、改梯段宽度、改楼梯间宽度、改休息平台尺寸。

6.7 习题

1. 根据本章内容，上机对照练习。
2. 收集各房地产公司的房屋建筑图，试制作出相应的楼梯及室内外设施。对收集的建筑图进行研究、分析、对比，提出自己的看法，改变其楼梯及室内外设施的设计。
3. 制作出图6-44和图6-45所示的楼梯平面图，并可对其进行必要的修改。

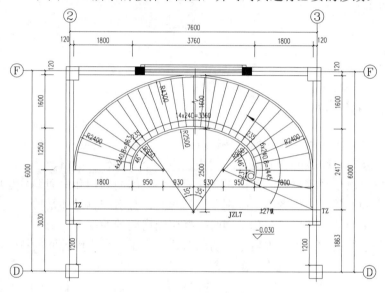

图6-44　某楼梯一层平面图

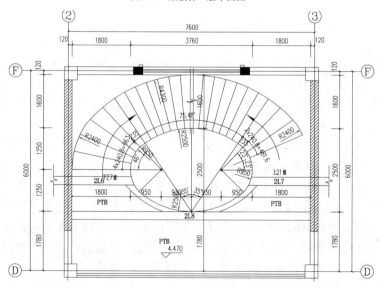

图6-45　某楼梯二层平面图

151

第7章　房间及屋顶

【学习重点】

- 房间面积的概念。
- 房间面积的创建。
- 房间的布置。
- 洁具的布置。
- 屋顶的创建。

7.1　房间面积的概念

建筑中各个区域的面积计算和标注是建筑设计中的内容，TArch 软件中提供了房间对象来表示房间对象及与之联系的边界线，房间描述为一个由墙体、门窗、柱子围合而成的闭合区域，房间对象可以由文字标识，并可以选择和操作。房间名称和房间编号是房间的标识，前者用于描述房间的功能，后者用来区别不同的房间，且房间编号都是独一无二的。在平面图上可选择标注房间编号或房间名称，同时选择标注房间的面积。

为了创建用于渲染的室内三维模型，房间对象提供了一个三维地面的特性，开启该特性就可以获得三维楼板，一般建筑施工图不需要开启这个特性。

面积指标统计使用【搜索房间】、【套内面积】、【查询面积】、【公摊面积】和【面积统计】命令执行。

- 【房间面积】：在房间内标注室内净面积即使用面积，对阳台按栏板内侧全面积标注。
- 【套内面积】：按照国家房屋测量规范的规定，标注由多个房间组成的单元住宅，由分户墙及外墙的中线所围成的面积。
- 【公摊面积】：按照国家房屋测量规范的规定，标注由多个房间组成的住宅单元，指由分户墙及外墙的中线所围成的面积。
- 【建筑面积】：整个建筑物的外墙皮构成的区域，可以用来表示本层的建筑总面积。注意，此时建筑面积不包括阳台面积在内，在【面积统计】表格中最终获得的建筑面积包括按《建筑工程面积计算规范》计算的阳台面积。

在一个 DWG 中放置多个平面图时，【查询面积】命令目前只能获得其中一个平面图的建筑面积，各平面图的建筑面积可以通过【搜索房间】命令点取室外获得。

对于不需要标注的房间，用户可以把它放到一个特定的图层上，关闭该图层即可。这样既有信息存在，需要时可以查询，但图纸上又可以不标注出来。默认房间面积对象标注的是房间名称与面积，单位为"平方米"，保留两位小数。房间夹点激活的时候还可以看到房间边界，通过夹点更改房间边界，房间面积可以自动更新。

7.2 房间面积的创建

房间面积可通过以下多种命令进行创建，按要求分为建筑面积、使用面积和套内面积。按国家 2005 年颁布的最新建筑面积测量规范，【搜索房间】等命令在搜索建筑面积时可选择忽略柱子、墙垛超出墙体的部分。房间通常以墙体划分，可以通过绘制虚墙划分边界或楼板洞口，如客厅上空的中庭空间。

7.2.1 搜索房间

【搜索房间】命令可用来批量搜索建立或更新已有的普通房间和建筑轮廓，建立房间信息并标注室内使用面积，标注位置自动置于房间的中心。如果用户编辑墙体时改变了房间边界，房间信息不会自动更新，可以通过再次执行【搜索房间】命令更新房间或拖动边界夹点和当前边界保持一致。

命令启动方法

- 菜单命令：【房间屋顶】/【搜索房间】。
- 工具栏图标： 。
- 命令：TUpdSpace。

【练习7-1】： 打开附盘文件"dwg\第 07 章\7-1.dwg"，完成图 7-1 所示某住宅小区的房间搜索。

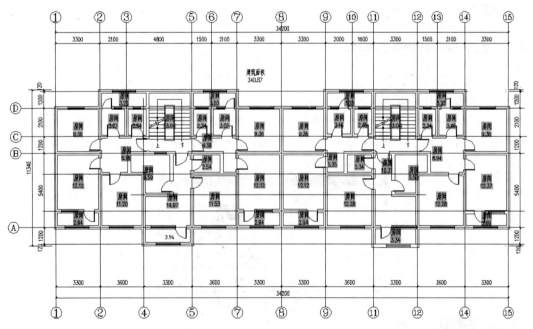

图7-1 搜索房间的实例

1. 执行命令后，弹出图 7-2 所示的【搜索房间】对话框。

图7-2 【搜索房间】对话框

2. 命令行提示：

  请选择构成一完整建筑物的所有墙体 (或门窗) <退出>：   //选取平面图上的墙体

  请选择构成一完整建筑物的所有墙体 (或门窗)：   //按 Enter 键退出选择

  请点取建筑面积的标注位置<退出>：   //在生成建筑面积时应在建筑外单击标注

对话框控件的说明如下。

- 【标注面积】：房间使用面积的标注形式，是否显示面积数值。
- 【面积单位】：是否标注面积单位，默认以平方米（m2）单位标注。
- 【显示房间名称】/【显示房间编号】：房间的标识类型，建筑平面图标识房间名称，其他专业标识房间编号。
- 【三维地面】：选中该复选项，则表示同时沿着房间对象边界生成三维地面。
- 【板厚】：生成三维地面时，给出地面的厚度。
- 【生成建筑面积】：在搜索生成房间的同时计算建筑面积。
- 【建筑面积忽略柱子】：根据建筑面积测量规范，建筑面积忽略凸出墙面的柱子和墙垛。
- 【屏蔽背景】：选中该复选项，利用 Wipeout 的功能屏蔽房间标注下面的填充图案。

7.2.2 房间对象编辑方法

在使用【搜索房间】命令后，当前图形中生成房间对象显示为房间面积的文字对象，默认的名称应根据需要重新命名。

双击房间对象进入在位编辑状态直接命名，也可以选中房间对象后单击鼠标右键，从弹出的快捷菜单中选择【对象编辑】命令，弹出图 7-3 所示的【编辑房间】对话框，用于编辑房间编号和房间名称。

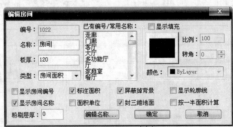

图7-3 【编辑房间】对话框

对话框的控件说明如下。

- 【编号】：对应每个房间的自动数字编号，用于其他专业标识房间。
- 【名称】：用户对房间给出的名称，可从右侧的常用房间列表选取。
- 【板厚】：生成三维地面时，给出地面的厚度。
- 【封三维地面】：选中则表示同时沿着房间对象边界生成三维地面。

- 【已有编号/常用名称】：列出已有的编号或系统预设的常用名称供选取。
- 【显示房间编号】/【显示房间名称】：选择面积对象显示房间编号或房间名称。
- 【屏蔽掉背景】：若选中该选项，可利用 Wipeout 的功能屏蔽房间标注下面的填充图案。

房间对象还支持特性栏编辑，用户选中需要注写两行的房间名称，按 Ctrl+1 组合键打开特性栏，在其名称类型中改为两行名称，即可在名称第二行中写入内容，满足涉外工程标注中英文房间名称的需要，如图 7-4 所示。

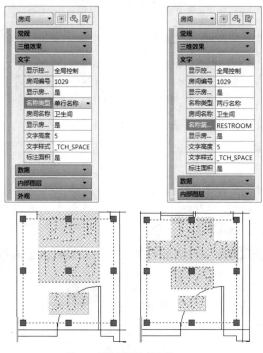

图7-4　标注两行房间名称

房间面积对象的图案填充不再与其他图案填充共用图层，而是填充在新建的图层SPACE-HATCH 中，随时可以通过图层管理关闭。

天正建筑 2014 版本的房间边界线提供了增加顶点的夹点控制，按一下 Ctrl 键可使夹点功能从移动切换为增加，拖动夹点可以根据要求增加顶点；各种房间边界线新增可捕捉特性。

显示控制方式的新特性有"全局控制"和"独立控制"两种，默认是全局控制整个图上的"房间面积"和"房间名称"项目的显示，需要时可以选择某些面积对象进入特性栏修改为独立控制，就可以单独选择这些面积对象的参数的显示方式了；可以不勾选房间名称和房间编号，生成仅显示面积的房间对象。

用户可以修改保存在"sys"文件夹下的"tchspace.ini"文件控制【搜索房间】命令中，房间的有效面积范围，其中将 MinSpace=后面的数值改为需要过滤的房间最小面积，意味着小于 MinSpace 的值就不统计，MaxSpace=后面的数值是需要过滤的房间最大面积，默认的"infinite"是不限制，可以忽略一些风道之类的小面积，注意，数值单位是平方米。

7.2.3　查询面积

可以生成普通的房间面积、建筑面积及阳台面积对象。程序提供 4 种查询方式，即房间面积、闭合曲线面积、阳台面积及任意绘制多边形的面积查询。其中，查询房间面积时，可以定义查询的范围，否则按 Enter 键将查询图纸上所有房间的面积。随着鼠标的移动，动态显示各房间的面积，如果需要标注某房间的面积，在该房间内给点即可。查询时，如果点取室外，就是查询本层建筑面积，但目前对于多层平面图放在一张 DWG 图纸里面的情况还不适用。

查询的阳台面积默认是按阳台投影面积的一半显示。如果需要默认显示整个阳台的面积，在【房间屋顶】/【查询面积】对话框中去掉【计一半面积计算】的勾选后，再查询阳台面积。

命令启动方法
- 菜单命令：【房间屋顶】/【查询面积】。
- 工具栏图标：　。
- 命令：TSpArea。

【练习7-2】：　　打开附盘文件 "dwg\第 07 章\7-2.dwg"，执行【查询面积】命令，查询其平面建筑面积，并对比与运用【搜索房间】命令获得的建筑面积是否一致。

1.　启动命令，弹出【查询面积】对话框，如图 7-5 所示。

图7-5　【查询面积】对话框

2.　命令行提示：

请选择查询面积的范围：　　　　　　　//分别点取要查询的各个房间
请在屏幕上点取一点<返回>：　　　　　//在房间适当的位置点取即完成房间面积的查询

该对话框的功能与【搜索房间】命令类似，不同点在于显示对话框的同时可在各个房间上移动鼠标动态显示这些房间的面积。在不希望标注房间名称和编号时，请取消选中【生成房间对象】复选项，只创建房间的面积标注文字。

在动态显示房间面积时给点，即在该处创建当前房间的面积对象，如果在房间外面取点，可获得平面的建筑面积（不包括墙垛和柱子凸出部分）。

7.2.4　套内面积

【套内面积】命令用于计算住宅单元的套内面积，并创建套内面积的房间对象。按照房产测量规范的要求，自动计算分户单元墙中线计算的套内面积，选择时注意仅选取本套套型内的房间面积对象（名称），而不要把其他房间面积对象（名称）包括进去。本命令获得的套内面积不含阳台面积，选择阳台操作用于指定阳台所归属的户号。

命令启动方法

- 菜单命令:【房间屋顶】/【套内面积】。
- 工具栏图标: ▣ 。
- 命令: TApartArea。

【练习7-3】:　　打开附盘文件"dwg\第07章\7-3.dwg",完成图 7-6 所示套内面积的标注。

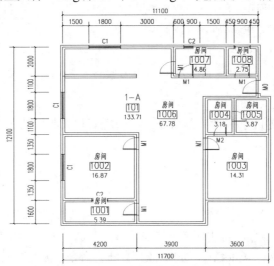

图7-6　套内面积标注实例

1.　命令启动后,在弹出的【套内面积】对话框中,进行图 7-7 所示各相关参数的定义。

图7-7　【套内面积】对话框

2.　命令行提示:

　　　请选择同属一套住宅的所有房间面积对象与阳台面积对象:　　//指定房间的对角点
　　　请点取面积标注位置<中心>:　　　　　　　　　　　　　　//点取面积标注位置即可完成标注

7.2.5　面积计算

　　　【面积计算】命令用于统计【查询面积】或【套内面积】等命令获得的房间使用面积、阳台面积、建筑面积等,用于不能直接测量到所需面积的情况,取面积对象或标注数字均可。本命令默认采用命令行模式,可按快捷键切换到对话框模式。

　　　面积精度的说明:当取图上面积对象和运算时,命令会取得该对象的面积不加精度折减,在单击 标在图上< 按钮对面积进行标注时按用户设置的面积精度位数进行处理。

命令启动方法

- 菜单命令:【房间屋顶】/【面积计算】。
- 工具栏图标: ▤ 。
- 命令: TPlusText。

执行命令后命令行显示:

请选择求和的房间面积对象或面积数值文字或[对话框模式(Q)]<退出>:

//点取第一个面积对象或数字

请选择求和的房间面积对象或面积数值文字:

//点取第二个面积对象或数字

……

请选择求和的房间面积对象或面积数值文字:

//按 Enter 键结束选择

共选中了 N 个对象,求和结果=XX.XX

点取面积标注位置<退出>:

//点取标注位置

7.3 房间的布置

在房间布置菜单中提供了多种工具命令,用于房间与天花板的布置,添加踢脚线适用于装修建模。

7.3.1 加踢脚线

【加踢脚线】命令可自动搜索房间轮廓,按用户选择的踢脚截面生成二维和三维一体的踢脚线,门和洞口处自动断开,可用于室内装饰设计建模,也可以作为室外的勒脚使用。从 TArch 7.5 开始,踢脚线支持 AutoCAD 的 Break(打断)命令,因此取消了【断踢脚线】命令。

命令启动方法

- 菜单命令:【房间屋顶】/【房间布置】/【加踢脚线】。
- 工具栏图标:▬。
- 命令:TKickBoard。

【练习7-4】: 打开附盘文件"dwg\第 07 章\7-4.dwg",完成图 7-8 所示房间踢脚线的添加。

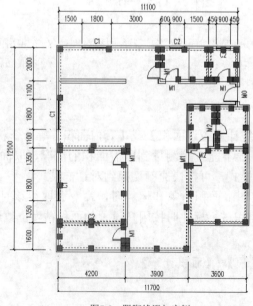

图7-8 踢脚线添加实例

1. 命令启动后，弹出【踢脚线生成】对话框，如图 7-9 所示。

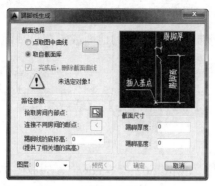

图7-9 【踢脚线生成】对话框

2. 在【截面选择】分组框中单击 按钮进入踢脚线图库，如图 7-10 所示，在右侧预览区双击选择需要的截面样式。

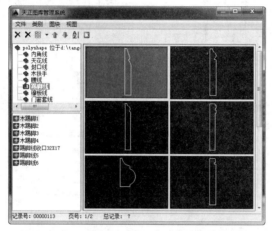

图7-10 【天正图库管理系统】对话框中的踢脚线图库

3. 截面选择成功，如图 7-11 所示。

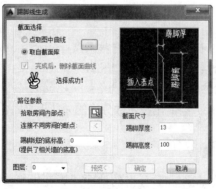

图7-11 截面选择成功

4. 单击拾取房间内部点按钮 ，命令行显示：

　　　　请指定房间内一点或 [参考点(R)]<退出>：　　　//在加踢脚线的房间里点取一个点
　　　　请指定房间内一点或 [参考点(R)]<退出>：　　　//按 Enter 键结束取点，创建踢脚线路径
单击 确定 按钮完成踢脚线的添加。

7.3.2 奇数分格

【奇数分格】命令用于绘制按奇数分格的地面或天花板平面，分格使用 AutoCAD 直线对象绘制。

命令启动方法

- 菜单命令:【房间屋顶】/【房间布置】/【奇数分格】。
- 工具栏图标: ⊞。
- 命令: sdvln。

【练习7-5】: 打开附盘文件"dwg\第 07 章\7-5.dwg"，完成图 7-12 所示房间的奇数分格。

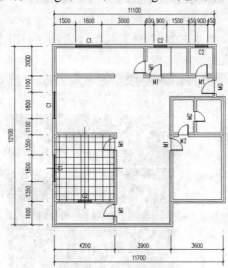

图7-12 奇数分格绘制实例

1. 执行命令后，命令行提示:

请用三点定一个要奇数分格的四边形，第一点 <退出>:   //点取四边形的第一个角点
第二点 <退出>:   //点取四边形的第二个角点
第三点 <退出>:   //点取四边形的第三个角点

2. 在点取 3 个点定出四边形位置后，命令行接着提示:

第一、二点方向上的分格宽度(小于 100 为格数) <500>:   //按 Enter 键接受默认值
第二、三点方向上的分格宽度(小于 100 为格数) <500>:   //按 Enter 键接受默认值

响应后随即使用直线（Line）绘制出按奇数分格的天花板平面，且在中心位置出现对称轴。

7.3.3 偶数分格

【偶数分格】命令用于绘制按偶数分格的地面或天花板平面，分格使用 AutoCAD 直线对象绘制，不能实现对象编辑和特性编辑。

命令启动方法

- 菜单命令:【房间屋顶】/【房间布置】/【偶数分格】。
- 工具栏图标: ⊞。

- 命令: ddvln。

执行命令后，命令行提示与奇数分格相同，只是分格是偶数，不出现对称轴，交互过程从略。

7.4 洁具的布置

在房间布置菜单中提供了多种工具命令，适用于卫生间的各种不同洁具布置。

7.4.1 布置洁具

【布置洁具】命令在卫生间或浴室中按选取的洁具类型的不同，智能布置卫生洁具等设施。本软件的洁具是从洁具图库调用的二维天正图块对象，其他辅助线采用了 AutoCAD 的普通对象。

命令启动方法

- 菜单命令:【房间屋顶】/【房间布置】/【布置洁具】。
- 工具栏图标: 🖫。
- 命令: TSan。

【练习7-6】： 打开附盘文件"dwg\第 07 章\7-6.dwg"，完成图 7-13 所示卫生间的洁具布置。

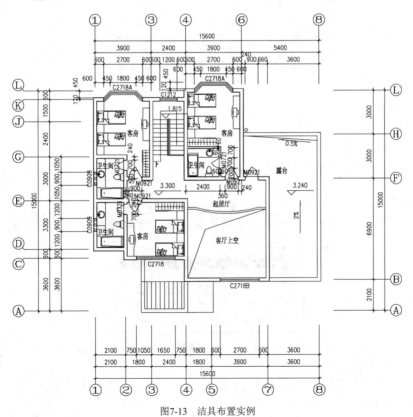

图7-13 洁具布置实例

1. 执行命令后，打开【天正洁具】图库，如图 7-14 所示。

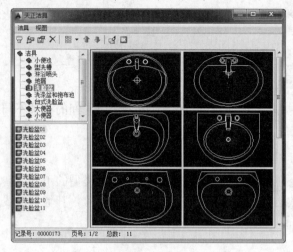

图7-14　洁具图库

2. 台式洗脸盆的布置。

(1) 在【天正洁具】图库中双击所需布置的洗脸盆，弹出相应的布置对话框，如图 7-15 所示，进行相关参数的设置。

图7-15　洗脸盆布置对话框

(2) 命令行提示：

　　　请选择沿墙边线 <退出>：　　　　　　　　　//点取图中需要布置洁具的墙边线

　　　请选择要布置洁具的一侧 <退出>：　　　　　//选取不要布置洁具的一侧

　　　插入第一个洁具[插入基点(B)] <退出>：　　//选取插入点

　　完成台式脸盆的布置。

3. 浴缸的布置。

(1) 在【天正洁具】图库中双击所需布置的浴缸类型，弹出相应的布置对话框，如图 7-16 所示，并进行相关参数的设置。

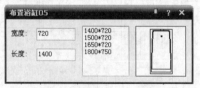

图7-16　浴缸布置对话框

(2) 命令行提示：

　　　请选择布置洁具沿线位置 [点取方式布置(D)]：　　//选择布置洁具沿线位置

　　　选择插入方向：　　　　　　　　　　　　　　　　//点取插入方向

　　完成浴缸的布置。

4. 坐便器的布置。

(1) 在【天正洁具】图库中双击所需布置的坐便器类型，屏幕弹出相应的布置对话框，如图 7-17 所示，并进行相关参数的设置。

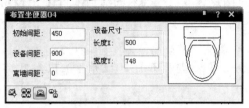

图7-17　坐便器布置对话框

(2) 命令行提示：

请选择沿墙边线 <退出>：	//选取要布置洁具的墙边线
请选择要布置洁具的一侧 <退出>：	//选取布置洁具的一侧
插入第一个洁具 [插入基点(B)] <退出>：	//点取第一插入基点
下一个 <结束>：	//单击鼠标右键结束洁具的插入

完成坐便器的布置。

7.4.2　布置隔断

【布置隔断】命令通过两点选取已经插入的洁具，布置卫生间隔断，要求先布置洁具才能执行，隔板与门采用了墙对象和门窗对象，支持对象编辑。墙类型由于使用卫生隔断类型，隔断内的面积不参与房间划分与面积计算。

命令启动方法

- 菜单命令：【房间屋顶】/【房间布置】/【布置隔断】。
- 工具栏图标：𝄞。
- 命令：T81_TApart。

执行命令后，命令行提示：

输入一直线来选洁具！	
起点：	//点取靠近端墙的洁具外侧
终点：	//第二点过要布置隔断的一排洁具另一端
隔板长度<1200>：	//键入新值或按 Enter 键接受默认值
隔断门宽<600>：	//键入新值或按 Enter 键接受默认值

命令执行结果如图 7-18 所示。

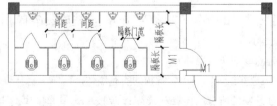

图7-18　隔断与隔板布置实例

命令执行结果生成宽度等于洁具间距的卫生间，如图 7-18 所示。通过【内外翻转】、【门口线】等命令可对门进行修改。

7.4.3　布置隔板

【布置隔板】命令通过两点选取已经插入的洁具，布置卫生间隔板，主要用于小便器之间的隔板。

命令启动方法

- 菜单命令:【房间屋顶】/【房间布置】/【布置隔板】。
- 工具栏图标: 。
- 命令: TClap。

执行命令后，命令行提示:

输入一直线来选洁具!

起点:　　　　　　　　　　　　　　　//点取靠近端墙的洁具外侧
终点:　　　　　　　　　　　　　　　//第二点过要布置隔断的一排洁具另一端
隔板长度<400>:　　　　　　　　　　//键入新值或按 Enter 键接受默认值

命令执行结果如图 7-18 所示。

7.5　屋顶的创建

TArch 2014 软件提供了多种屋顶造型功能，人字坡顶包括单坡屋顶和双坡屋顶，任意坡顶是指任意多段线围合而成的四坡屋顶。还有攒尖屋顶，用户也可以利用三维造型工具自建其他形式的屋顶，如用平板对象和路径曲面对象相结合构造带有复杂檐口的平屋顶，利用路径曲面构建曲面屋顶（歇山屋顶）。天正屋顶均为自定义对象，支持对象编辑、特性编辑和夹点编辑等编辑方式，可用于天正节能和天正日照模型。

7.5.1　搜屋顶线

屋顶线指围绕建筑最外边界生成的封闭多段线，可以作为平面施工图的屋顶线表示，也可以用于以后构造三维屋顶。在个别情况下，屋顶线有可能无法自动生成，此时用户可手工绘制屋顶线，然后将其放到 2D_ROOF 图层。

命令启动方法

- 菜单命令:【房间屋顶】/【搜屋顶线】。
- 工具栏图标: 。
- 命令: TRoflna。

【练习7-7】:　　打开附盘文件"dwg\第 07 章\7-7.dwg"，完成图 7-19 所示屋顶线的绘制。

执行命令后，命令行提示:

请选择构成一完整建筑物的所有墙体(或门窗):
　　　　　　　　　　//应选择组成同一个建筑物的所有墙体，以便系统自动搜索出建筑外轮廓线
请选择构成一完整建筑物的所有墙体(或门窗): //按 Enter 键结束选择
偏移外皮距离<600>:　　　　　　　　//输入屋顶的出檐长度或按 Enter 键接受默认值结束

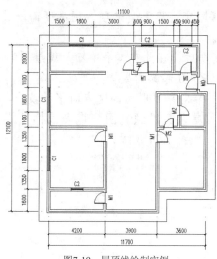

图7-19　屋顶线绘制实例

7.5.2　人字坡顶

以闭合的 Pline 为屋顶边界生成人字坡屋顶和单坡屋顶。两侧坡面的坡度可具有不同的坡角，可指定屋脊位置与标高，屋脊线可随意指定和调整，因此两侧坡面可具有不同的底标高。除了使用角度设置坡顶的坡角外，还可以通过限定坡顶高度的方式自动求算坡角，此时创建的屋面具有相同的底标高。

命令启动方法

- 菜单命令：【房间屋顶】/【人字坡顶】。
- 工具栏图标：▬。
- 命令：TDualSlopeRoof。

执行命令后，命令行提示：

请选择一封闭的多段线<退出>：　　　　//选择作为坡屋顶边界的多段线

请输入屋脊线的起点<退出>：　　　　　//在屋顶一侧边界上给出一点作为屋脊起点

请输入屋脊线的终点<退出>：　　　　　//在起点对面一侧边界上给出一点作为屋脊终点

进入【人字坡顶】对话框，设置屋顶参数，如图 7-20 所示。

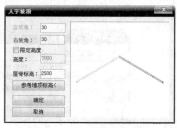

图7-20　【人字坡顶】对话框

参数输入后单击[　确定　]按钮，随即创建人字屋顶。

对话框控件的说明如下。

- 【左坡角】/【右坡角】：在各栏中分别输入坡角，无论脊线是否居中，默认左右坡角都是相等的。

- 【限定高度】：选中【限定高度】复选项，用高度而非坡角定义屋顶，脊线不
  居中时左右坡角不等。
- 【高度】：勾选限定高度后，在此文本框中输入坡屋顶高度。
- 【屋脊标高】：以本图 Z = 0 起算的屋脊高度。
- 参考墙顶标高< ：选取相关墙对象可以沿高度方向移动坡顶，使屋顶与墙顶关联。
- 【预览框】：用于显示屋顶三维预览图，拖动鼠标可旋转屋顶，支持滚轮缩
  放、中键平移等操作，如图 7-21 所示。

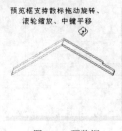

图7-21　预览框

7.5.3　任意坡顶

【任意坡顶】命令可使封闭的任意形状多段线生成指定坡度的坡形屋顶，可采用对象编辑单独修改每个边坡的坡度，不支持布尔运算开洞功能。

命令启动方法

- 菜单命令：【房间屋顶】/【任意坡顶】。
- 工具栏图标：![icon]。
- 命令：TSlopeRoof。

执行命令后，命令行提示：

选择一封闭的多段线<退出>：　　　//点取屋顶线

请输入坡度角 <30>：　　　　　//输入屋顶坡度角或按 Enter 键接受默认值

出檐长<600>：　　　　　　　//如果屋顶有出檐，输入与搜屋顶线时输入的对应偏移距离

随即生成等坡度的四坡屋顶，可通过夹点和对话框方式进行修改。屋顶夹点有两种，一是顶点夹点，二是边夹点。拖动夹点可以改变屋顶平面形状，但不能改变坡度，如图 7-22 所示。

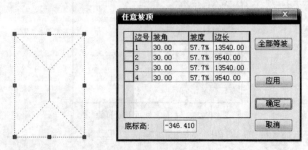

图7-22　任意坡顶对象夹点

双击坡屋顶进入对象编辑对话框，可对各个坡面的坡度进行修改。

7.5.4 攒尖屋顶

【攒尖屋顶】命令提供了构造攒尖屋顶三维模型的方法，但不能生成曲面构成的中国古建亭子顶。

命令启动方法

- 菜单命令:【房间屋顶】/【攒尖屋顶】。
- 工具栏图标: 。
- 命令: TCuspRoof。

执行命令后，弹出图 7-23 所示的对话框。

图7-23 【攒尖屋顶】对话框

确定所有尺寸参数后，在图形拖动对屋顶给定位置与尺寸、初始角度，不必关闭对话框，命令行提示如下:

请输入屋顶中心位置<退出>:   //用鼠标点取屋顶中心点

获得第二个点: //拖动鼠标，点取屋顶与柱子交点（定位多边形外接圆）

对话框控件的说明如下。

- 【屋顶高】: 攒尖屋顶净高度。
- 【边数】: 屋顶正多边形的边数。
- 【出檐长】: 从屋顶多边形开始偏移到边界的长度，默认为 600，可以为 0。
- 【半径】: 坡顶多边形外接圆的半径。

7.5.5 加老虎窗

【加老虎窗】命令在三维屋顶生成多种老虎窗形式，老虎窗对象提供了墙上开窗功能，并提供了图层设置、窗宽、窗高等多种参数，可通过对象编辑修改。

命令启动方法

- 菜单命令:【房间屋顶】/【加老虎窗】。
- 工具栏图标: 。
- 命令: TDormer。

执行命令后，命令行提示:

请选择屋顶: //点取已有的坡屋顶，按 Enter 键结束操作

打开【加老虎窗】对话框，如图 7-24 所示。

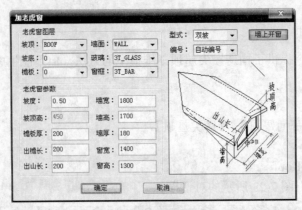

图7-24　【加老虎窗】对话框

对话框控件的说明如下。

- 【型式】: 有双坡、三角坡、平顶窗、梯形坡和三坡共 5 种类型，如图 7-25 所示。

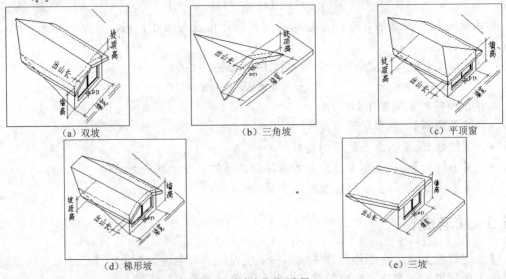

(a) 双坡　　　　　　(b) 三角坡　　　　　(c) 平顶窗

(d) 梯形坡　　　　　　　　　　(e) 三坡

图7-25　老虎窗类型示意图

- 【编号】: 老虎窗编号，用户给定。
- 【窗高】/【窗宽】: 老虎窗开启的小窗高度与宽度。
- 【墙宽】/【墙高】: 老虎窗正面墙体的宽度与侧面墙体的高度。
- 【坡顶高】/【坡度】: 老虎窗自身坡顶高度与坡面的倾斜度。
- 墙上开窗 : 本按钮默认是打开的属性，如果关闭，老虎窗自身的墙上不开窗。

单击 确定 按钮关闭对话框，出现老虎窗平面供预览，命令行继续提示:

请点取插入点或 [修改参数(S)]<退出>:

//在坡屋面上拖动老虎窗到插入位置单击，按 Enter 键退出

随即程序会在坡顶处插入指定形式的老虎窗，求出与坡顶的相贯线。双击老虎窗，打开【编辑老虎窗】对话框，可在对话框中进行修改，也可以选择老虎窗，按 Ctrl + 1 组合键用特性栏进行修改。

7.5.6　加雨水管

【加雨水管】命令在屋顶平面图中绘制雨水管穿过女儿墙或檐板的情况。

命令启动方法

- 菜单命令：【房间屋顶】/【加雨水管】。
- 工具栏图标：■。
- 命令：TStrm。

执行命令后，命令行提示：

　　请给出雨水管入水洞口的起始点[参考点(R)/管径(D)/洞口宽(W)]<退出>：

　　　　　　　　　　　　　　　　　　　　　　　　//点取雨水管的起始点

　　出水口结束点[管径(D)/洞口宽(W)]<退出>：　　　//点取雨水管的结束点

　　当前管径为200,洞口宽140//默认雨水管的管径及洞口宽

　　请给出雨水管入水洞口的起始点[参考点(R)/管径(D)/洞口宽(W)]<退出>：

　　　　　　　　　　　　　　　　　　　　　　　　//单击鼠标右键完成绘制

在平面图中即绘制好雨水管位置，如图7-26所示。

图7-26　雨水管实例图

7.6　上机综合练习

综合上述各章知识绘制图7-27、图7-28所示某别墅的一层、二层平面图及屋顶平面图。

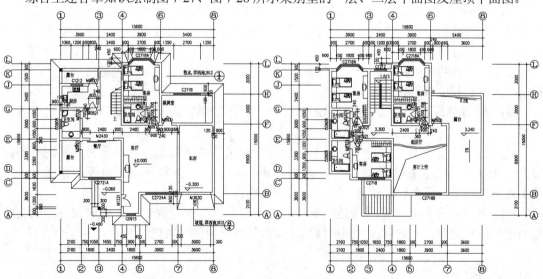

图7-27　某别墅的一层、二层平面图

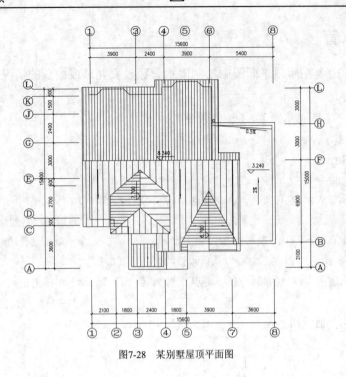

图7-28 某别墅屋顶平面图

7.7 小结

本章主要内容如下。

(1) 介绍了房间及屋顶的内容，房间面积的概念，提供的房间数据对象包括房间名称、编号和面积标注，面积标注与边界线关联等内容。

(2) 房间面积的创建，房间对象可以通过【搜索房间】命令直接创建，支持边界的布尔运算。查询房间面积，可以以单行文字的方式标注在图上，这是购房者关心的数据。套内面积，按照国标房产规范的要求，自动计算分户单元的套内面积，该面积以墙中线计算（包括保温层厚度在内），选择墙体时应只选择构成该分户单元的墙体，这也是房地产开发商与购房户最关切和敏感的数据。

(3) 房间的布置，提供了多种房间布置命令，添加踢脚线及对地面和天花板进行各种分格。

(4) 洁具布置工具，提供了专用的卫生间布置工具与洁具图库，对多种洁具进行不同布置。卫浴间布置包括洗脸盆、大/小便器、淋浴喷头、洗涤盆和拖布池等，在【天正洁具】对话框选中所需布置的洁具，双击图中相应的样式，按提示操作。

(5) 各种屋顶、老虎窗屋顶是建筑物的外围结构，是建筑物的重要组成部分。天正提供自动生成平屋顶、双坡屋顶、四坡屋顶和檐口等屋顶构件的功能。

7.8 习题

1. 计算前几章练习中画出的建筑图面积，并布置卫浴洁具。
2. 画出图 7-29 所示的建筑图，布置卫浴洁具。

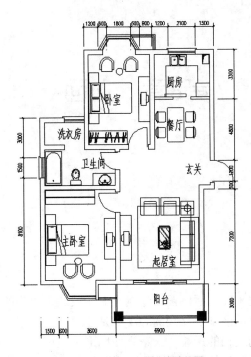

图7-29 某小区 A 型住宅建筑图

3. 制作出图 7-30 所示某图书馆的平面图，布置卫浴洁具。

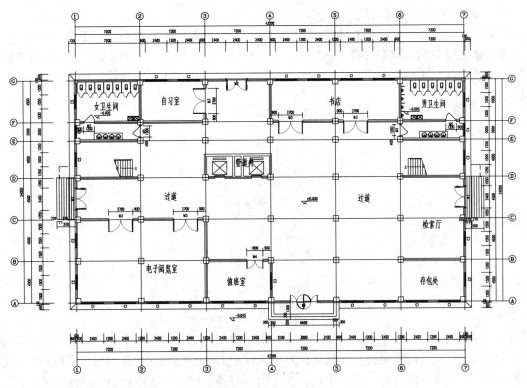

图7-30 某图书馆平面图

第8章 立面

【学习重点】

- 立面的概念。
- 立面的创建。
- 立面的编辑。

8.1 立面的概念

设计好一套工程的各层平面图后，需要绘制立面图表达建筑物的立面设计细节，立剖面的图形表达和平面图有很大的区别，立剖面表现的是建筑三维模型的一个投影视图。受三维模型细节和视线方向建筑物遮挡的影响，天正立面图形是通过平面图构件中的三维信息进行消隐获得的纯粹二维图形，除了符号与尺寸标注对象及门窗阳台图块是天正自定义对象外，其他图形构成元素都是 AutoCAD 的基本对象。

一、 立面生成与工程管理

立面生成是由【工程管理】功能实现的，如图 8-1 所示，在【工程管理】命令界面上，通过【新建工程】/【添加图纸】（平面图）的操作建立工程，在工程的基础上定义平面图与楼层的关系，从而建立平面图与立面楼层之间的关系，支持如下两种楼层定义方式。

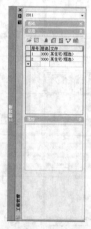

图8-1 【工程管理】命令界面

(1) 每层平面设计一个独立的 DWG 文件集中放置于同一个文件夹中，这时先要确定是否每个标准层都有共同的对齐点，默认的对齐点在原点（0,0,0）的位置，用户可以修改，建议使用开间与进深方向的第一轴线交点。事实上，对齐点就是 DWG 作为图块插入的基点，用 AutoCAD 的 BASE 命令可以改变基点。

(2)　允许多个平面图绘制到一个 DWG 文件中，然后在楼层栏的电子表格中分别为各自然层在 DWG 中指定标准层平面图，同时也允许部分标准层平面图通过其他 DWG 文件指定，提高了工程管理的灵活性。

软件通过工程数据库文件（*.TPR）记录、管理与工程总体相关的数据，包含图纸集、楼层表、工程设置参数等。提供了【导入楼层表】命令从楼层表创建工程，在【工程管理】界面中以【楼层】栏下面的表格定义标准层的图形范围及和自然层的对应关系，双击楼层表行即可把该标准层加红色框，同时充满屏幕中央，方便查询某个指定楼层平面。

为了能获得尽量准确和详尽的立面图，用户在绘制平面图时，楼层高度、墙高、窗高、窗台高、阳台栏板高和台阶踏步高及级数等竖向参数应尽量正确。

二、　立面生成的参数设置

在生成立面图时，可以设置标注的形式，如在图形的哪一侧标注立面尺寸和标高。同时，可以设置门窗和阳台的式样，其方法与标准层立面设置相同。设定是否在立面图上绘制出每层平面的层间线，设定首层平面的室内外高差，在楼层表设置中可以修改标准层的层高。

8.2　立面的创建

立面的创建主要包括建筑立面、构件立面、立面门窗、立面阳台及立面屋顶的创建。

8.2.1　建筑立面

【建筑立面】命令按照工程数据库文件中的楼层表数据，一次生成多层建筑立面。

命令启动方法

- 菜单命令:【立面】/【建筑立面】。
- 工具栏图标: 🏛。
- 命令: BudElev。

【练习8-1】:　　打开附盘文件"dwg\第 08 章\8-1.dwg"，完成图 8-2 所示某图书馆正立面图的绘制。

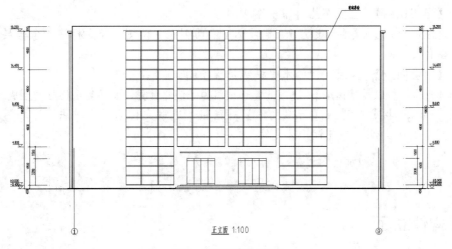

图8-2　某图书馆正立面图

1. 启动命令后，弹出图 8-3 所示的打开或新建一个工程项目的提示框。

图8-3 新建工程项目提示

在工程管理界面，打开新建工程选择第 8 章附盘文件中的图书馆。

2. 执行命令后，命令行提示：

请输入立面方向或 [正立面(F)/背立面(B)/左立面(L)/右立面(R)]<退出>:F

//按快捷键或按视线方向给出两点指出生成建筑立面的方向

请选择要出现在立面图上的轴线：

//一般是选择同立面方向上的开间或进深轴线，选轴号无效，按 Enter 键结束

弹出【立面生成设置】对话框，如图 8-4 所示。

图8-4 【立面生成设置】对话框

如果当前工程管理界面中有正确的楼层定义，即可提示保存立面图文件，否则不能生成立面文件。

对话框控件的说明如下。

- 【多层消隐】/【单层消隐】：前者考虑到两个相邻楼层的消隐，速度较慢，但可考虑楼梯扶手等伸入上层的情况，消隐精度比较好。
- 【内外高差】：室内地面与室外地坪的高度差。
- 【出图比例】：立面图的打印出图比例。
- 【左侧标注】/【右侧标注】：是否标注立面图左右两侧的竖向标注，含楼层标高和尺寸。
- 【绘层间线】：楼层之间的水平横线是否绘制。
- 【忽略栏杆以提高速度】：选中此复选项，为了优化计算，忽略复杂栏杆的生成。

3. 单击 生成立面 按钮，进入【标准文件】对话框，选取文件名称，单击 确定 按钮后生成立面图文件，并且打开该文件。

> **要点提示** 执行本命令前必须先行存盘，否则无法对存盘后更新的对象创建立面。

8.2.2 构件立面

【构件立面】命令用于生成当前标准层、局部构件或三维图块对象在选定方向上的立面

图与顶视图。生成的立面图内容取决于选定的对象的三维图形。本命令按照三维视图对指定方向进行消隐计算，优化算法使立面生成快速而准确，生成立面图的图层名为原构件图层名加"E-"前缀。

命令启动方法

- 菜单命令：【立面】/【构件立面】。
- 工具栏图标：。
- 命令：TObjElev。

【练习8-2】： 打开附盘文件"dwg\第 08 章\8-2.dwg"，绘制图 8-5 所示楼梯构件的立面图。

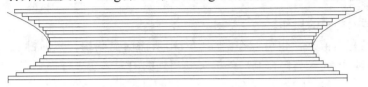

图8-5　某楼梯构件的立面图

执行命令后，命令行提示：

请输入立面方向或 [正立面(F)/背立面(B)/左立面(L)/右立面(R)/顶视图(T)]<退出>:F
　　　　　　　　　　　　　　　　　　　//生成立面
请选择要生成立面的建筑构件：　　　　　//点取楼梯对象
请选择要生成立面的建筑构件：　　　　　//按 Enter 键结束选择
请点取放置位置：　　　　　　　　　　　//拖动生成的立面图，在合适的位置给点插入

8.2.3　立面门窗

【立面门窗】命令用于替换、添加立面图上的门窗，同时也是立剖面图的门窗图块管理工具，可处理带装饰门窗套的立面门窗，并提供了与之配套的立面门窗图库。

命令启动方法

- 菜单命令：【立面】/【立面门窗】。
- 工具栏图标：。
- 命令：TEWinLib。

执行命令后，弹出【天正图库管理系统】对话框，如图 8-6 所示。

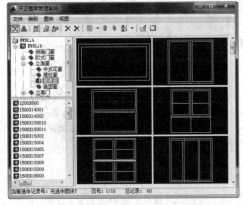

图8-6　【天正图库管理系统】对话框

对立面图库的操作详见"图库管理"一节,在立面编辑中最常用的是工具栏右面的图块替换功能。

(1) 替换已有门窗的操作。

在图库中选择所需门窗图块,然后单击上方的 按钮,命令行提示如下:

选择图中将要被替换的图块:　　　　　　　//在图中选择一次要替换的门窗

选择对象:　　　　　　　　　　　　　　　//接着选取其他图块

选择对象:　　　　　　　　　　　　　　　//按 Enter 键退出

程序自动识别图块中由插入点和右上角定位点对应的范围,以对应的洞口方框等尺寸替换为指定的门窗图块。

(2) 直接插入门窗的操作。

除了替换已有门窗外,也可以在图库中双击所需门窗图块,然后键入字母"E",通过"外框(E)"选项可插入与门窗洞口外框尺寸相当的门窗,命令行提示:

点取插入点 [转 90 (A)/左右(S)/上下(D)/对齐(F)/外框(E)/转角(R)/基点(T)/更换(C)]<退出>:E

提示如下:

第一个角点或[参考点(R)]<退出>:　　　　　//选取门窗洞口方框的左下角点

另一个角点:　　　　　　　　　　　　　　//选取门窗洞口方框的右上角点

程序自动按照图块中的插入点和右上角定位点对应的范围,以对应的洞口方框等尺寸来替换指定的门窗图块。

8.2.4　立面阳台

【立面阳台】命令用于替换、添加立面图上阳台的样式,同时也是对立面阳台图块管理的工具。

命令启动方法

- 菜单命令:【立面】/【立面阳台】。
- 工具栏图标: 🔲。
- 命令: TEBalLib。

执行命令后,弹出【天正图库管理系统】对话框,如图 8-7 所示,具体方法请参考插入立面门窗的操作。

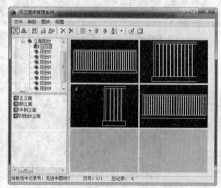

图8-7　【天正图库管理系统】对话框

8.2.5 立面屋顶

【立面屋顶】命令可完成包括平屋顶、单坡屋顶、双坡屋顶、四坡屋顶与歇山屋顶的正立面和侧立面、组合的屋顶立面、一侧与其他物体（墙体或另一屋面）相连接的不对称屋顶的设置。

命令启动方法

- 菜单命令:【立面】/【立面屋顶】。
- 工具栏图标: ◢。
- 命令: tlmroof。

【练习8-3】： 打开附盘文件"dwg\第08章\8-3.dwg"，完成图8-8所示立面屋顶的绘制。

图8-8 某立面屋顶绘制实例

1. 执行命令后，弹出【立面屋顶参数】对话框，如图8-9所示。

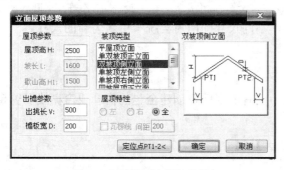

图8-9 【立面屋顶参数】对话框

2. 完成参数设置，单击 定位点PT1-2< 按钮，命令行显示：

　　请点取墙顶角点 PT1 <返回>：　　　　　　//点取一侧墙顶角点
　　请点取墙顶另一角点 PT2 <返回>：　　　　　//点取另一侧墙顶角点

单击 确定 按钮后完成立面屋顶的绘制。

对话框控件的说明如下。

- 【屋顶高】：各种屋顶的高度，即从基点到屋顶最高处。
- 【坡长】：坡屋顶倾斜部分的水平投影长度。

- 【屋顶特性】: 有"左""右"及"全"3 个单选项, 默认是左右对称出挑。假如一侧相接于其他墙体或屋顶, 应将此侧"左"或"右"关闭。
- 【出挑长】: 在正立面时为出山长, 在侧立面时为出檐长。

8.3 立面的编辑

立面的编辑主要包括门窗参数、立面窗套、雨水管线、柱立面线及立面轮廓等。

8.3.1 门窗参数

【门窗参数】命令把已经生成的立面门窗尺寸及门窗底标高作为默认值, 用户修改立面门窗尺寸, 系统按尺寸更新所选门窗。

命令启动方法

- 菜单命令: 【立面】/【门窗参数】。
- 工具栏图标: ⊞。
- 命令: TEWPara。

命令启动后, 命令行显示:

选择立面门窗:	//选择要改尺寸的门窗
选择立面门窗:	//按 Enter 键结束
底标高<3600>:	//需要时键入新的门窗底标高, 从地面起算
高度<1400>:1800	//键入新值后按 Enter 键结束
宽度<2400>:1800	

//键入新值后按 Enter 键, 各个选择的门窗均以底部中点为基点对称更新

如果在交互时选择的门窗大小不一, 会出现这样的提示:

底标高从×到××00 不等, 高度从××00 到××00 不等, 宽度从×00 到××00 不等

用户输入新尺寸后, 不同尺寸的门窗会统一更新为新的尺寸。

8.3.2 立面窗套

【立面窗套】命令为已有的立面窗创建全包的窗套或窗楣线和窗台线。

命令启动方法

- 菜单命令: 【立面】/【立面窗套】。
- 工具栏图标: ▦。
- 命令: elwct。

【练习8-4】:   打开附盘文件"dwg\第 08 章\8-4.dwg", 完成图 8-10 所示立面窗套的添加。

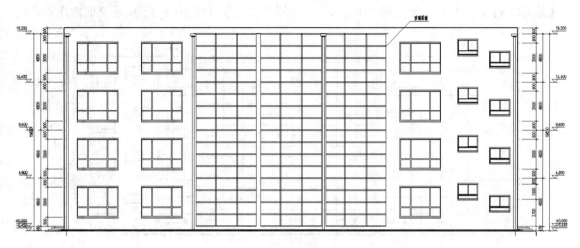

图8-10　立面窗套绘制实例

1.　执行命令后，命令行提示：

　　　　请指定窗套的左下角点 <退出>：　　　　　//点取窗套的左下角点

　　　　请指定窗套的右上角点 <推出>：　　　　　//点取窗套的右上角点

　　弹出图 8-11 所示的【窗套参数】对话框。

图8-11　【窗套参数】对话框

2.　在对话框中输入合适的参数，单击 ▭确定▭ 按钮绘制窗套。

　　对话框控件的说明如下。

- 【全包】：环窗四周创建矩形封闭窗套。
- 【上下】：在窗的上下方分别生成窗上沿与窗下沿。
- 【窗上沿】/【窗下沿】：仅在选中【上下】单选项时有效，分别表示仅要窗上沿或仅要窗下沿。
- 【上沿宽】/【下沿宽】：表示窗上沿线与窗下沿线的宽度。
- 【两侧伸出】：窗上下沿两侧伸出的长度。
- 【窗套宽】：除窗上下沿以外部分的窗套宽。

8.3.3　雨水管线

【雨水管线】命令在立面图中按给定的位置生成竖直向下的雨水管。

命令启动方法

- 菜单命令：【立面】/【雨水管线】。
- 工具栏图标：▯。
- 命令：TEStrm。

【练习8-5】：　　打开附盘文件"dwg\第 08 章\8-5.dwg"，完成图 8-12 所示立面雨水管线的绘制。

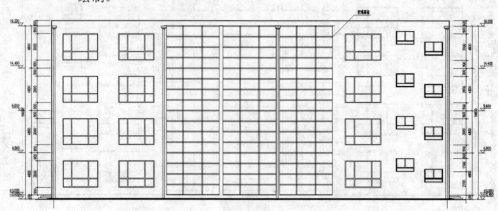

图8-12　雨水管线绘制实例

执行命令后，命令行提示：

当前管径为 100

请指定雨水管的起点[参考点(R)/管径(D)]<退出>：　　//点取雨水管的起点

请指定雨水管的下一点[管径(D)/回退(U)]<退出>：　　//点取雨水管的下一点即可完成

随即在上面两点间竖向画出平行的雨水管，其间的墙面饰线均被雨水管断开。

8.3.4　柱立面线

【柱立面线】命令按默认的正投影方向模拟圆柱立面投影，在柱子立面范围内画出有立体感的竖向投影线。

命令启动方法

- 菜单命令：【立面】/【柱立面线】。
- 工具栏图标：■。
- 命令：ZLMX。

执行命令后，命令行提示：

输入起始角<180>：　　　　　　　//输入平面圆柱的起始投影角度或按 Enter 键取默认值

输入包含角<180>：　　　　　　　//输入平面圆柱的包角或按 Enter 键取默认值

输入立面线数目<12>：　　　　　　//输入立面投影线数量或按 Enter 键取默认值

输入矩形边界的第一个角点<选择边界>：　　//给出柱立面边界的第一角点

输入矩形边界的第二个角点<退出>：　　//给出柱立面边界的第二角点

图 8-13 所示为柱立面线的绘制实例。

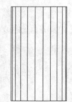

图8-13　柱立面线绘制实例

8.3.5 立面轮廓

【立面轮廓】命令自动搜索建筑立面外轮廓，在边界上加一圈粗实线，但不包括地坪线在内。

命令启动方法

- 菜单命令：【立面】/【立面轮廓】。
- 工具栏图标：圓。
- 命令：TElevOutline。

【练习8-6】：　打开附盘文件"dwg\第08章\8-6.dwg"，完成图8-14所示立面轮廓的绘制。

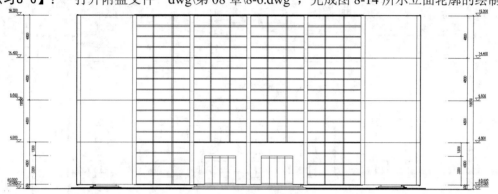

图8-14　立面轮廓绘制实例

执行命令后，命令行提示：

　　选择二维对象：　　　　　　　　　　//选择外墙边界线和屋顶线，按 Enter 键结束

　　请输入轮廓线宽度<0>：50　　　　 //键入 30～50 之间的数值，按 Enter 键结束

在复杂的情况下搜索轮廓线会失败，无法生成轮廓线，此时请使用多段线绘制立面轮廓线，图 8-14 所示是立面轮廓加粗宽度 50 的实例。

8.4　上机综合练习

本章内容必须要有先制作好的平面图，新手要多上机操作，以下首先练习某住宅小区首层平面图及标准层平面图的绘制，然后再绘制立面图，如图 8-15～图 8-17 所示。

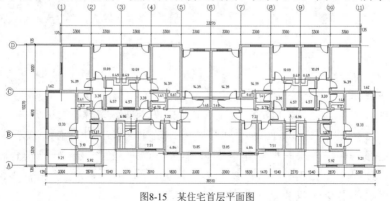

图8-15　某住宅首层平面图

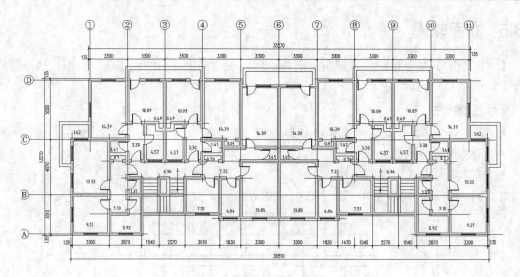

图8-16 某住宅标准层平面图

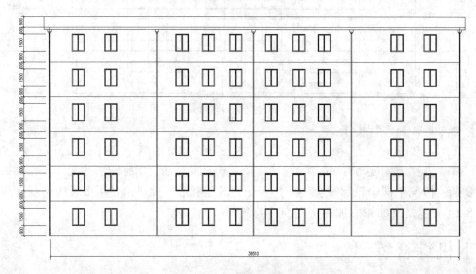

图8-17 某住宅立面图生成

 阳台立面、门窗立面都可以自由选择，以绘出自己满意的设计。

8.5 小结

本章主要内容如下。

(1) 本章内容请读者对照教材上机验证，对平面图未熟练掌握者，应先学好前面几章。

(2) 绘制立面图的前提是将已经绘制的底层建筑平面图另外保存，接着绘制标准层建筑平面图，也更名保存，再绘制顶层建筑平面图。一般多层建筑物都应分别有底层平面图、标准层平面图和顶层平面图 3 种，标准层有多少层并不重要，只要能绘出有 3 层建筑物的立面图，也就可以绘制多层建筑的立面图了。

(3) 对于平屋顶的建筑，可绘制屋面板，用搜屋顶线方式或 Pline 线沿外墙内边画一封闭线，再执行【三维建模】/【造型对象】/【平板】命令，生成平屋顶平板实体。如果有各层平面图，可以自动生成立面草图，再用 CAD 等命令完善。

(4) 在打开首层平面生成立面时，提示输入立面图文件名称，注意不要覆盖已经存在的文件。

(5) 对于本章学习，由于涉及新建工程等新的内容，原来天正老版本的使用者要注意差异。新增的工程管理界面包含了合并楼层表、三维组合、图纸集、建筑立剖面、门窗总表、门窗检查、图纸目录等功能。

(6) 支持一套工程平面图纸保存在一个 DWG 文件中，可与其他独立图纸 DWG 文件组合，生成立剖面与三维建筑模型。

(7) 新的【图形导出】命令解决了原【另存旧版】命令无法保存图纸空间的问题，可一次完成专业条件图的导出工作。

(8) 本章内容必须要有先制作好的平面图，新手要多上机操作，并及时总结归纳操作经验和教训，以后就可少走弯路。

(9) 要绘制建筑立面外轮廓，可以通过【立面】/【立面轮廓】命令在边界上加一圈粗实线。当无法生成轮廓线时，可使用多段线命令绘制立面轮廓线。

8.6 习题

完成图 8-18~图 8-21 所示建筑图的绘制，先作平面图，然后绘出立面图，可先不插入室内家具。

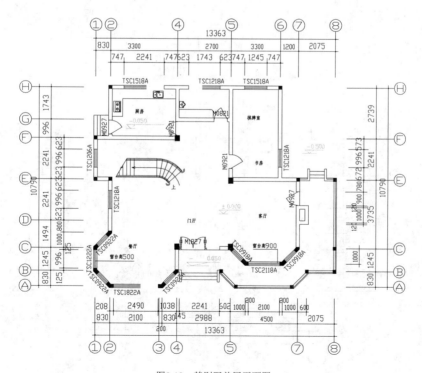

图8-18 某别墅首层平面图

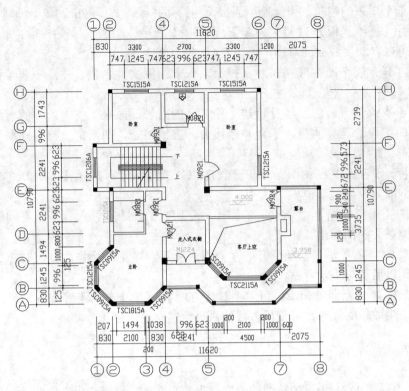

图8-19　某别墅二层平面图

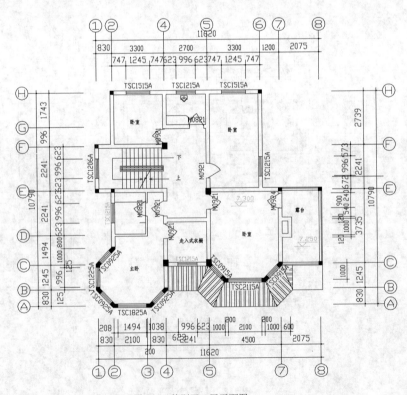

图8-20　某别墅三层平面图

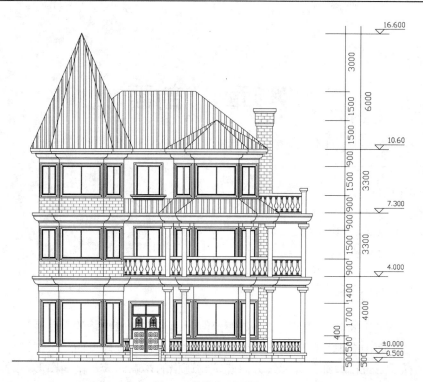

图8-21 某别墅正立面图

第9章   剖面

【学习重点】
- 剖面的概念。
- 剖面的创建。
- 剖面楼梯与栏杆。
- 剖面加粗与填充。

9.1   剖面的概念

设计好一套工程的各层平面图后，需要绘制剖面图表达建筑物的剖面设计细节，立剖面的图形表达和平面图有很大的区别，立剖面表现的是建筑三维模型的一个剖切与投影视图，与立面图同样受三维模型细节和视线方向建筑物遮挡的影响。天正剖面图形是通过平面图构件中的三维信息在指定剖切位置消隐获得的纯粹二维图形，除了符号与尺寸标注对象及可见立面门窗阳台图块是天正自定义对象外，如墙线等构成元素都是 AutoCAD 的基本对象，提供了对墙线的加粗和填充命令。

一、剖面创建与工程管理

剖面图可以由【工程管理】功能从平面图开始创建，在【工程管理】菜单中，通过【新建工程】/【添加图纸】（平面图）的操作建立工程，如图 9-1 所示。在工程的基础上定义平面图与楼层的关系，从而建立平面图与剖面楼层之间的关系，支持以下两种楼层定义方式。

图9-1　选择【工程管理】/【新建工程】命令

(1) 每层平面设计一个独立的 DWG 文件集中放置于同一个文件夹中，这时先要确定是否每个标准层都有共同的对齐点，默认的对齐点在原点（0,0,0）的位置，用户可以修改，建议使用开间与进深方向的第一轴线交点。事实上，对齐点就是 DWG 作为图块插入的基点，用 AutoCAD 的 BASE 命令可以改变基点。

(2) 允许多个平面图绘制到一个 DWG 文件中，然后在【工程管理】界面下【楼层】栏的电子表格中分别为各自然层在 DWG 文件中指定标准层平面图，同时也允许部分标准层平面图通过其他 DWG 文件指定，提高了工程管理的灵活性。

软件通过工程数据库文件（*.TPR）记录、管理与工程总体相关的数据，包含图纸集、楼层表、工程设置参数等，提供了【导入楼层表】命令从楼层表创建工程，在【工程管理】界面中以【楼层】栏下面的表格定义标准层的图形范围及和自然层的对应关系。双击楼层表行即可把该标准层加红色框，同时充满屏幕中央，方便查询某个指定楼层平面。

为了能获得尽量准确和详尽的剖面图，用户在绘制平面图时，楼层高度、墙高、窗高、窗台高、阳台栏板高和台阶踏步高、级数等竖向参数应尽量正确。

二、 剖面生成的参数设置

剖面图的剖切位置依赖于剖切符号，所以事先必须在首层建立合适的剖切符号。在生成剖面图时，可以设置标注的形式，如在图形的哪一侧标注剖面尺寸和标高，设定首层平面的室内外高差，在楼层表中可以修改标准层的层高。

剖面生成使用的【内外高差】需要同首层平面图中定义的一致，用户应当通过适当更改首层外墙的 Z 方向参数（即底标高和高度）或设置内外高差平台，来实现创建室内外高差的目的。

三、 剖面图的直接创建

剖面图除了以上所介绍的从平面图剖切位置创建外，天正软件中还提供了直接绘制的命令，先绘制剖面墙，然后在剖面墙上插入剖面门窗、添加剖面梁等构件，用剖面楼梯和剖面栏杆命令可以直接绘制楼梯与栏杆、栏板。

9.2 剖面的创建

剖面的创建主要包括建筑剖面、构件剖面、画剖面墙、双线楼板、预制楼板、加剖断梁、剖面门窗、剖面檐口和门窗过梁等。

9.2.1 建筑剖面

【建筑剖面】命令按照工程数据库文件中的楼层表格数据，一次生成多层建筑剖面，在当前工程为空的情况下执行本命令，会弹出警告对话框提示："请打开或新建一个工程管理项目，并在工程数据库中建立楼层表！"

命令启动方法

- 菜单命令:【剖面】/【建筑剖面】。
- 工具栏图标: 盦。
- 命令: TBudSect。

【练习9-1】: 打开附盘文件"dwg\第 09 章\9-1.dwg"，完成新建工程创建并生成图 9-2 所示某图书馆 1-1 剖面图。

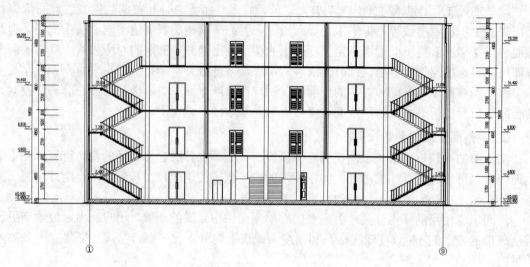

图9-2　某图书馆 1-1 剖面图

1. 启动命令后，弹出图 9-3 所示的打开或新建一个工程项目的警告对话框。

图9-3　警告对话框

在工程管理界面，打开新建工程选择第 9 章附盘文件中的图书馆。

2. 执行命令后，命令行提示：

　　　　请选择一剖切线：　　　　　　　　　　　　　//点取首层需生成剖面图的剖切线

　　　　请选择要出现在剖面图上的轴线：　　　　　　//一般点取首末轴线或按 Enter 键不要轴线

弹出【剖面生成设置】对话框，如图 9-4 所示。

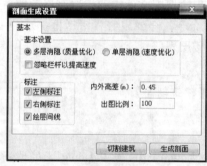

图9-4　【剖面生成设置】对话框

3. 单击 生成剖面 按钮，要求当前工程管理界面中有正确的楼层定义，否则不能生成剖面文件。弹出【标准文件】对话框保存剖面图文件，输入剖面图的文件名及路径，单击 确定 按钮后生成剖面图，如图 9-2 所示。

4. 单击 切割建筑 按钮后，立刻开始二维模型的切割，完成后命令行提示：

　　　　请点取放置位置：　　　　　　　　　　//在本图上拖动生成的剖切三维模型，给出插入位置

由于建筑平面图中不表示楼板，而在剖面图中要表示楼板，TArch 软件可以自动添加层

间线，用户自己用 Offset（偏移）命令创建楼板厚度，如果已用平板或房间命令创建了楼板，本命令会按楼板厚度生成楼板线。

在剖面图中创建的墙、柱、梁、楼板不再是专业对象，所以在剖面图中可使用通用AutoCAD 编辑命令进行修改，或者使用【剖面】菜单下的命令加粗或填充图案。

对话框控件的说明如下。

- 【多层消隐】/【单层消隐】：前者考虑到两个相邻楼层的消隐，速度较慢，但可考虑楼梯扶手等伸入上层的情况，消隐精度比较好。
- 【内外高差】：室内地面与室外地坪的高度差。
- 【出图比例】：剖面图的打印出图比例。
- 【左侧标注】/【右侧标注】：是否标注剖面图左右两侧的竖向标注，含楼层标高和尺寸。
- 【绘层间线】：楼层之间的水平横线是否绘制。
- 【忽略栏杆以提高速度】：选中此复选项，为了优化计算，忽略复杂栏杆的生成。

 执行本命令前必须先行保存，否则无法对保存后更新的对象创建剖面。

9.2.2 构件剖面

【构件剖面】命令用于生成当前标准层、局部构件或三维图块对象在指定剖视方向上的剖视图。

命令启动方法

- 菜单命令：【剖面】/【构件剖面】。
- 工具栏图标：。
- 命令：TObjSect。

【练习9-2】： 打开附盘文件"dwg\第 09 章\9-2.dwg"，完成图 9-5 所示，楼梯构件的 1-1、2-2 剖面图。

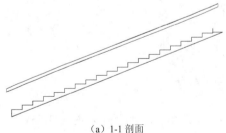
（a）1-1 剖面

（b）2-2 剖面

图9-5 构件剖面绘制实例

执行命令后，命令行提示：

请选择一剖切线： //点取用符号标注菜单中的剖面剖切命令定义好的剖切线
请选择需要剖切的建筑构件： //选择与该剖切线相交的构件以沿剖视方向可见的构件
请选择需要剖切的建筑构件： //按 Enter 键结束选择
请点取放置位置： //拖动生成后的立面图，在合适的位置插入

9.2.3　画剖面墙

【画剖面墙】命令用一对平行的 AutoCAD 直线或圆弧对象，在 S_WALL 图层直接绘制剖面墙。

命令启动方法

- 菜单命令：【剖面】/【画剖面墙】。
- 工具栏图标：⬛。
- 命令：sdwall。

执行命令后，命令行提示：

请点取墙的起点 (圆弧墙宜逆时针绘制) [取参照点 (F) 单段 (D)]<退出>：
　　　　　　　　　　　　　//点取剖面墙起点位置或键入选项
墙厚当前值：　　　　　　　//显示当前墙厚
请点取直墙的下一点 [弧墙 (A) /墙厚 (W) /取参照点 (F) /回退 (U)] <结束>：
　　　　　　　　//点取剖面墙下一点位置按 Enter 键结束剖面墙绘制

命令行中选项的功能说明如下。

- 【弧墙】：进入弧墙绘制状态。
- 【墙厚】：修改剖面墙宽度。
- 【取参照点】：如直接取点有困难，可按 F 键，取一个定位方便的点作为参考点。
- 【回退】：当在原有道路上取一点作为剖面墙端点时，本选项可取消新画的那段剖面墙，回到上一点等待继续输入。

9.2.4　双线楼板

【双线楼板】命令用一对平行的 AutoCAD 直线对象，在 S_FLOOR 图层直接绘制剖面双线楼板。

命令启动方法

- 菜单命令：【剖面】/【双线楼板】。
- 工具栏图标：▬。
- 命令：sdfloor。

执行命令后，命令行提示：

请输入楼板的起始点<退出>：　//点取楼板的起始点
结束点<退出>：　　　　　　//点取楼板的结束点
楼板顶面标高<23790>：　　//输入从坐标 y＝0 起算的标高或按 Enter 键接受默认值
楼板的厚度 (向上加厚输负值) <200>：
　　　　　　　　//输入新值或按 Enter 键接受默认值

结束命令后，按指定位置绘出双线楼板。

9.2.5　预制楼板

【预制楼板】命令用一系列预制板剖面的 AutoCAD 图块对象，在 S_FLOOR 图层按要求尺寸插入一排剖面预制板。

命令启动方法

- 菜单命令:【剖面】/【预制楼板】。
- 工具栏图标: ▧ 。
- 命令: sfloor1。

执行命令后,弹出图 9-6 所示的对话框。

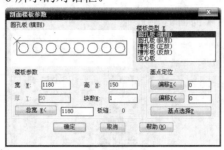

图9-6 【剖面楼板参数】对话框

对话框控件的功能说明如下。

- 【楼板类型】:选定当前预制楼板的形式,有圆孔板(横剖和纵剖)、槽形板(正放和反放)和实心板。
- 【楼板参数】:确定当前楼板的尺寸和布置情况,包含楼板尺寸"宽""高"和槽形板"厚"及布置情况的"块数"。其中, ▭总宽▭ 是全部预制板和板缝的总宽度,单击从图上获取,修改单块板宽和块数,可以获得合理的板缝宽度。
- 【基点定位】:确定楼板的基点与楼板角点的相对位置,包括 ▭偏移X▭ 、 ▭偏移Y▭ 和 ▭基点选择P▭ 3 种。

选定楼板类型并确定各参数后,单击 ▭确定▭ 按钮,命令行提示:

请给出楼板的插入点<退出>: //点取楼板插入点

再给出插入方向<退出>: //点取另一点给出插入方向后绘出所需预制楼板

9.2.6 加剖断梁

【加剖断梁】命令在剖面楼板处按给出尺寸加梁剖面,剪裁双线楼板底线。

命令启动方法

- 菜单命令:【剖面】/【加剖断梁】。
- 工具栏图标: ▮ 。
- 命令: sbeam。

执行命令后,命令行提示:

请输入剖面梁的参照点<退出>: //点取楼板顶面的定位参考点

梁左侧到参照点的距离<100>: //键入新值或按 Enter 键接受默认值

梁右侧到参照点的距离<150>: //键入新值或按 Enter 键接受默认值

梁底边到参照点的距离<300>: //键入包括楼板厚在内的梁高,按 Enter 键结束操作

9.2.7 剖面门窗

【剖面门窗】命令可连续插入剖面门窗（包括含有门窗过梁或开启门窗扇的非标准剖面门窗），可替换已经插入的剖面门窗，此外，还可以修改剖面门窗高度与窗台高度值，为剖面门窗详图的绘制和修改提供了全新的工具。

命令启动方法

- 菜单命令：【剖面】/【剖面门窗】。
- 工具栏图标：▥。
- 命令：T81_TSectWin。

执行命令后，弹出【剖面门窗样式】对话框，如图 9-7 所示。

图9-7 【剖面门窗样式】对话框

其中显示默认的剖面门窗样式，如果上次插入过剖面门窗，最后的门窗样式即为默认的剖面门窗样式被保留，同时命令行提示：

请点取剖面墙线下端或 [选择剖面门窗样式(S)/替换剖面门窗(R)/改窗台高(E)/改窗高(H)]<退出>:S

//点取要插入门窗的剖面墙线或键入其他热键选择门窗替换、替换门窗样式、修改门窗参数

弹出图 9-8 所示的【天正图库管理系统】对话框，可重新从图库中选择门窗样式。

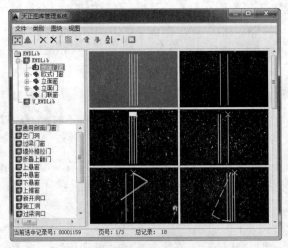

图9-8 【天正图库管理系统】对话框

对剖面图库的操作详见"图库管理"一节，在剖面编辑中最常用的是工具栏右面的图块替换功能。

下面分别介绍【剖面门窗】命令中常用的选项操作。

(1) 插入剖面门窗的操作。

选择墙线插入门窗时，自动找到所点取墙线上标高为 *a* 的点作为相对位置，命令行接着提示：

门窗下口到墙下端距离<900>:   //点取门窗的下口位置或键入相对高度值

门窗的高度<1500>:   //键入新值或按 Enter 键接受默认值

分别输入数值后，即按所需插入剖面门窗，然后命令返回如上提示，以上一个距离为默认值插入下一个门窗，图形中的插入基点移到刚画出的门窗顶端，循环反复，按 Esc 键退出命令。

(2) 键入"S"选择剖面门窗。

按 S 键后，进入剖面门窗图库，如图 9-8 所示，在此剖面门窗图库中双击选择所需的剖面门窗作为当前门窗样式，可供替换或插入使用。

(3) 键入"R"替换剖面门窗。

按 R 键，替换剖面门窗选项，命令行提示：

请选择所需替换的剖面门窗<退出>:

//此时在剖面图中选择多个要替换的剖面门窗，按 Enter 键结束选择

对所选择的门窗进行统一替换，返回命令行后按 Enter 键结束本命令或继续插入剖面门窗。

(4) 键入"E"修改剖面门窗。

按 E 键，修改剖面窗台高选项，命令行提示：

请选择剖面门窗<退出>:

//此时可在剖面图中选择多个要修改窗台高的剖面门窗，按 Enter 键确认

请输入窗台相对高度[点取窗台位置(S)]<退出>:

//输入相对高度，正值上移，负值下移，或者键入"S"给点定义窗台位置

(5) 键入"H"修改剖面门窗。

按 H 键，修改剖面门窗高度的选项，命令行提示：

请选择剖面门窗<退出>:

//此时可在剖面图中选择多个要统一修改门窗高的剖面门窗，按 Enter 键确认

请指定门窗高度<退出>:

//用户此时可键入一个新的统一高度值，按 Enter 键确认更新

9.2.8　剖面檐口

【剖面檐口】命令在剖面图中绘制剖面檐口。

命令启动方法

- 菜单命令:【剖面】/【剖面檐口】。
- 工具栏图标:　。
- 命令: sroof.

执行命令后，弹出【剖面檐口参数】对话框，如图 9-9 所示。

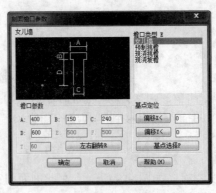

图9-9 【剖面檐口参数】对话框

对话框控件的功能说明如下。

- 【檐口类型】：选择当前檐口的形式，有【女儿墙】、【预制挑檐】、【现浇挑檐】和【现浇坡檐】4 种类型。
- 【檐口参数】：确定檐口的尺寸及相对位置。各参数的意义参见示意图，左右翻转R 可使檐口作整体翻转。
- 【基点定位】：用以选择屋顶基点与屋顶角点的相对位置，包括偏移X<、偏移Y<和 基点选择P 3 个按钮。

选定檐口类型并确定各参数，单击 确定 按钮后，命令行提示：

请给出剖面檐口的插入点<退出>：　　　　　　//给出檐口插入点后，绘出所需的檐口

9.2.9 门窗过梁

【门窗过梁】命令可在剖面门窗上方画出给定梁高的矩形过梁剖面，带有灰度填充。

命令启动方法

- 菜单命令：【剖面】/【门窗过梁】。
- 工具栏图标：■。
- 命令：MCGL。

执行命令后，命令行提示：

选择需加过梁的剖面门窗：　　　　　　//点取要添加过梁的剖面门窗图块，可多选
选择需加过梁的剖面门窗：　　　　　　//按 Enter 键退出选择
输入梁高<120>：　　　　　　//键入门窗过梁高，按 Enter 键结束命令

9.3 剖面楼梯与栏杆

剖面楼梯与栏杆主要包括参数楼梯、参数栏杆、楼梯栏杆、楼梯栏板及扶手接头等。

9.3.1 参数楼梯

【参数楼梯】命令包括两种梁式楼梯和两种板式楼梯，并可从平面楼梯获取梯段参数，本命令一次可以绘制超过一跑的双跑 U 形楼梯，条件是各跑的步数相同，而且之间对齐（没有错步），此时参数中的梯段高是其中的分段高度而非总高度。

命令启动方法

- 菜单命令:【剖面】/【参数楼梯】。
- 工具栏图标: 🔳。
- 命令: TSectStair。

【练习9-3】:　用【自动转向】功能绘制图 9-10 所示的 4 段带栏杆的剖面楼梯,可以设置每一梯段的高度和踏步数各不相同。

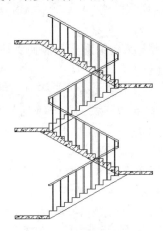

图9-10　参数楼梯绘制实例

1. 执行命令后,弹出【参数楼梯】对话框,如图 9-11 所示。

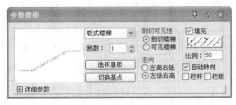

图9-11　【参数楼梯】对话框

2. 单击 ⊞详细参数 按钮,展开图 9-12 所示的对话框,进行参数设置。

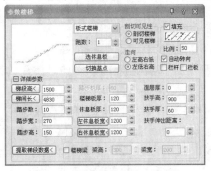

图9-12　【参数楼梯】展开对话框

3. 选中【左低右高】单选项,勾选【自动转向】和【栏杆】复选项,单击 [选休息板] 按钮使第一梯段两端都有休息板,此时拖动鼠标光标到绘图区,命令行提示:

　　　　请选择插入点<退出>:　　　　//此时在楼梯间的一端 0 标高处取点,楼梯自动转向,同时切换

　　　　　为可见梯段,此时单击选休息板按钮,选择右边无平台板

请选择插入点<退出>：　　　　　//此时在休息平台右侧顶面处取点，楼梯自动换向，同时切换为剖切梯段及左边无楼板（平台板）状态

请选择插入点<退出>：　　　　　//此时在楼板（平台板）左侧顶面处取点，楼梯自动换向同时切换为可见梯段及右边无平台板状态

请选择插入点<退出>：　　　　　//此时在休息平台右侧顶面处取点，按 Enter 键结束 4 段楼梯的绘制

4. 最后以【扶手接头】命令连接扶手。

对话框控件的说明如下。

- 【梯段类型列表】：选定当前梯段的形式，有板式楼梯、梁式现浇（L 形）、梁式现浇（△形）和梁式预制 4 种。
- 【跑数】：默认跑数为 1，在无模式对话框下可以连续绘制，此时各跑之间不能自动遮挡，跑数大于 2 时各跑间按剖切与可见关系自动遮挡。
- 【剖切可见性】：选择画出的梯段是剖切部分还是可见部分，以图层 S_TAIR 或 S_E_STAIR 表示，颜色也有区别。
- 【自动转向】：在每次执行单跑楼梯绘制后，楼梯走向会自动更换，便于绘制多层的双跑楼梯。
- 选休息板 ：用于确定是否绘出左右两侧的休息板，共 "全有" "全无" "左有" 和 "右有" 4 种。
- 切换基点 ：确定基点（绿色 X）在楼梯上的位置，在左右平台板端部切换。
- 【栏杆】/【栏板】：一对互锁的复选项，切换栏杆或栏板，也可两者都不勾选。
- 【填充】：以颜色填充剖切部分的梯段和休息平台区域，可见部分不填充。
- 梯段高< ：当前梯段左右平台面之间的高差。
- 梯间长< ：当前楼梯间总长度，用户可以单击该按钮从图上取两点获得，也可以直接键入，它等于梯段长度加左右休息平台宽的常数。
- 【踏步数】：当前梯段的踏步数量，用户可以单击调整。
- 【踏步宽】：当前梯段的踏步宽度，由用户输入或修改，它的改变会同时影响左右休息平台宽，需要适当调整。
- 【踏步高】：当前梯段的踏步高，通过梯段高 / 踏步数算得。
- 【踏步板厚】：梁式预制楼梯和现浇 L 形楼梯时使用的踏步板厚度。
- 【楼梯板厚】：用于现浇楼梯板厚度。
- 【休息板厚】：表示休息平台与楼板处的楼板厚度。
- 【左休息板宽】/【右休息板宽】：当前楼梯间的左右休息平台（楼板）宽度，可通过用户直接键入、从图上取得或由系统算出，均为 0 时梯间长等于梯段长，修改左休息板长后，相应右休息板长会自动改变，反之亦然。
- 【面层厚】：当前梯段的装饰面层厚度。
- 【扶手高】：当前梯段的扶手高。
- 【扶手厚】：当前梯段的扶手厚度。
- 【扶手伸出距离】：从当前梯段起步和结束位置到扶手接头外边的距离（可以为 0）。

- 提取梯段数据：从 TArch 5 以上版本平面楼梯对象提取梯段数据，双跑楼梯时只提取第一跑数据。
- 【楼梯梁】：勾选后，分别在编辑框中输入楼梯梁剖面的高度和宽度。
- 【斜梁高】：选梁式楼梯后出现此参数，应大于楼梯板厚。

 直接创建的多跑剖面楼梯带有梯段遮挡特性，逐段叠加的楼梯梯段不能自动遮挡栏杆，请使用 AutoCAD 剪裁命令自行处理。

9.3.2　参数栏杆

【参数栏杆】命令按参数交互方式生成楼梯栏杆。

命令启动方法

- 菜单命令:【剖面】/【参数栏杆】。
- 工具栏图标: ▨。
- 命令: rltplib。

【练习9-4】：　打开附盘文件"dwg\第 09 章\9-4.dwg"，完成图 9-13 所示单柱楼梯栏杆的绘制。

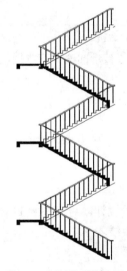

图9-13　参数栏杆绘制实例

1.　执行命令后，弹出【剖分楼梯栏杆参数】对话框，如图 9-14 所示。

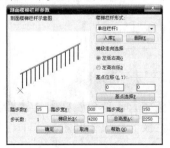

图9-14　【剖面楼梯栏杆参数】对话框

2. 在对话框中完成图 9-14 所示的参数设置，单击 [确定] 按钮，命令行提示：

请给出剖面楼梯栏杆的插入点<退出>：　　　　　//点取插入点后，插入剖面楼梯栏杆

对话框控件的说明如下。

- 【栏杆类型列表】：列出已有的栏杆形式。
- [入库I]：用来扩充栏杆库。
- [删除R]：用来删除栏杆库中由用户添加的某一栏杆形式。
- 【步长数】：指栏杆基本单元所跨越楼梯的踏步数。

9.3.3　楼梯栏杆

【楼梯栏杆】命令根据图层识别在双跑楼梯中剖切到的梯段与可见的梯段，按常用的直栏杆设计，自动处理两相邻梯跑栏杆的遮挡关系。

命令启动方法

- 菜单命令：【剖面】/【楼梯栏杆】。
- 工具栏图标：🟫。
- 命令：handrail。

执行命令后，命令行提示：

请输入楼梯扶手的高度<1000>：　　　　　//键入新值或按 Enter 键接受默认值
是否要打断遮挡线(Yes/No)？<Yes>：　　　　//键入"N"或按 Enter 键使用默认值

按 Enter 键后由系统处理可见梯段被剖面梯段的遮挡，自动截去部分栏杆扶手，命令行接着显示：

再输入楼梯扶手的起始点<退出>：　　　　　//选取楼梯扶手的起始点
结束点<退出>：　　　　　//选取楼梯扶手的结束点

重复要求输入各梯段扶手的起始点与结束点，分段画出楼梯栏杆扶手，按 Enter 键退出。

9.3.4　楼梯栏板

【楼梯栏板】命令根据实心栏板设计，可按图层自动处理栏板遮挡踏步，其方案是对可见梯段以虚线表示，对剖面梯段以实线表示。

命令启动方法

- 菜单命令：【剖面】/【楼梯栏板】。
- 工具栏图标：✏️。
- 命令：handrail1。

本命令操作与【楼梯栏杆】命令相同。

9.3.5　扶手接头

【扶手接头】命令与【参数楼梯】、【参数栏杆】、【楼梯栏杆】和【楼梯栏板】各命令均可配合使用，对楼梯扶手和楼梯栏板的接头作倒角与水平连接处理，水平伸出长度可以由用户输入。

命令启动方法

- 菜单命令:【剖面】/【扶手接头】。
- 工具栏图标: 🔩。
- 命令: TConnectHandRail。

执行命令后,命令行提示:

请输入扶手伸出距离<0>:100　　　　//键入新值,按 `Enter` 键确认
请选择是否增加栏杆[增加栏杆(Y)/不增加栏杆(N)]<增加栏杆(Y)>:
　　　　　　　　　　　　　　　　//默认是在接头处增加栏杆(对栏板两者效果相同)
请指定两点来确定需要连接的一对扶手!选择第一个角点<取消>:　　　//给出第一点
另一个角点<取消>:　　　　　　　　　　　　　　　　　//给出第二点
请指定两点来确定需要连接的一对扶手!选择第一个角点<取消>:　　　//给出第一点
另一个角点<取消>:
　　　　　　//给出第二点,处理第二对扶手(栏板),继续提示角点,最后按 `Enter` 键退出命令
楼梯扶手的接头效果是近段遮盖远段。

9.4　剖面加粗与填充

剖面加粗与填充主要包括剖面填充、居中加粗、向内加粗及取消加粗等设置。

9.4.1　剖面填充

【剖面填充】命令将剖面墙线与楼梯按指定的材料图例作图案填充,与 AutoCAD 的图案填充(Bhatch)使用条件不同,本命令不要求墙端封闭即可填充图案。

命令启动方法

- 菜单命令:【剖面】/【剖面填充】。
- 工具栏图标: ▓。
- 命令: FillSect。

执行命令后,命令行提示:

请选取要填充的剖面墙线梁板楼梯<全选>:
选择对象:　　　　　　　　　　　//选择要填充材料图例的成对墙线,按 `Enter` 键结束选择

弹出【请点取所需的填充图案】对话框,如图 9-15 所示,从中选择填充图案与比例,单击 确定 按钮后执行填充。

图9-15　填充图案对话框

9.4.2　居中加粗

【居中加粗】命令将剖面图中的墙线向墙两侧加粗。

命令启动方法

- 菜单命令:【剖面】/【居中加粗】。
- 工具栏图标: ✛。
- 命令: sltoplc2。

执行命令后，命令行提示:

请选取要变粗的剖面墙线梁板楼梯线(向两侧加粗)<全选>:

//以任意选择方式选取需要加粗的墙线或楼梯梁板线

选择对象:

//上次选择的部分高亮显示，继续选择或按 Enter 键结束选择，误选按 Esc 键放弃命令

完成命令后，选中的部分加粗，这些加粗的墙线是绘制在 PUB_WALL 图层的多段线，如果需要对加粗后的墙线进行编辑，应该先执行【取消加粗】命令。

9.4.3　向内加粗

【向内加粗】命令将剖面图中的墙线向墙内侧加粗，能做到窗墙平齐的出图效果。

命令启动方法

- 菜单命令:【剖面】/【向内加粗】。
- 工具栏图标: ÷。
- 命令: sltopli2。

本命令操作与【居中加粗】命令相同。

9.4.4　取消加粗

【取消加粗】命令将已加粗的剖面墙线恢复原状，但不影响该墙线已有的剖面填充。

命令启动方法

- 菜单命令:【剖面】/【取消加粗】。
- 工具栏图标: ✳。
- 命令: pltosl。

执行命令后，命令行提示:

请选取要恢复细线的剖切线<全选>:

//选取已经加粗的墙线或按 Enter 键恢复本图所有的加粗墙线

选择对象:　　　　　　//继续选择或按 Enter 键结束选择，误选按 Esc 键放弃命令

9.5　上机综合练习

综合上述各章知识完成图 9-16~图 9-21 所示某别墅的建筑图，分别是一层平面图、二层平面图、三层平面图屋及顶面平面图、正立面图、剖面图。数据可以适当作调整，保持基本

结构不变。

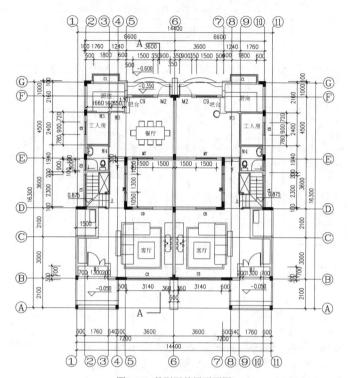

图9-16 某别墅首层平面图

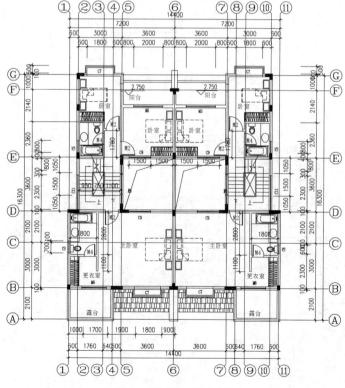

图9-17 某别墅二层平面图

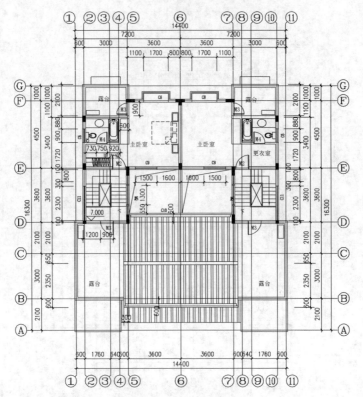

图9-18　某别墅三层平面图

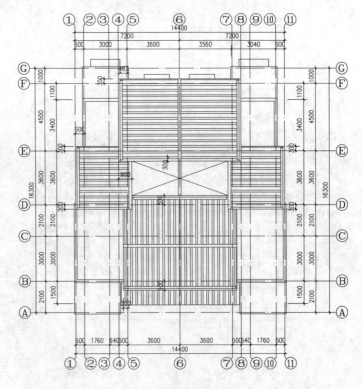

图9-19　某别墅屋顶平面图

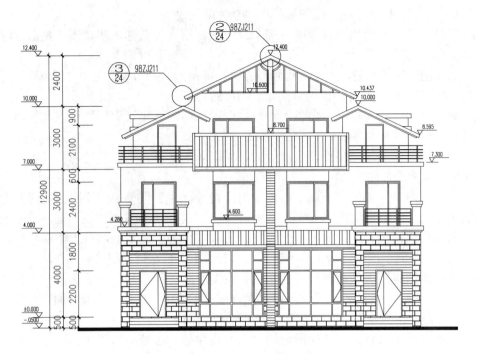

图9-20　某别墅正立面图

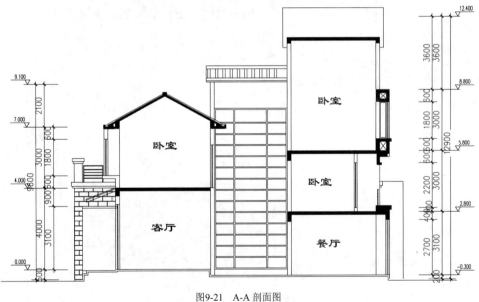

图9-21　A-A 剖面图

9.6　小结

本章主要内容如下。

(1)　本章介绍了剖面的有关内容，天正建筑的剖面图和立面图一样，是由本工程的多个平面图建立三维模型后，进行剖切与消隐计算生成的。

(2)　最好直接用首层图进行修改，使 x 轴和 y 轴坐标保持一致，然后对修改后形成的图形文件另命名保存，以便于在"楼层表"中组合为多层建筑。

(3) 在打开首层平面生成剖面时，提示输入剖面图文件名称，注意不能覆盖已经打开的文件。

(4) 对于剖面图的创建，基于工程管理界面，可在同一个 DWG 文件中创建剖面图（可见部分按立面图处理），此外还提供直接绘制剖面的功能。

(5) 对于剖面楼梯与栏杆，提供不通过平面图剖切，直接以剖面楼梯工具创建详细的楼梯、栏杆、栏板等剖面构件。

(6) 对于剖面加粗填充操作，生成后的剖面图（包括可见立面）是纯二维图形，提供多种墙体加粗填充工具命令。

(7) 作剖面图时，必须在首层平面图上用【符号标注】菜单中的【剖面剖切】命令来绘制出剖切线，这是关键。另外，和立面图一样，也要求有共同的对齐点，建立好楼层表。

(8) 剖面楼梯稍显繁杂，要细心，设置好【参数楼梯】对话框，对于楼梯栏杆、栏板及扶手点取点的位置要准确，否则达不到效果。若看不清楚，可局部放大操作。

(9) 作剖面图时，必须在首层平面图上标注剖面剖切符号，它用于定义一个编号的剖面图，表示剖切断面上的构件及从该处沿视线方向可见的建筑部件，生成剖面中要依赖此符号定义剖切方向。该部分内容可参见第 12 章的"剖面剖切"一节。

(10) 楼梯剖面图只有剖切的梯段显示出来，楼梯另一边未剖切到的梯段并未显示，图上只有相互断开的平行梯段，也就是只有一个方向的梯段，这是投射方向错误引起的，其投射方向应该是左上楼梯向右投射，右上楼梯向左投射，这样剖切到的楼梯就是连续的"之"字拐梯段了。

9.7 习题

1. 完成图 9-22~图 9-25 所示的楼梯一、二、三层平面图及 A-A 剖面图。

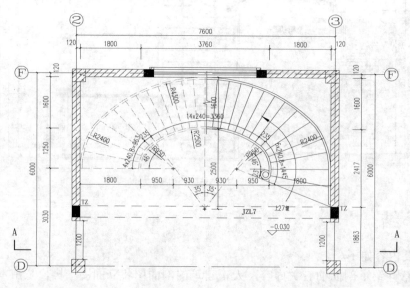

图9-22 某楼梯一层平面图

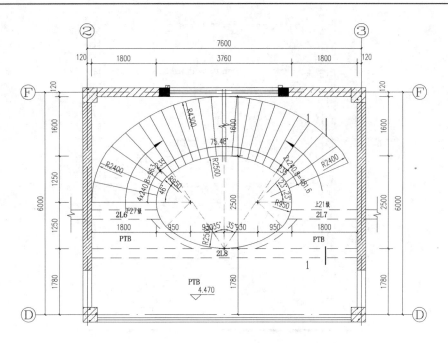

图9-23 某楼梯二层平面图

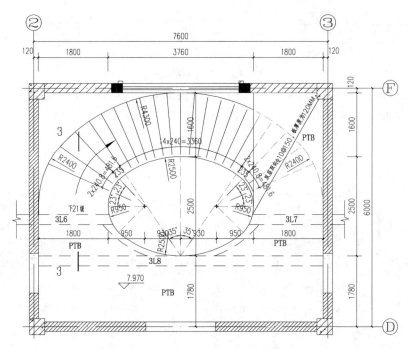

图9-24 某楼梯三层平面图

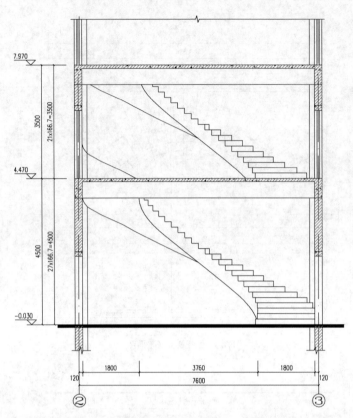

图9-25 某楼梯 A-A 剖面图

2. 图 9-26 所示是一幢住宅楼的一层平面图，根据下面的结构，自己设计标准层平面图、屋顶面平面图，然后画出立面图、剖面图。

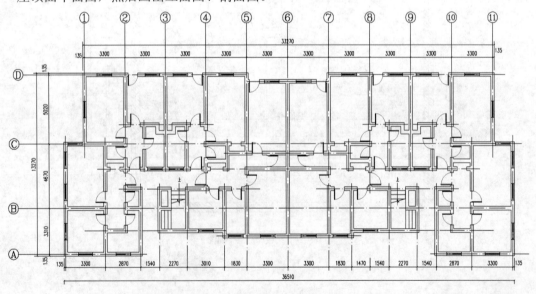

图9-26 某住宅楼首层平面图

第10章　文字与表格

【学习重点】
- 天正文字的概念。
- 天正表格的概念。
- 天正文字工具。
- 天正表格工具。
- 表格单元编辑。

10.1　文字的概念

文字表格的绘制在建筑制图中占有重要的地位，所有的符号标注和尺寸标注的注写离不开文字内容，而必不可少的设计说明主要是由文字和表格所组成。

AutoCAD 提供了一些文字书写的功能，但主要是针对西文的，对于中文，尤其是中西文混合文字的书写，编辑就显得很不方便。即使拥有简体中文版 AutoCAD，有了文字字高一致的配套中英文字体，但完成的图纸中的尺寸与文字说明里依然存在中文与数字符号大小不一、排列参差不齐的问题，长期没有得到根本的解决。

一、AutoCAD 的文字问题

AutoCAD 不支持建筑图中常常出现的上标与特殊符号，如面积单位"m^2"和我国大陆地区特有的二三级钢筋符号等。

AutoCAD 的中英文混排存在的问题主要有：AutoCAD 汉字字体与西文字体高度不等、宽度不匹配，Windows 的字体在 AutoCAD 内偏大。

二、天正建筑高版本的文字

天正新开发的自定义文字对象改进了原有的文字对象，用户可方便地书写和修改中西文混合文字，使组成天正文字样式的中西文字体有各自的宽高比例，便于输入和变换文字的上下标。特别是天正对 AutoCAD 的 SHX 字体与 Windows 系统下的 Truetype 字体存在名义字高与实际字高不等的问题作了自动修正，使汉字与西文的文字标注符合国家制图标准的要求。此外，由于我国的建筑制图规范规定了一些特殊的文字符号，在 AutoCAD 中提供的标准字体文件中无法解决，国内自制的各种中文字体繁多，不利于图档交流，为此，天正建筑软件在文字对象中提供了多种特殊符号，如钢号、加圈文字、上标、下标等处理，但与非对象格式文件交流时要进行格式转换处理。

三、中文字体的使用

在 AutoCAD 中注写中文，如果希望文件处理效率高，最好不要使用 Windows 的字体，而应该使用 AutoCAD 的 SHX 字体，这时需要文件扩展名为".SHX"的中文大字体，最常见的汉字形文件名是"HZTXT.SHE"，在 AutoCAD 简体中文版中还提供了中西文等高的一套国标字体，名称为"GBCBIG.SHX"（仿宋）、"GBENOR.SHX"（等线）、"GBEITC.SHX"（斜等线），是近年来得到广泛使用的字体。其他还有："CHINA.SHX""ST64F.SHX"（宋体）、"HT64F.SHX"（黑体）、"FS64F.SHX"（仿宋）和"KT64F.SHX"（楷体）等，还有些公司对常用字体进行修改，加入了一些结构专业标注钢筋等的特殊符号，如探索者、PKPM 软件都带有各自的中文字体，所有这些能在 AutoCAD 中使用的汉字字体文件都可以在天正建筑软件中使用。

要使用新的 AutoCAD 字体文件（*.SHX），可将它复制到安装路径下的 AutoCAD2014/Fonts 目录下，在天正建筑软件中执行【文字样式】命令时，从对话框的字体列表中就能看见相应的文件名。要使用 Windows 下的各种 Turetype 字体，只要把新的 Turetype 字体（*.TTF）复制到 WINDOW/Fonts 目录下，利用它可以直接写出实心字，缺点是导致绘图的运行效率降低。

四、 特殊文字符号的导出

在天正文字对象中，这些符号和普通文字是结合在一起的，属于同一个天正文字对象，因此在【图形导出】命令转为 TArch 3.0 或其他不支持新符号的低版本时，会把这些符号分解为以 AutoCAD 文字和图形表示的非天正对象，如加圈文字在图形导出到 TArch 6 格式图形时，旧版本文字对象不支持加圈文字，因此分解为外观与原有文字大小相同的文字与圆的叠加。

10.2 天正表格的概念

天正表格是一个具有层次结构的复杂对象，用户应该完整地掌握如何控制表格的外观表现，制作出美观的表格。天正表格对象除了独立绘制外，还可在门窗表和图纸目录、窗日照表等处应用，请参阅有关章节。

10.2.1 表格的构造

表格的功能区域由标题和内容两部分组成。

表格的层次结构由高到低的级次为 1）表格，2）标题、表行和表列，3）单元格和合并格。

表格的外观表现为文字、表格线、边框和背景，表格文字支持在位编辑，双击文字即可进入编辑状态，按方向键，文字光标即可在各单元之间移动。

表格对象由单元格、标题和边框构成，单元格和标题的表现是文字，边框的表现是线条，单元格是表行和表列的交汇点。天正表格通过表格全局设定、行列特征和单元格特征 3 个层次控制表格的表现，可以制作出各种不同外观的表格。

图 10-1 和图 10-2 所示分别为标题在边框内与标题在边框外的表格对象图解。

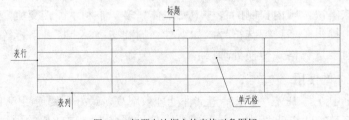

图10-1 标题在边框内的表格对象图解

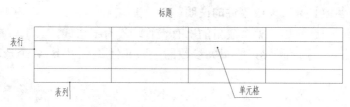

图10-2　标题在边框外的表格对象图解

10.2.2　表格的特性设置

全局设定：表格设定，用于控制表格的标题、外框、表行、表列和全体单元格的全局样式。

表行：表行属性，用于控制选中的某一行或多个表行的局部样式。

表列：表列属性，用于控制选中的某一列或多个表列的局部样式。

单元：单元编辑，用于控制选中的某一个或多个单元格的局部样式。

10.2.3　表格的属性

双击表格边框即可打开【表格设定】对话框，如图 10-3 所示，可以对标题、表行、表列和内容等全局属性进行设置。

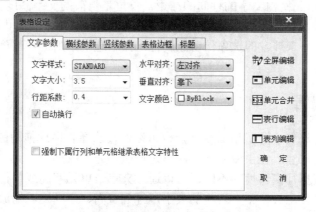

图10-3　【表格设定】对话框

如果勾选【表格设定】中全局属性项下的【强制下属行列和单元格继承表格文字特性】复选项，则影响全局。不选中此项，则只影响未设置过个性化的单元格。

在【行设定】和【列设定】对话框中，如果勾选【继承表格横线参数】或【继承表格竖线参数】复选项，则本行或列的属性继承【表格设定】中的全局设置，不选中则本次设置生效。

个性化设置只对本次选择的单元格有效，边框属性只有设不设边框的选择。

一、　【标题】选项卡中控件的说明

【隐藏标题】：设置标题不显示。

【标题高度】：打印输出的标题栏高度，与图中实际高度差一个当前比例系数。

【行距系数】：标题栏内标题文字的行间的净距，单位是当前的文字高度，如为两行间相隔一空行，本参数决定文字的疏密程度。

【标题在边框外】：勾选此项，标题栏取消，标题文字在边框外。

二、 【横线参数】选项卡中控件的说明

【不设横线】：勾选此项，整个表格的所有表行均没有横格线，其下方参数设置无效。

【行高特性】：设置行高与其他相关参数的关联属性，有以下 4 个选项，默认是【自由】特性。

【固定】：行高固定为【行高】设置的高度不变。

【至少】：表示无论如何拖动夹点，行高不能少于全局设定里给出的全局行高值。

【自动】：选定行的单元格文字内容允许自动换行，但是某个单元格的自动换行要取决于它所在的列或单元格是否已经设为自动换行。

【自由】：表格在选定行首部增加了多个夹点，可自由拖曳夹点改变行高。

【强制下属各行继承】：勾选此项，整个表格的所有表行按本页设置的属性显示；如不选中，则进行过单独个性设置的单元格将保留原设置。

三、 【竖线参数】选项卡中控件的说明

【不设竖线】：勾选此项，整个表格的所有表行均没有竖格线，其下方参数设置无效。

【强制下属各列继承】：勾选此项，整个表格的所有表列按本页设置的属性显示，未涉及的选项保留原属性；如不选中，则进行过单独个性设置的单元格将保留原设置。

四、 【文字参数】选项卡中控件的说明

【行距系数】：单元格内文字的行间的净距，单位是当前的文字高度。

【强制下属行列和单元格继承表格文字特性】：勾选此项，单元格内的所有文字强行按本页设置的属性显示，未涉及的选项保留原属性；如不选中，则进行过单独个性设置的单元格文字将保留原设置。

10.2.4 夹点编辑

对于表格的尺寸调整，除了用命令外，也可以通过选择表格后拖动图 10-4 中所示的夹点，获得合适的表格尺寸。在生成表格时，总是按照等分生成列宽，通过夹点可以调整各列的合理宽度，行高根据行高特性的不同，可以通过夹点、单元字高或换行来调整。角点缩放功能可以按不同比例任意改变整个表格的大小，行列宽高、字高随着缩放自动调整为合理的尺寸。如果行高特性为【自由】和【至少】，那么就可以启用夹点来改变行高。

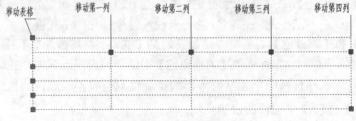

图10-4 表格的夹点编辑

10.3 天正文字工具

天正文字工具主要包括文字样式、单行文字、多行文字、曲线文字、专业词库、文字转化、文字合并、统一字高、查找替换及繁简转换等。

10.3.1 文字样式

【文字样式】命令为天正自定义文字样式的组成，可设定中西文字体各自的参数。为了解决中英文矢量字体比例协调的问题，对 AutoCAD 文字样式进行了扩展，提供了中英文宽度比例和高度比例两个参数，用来解决文字的美观问题。书写的文字是完整的串，可以反复编辑。有几个系统内定的文字样式，"_TCH_DIM"作为尺寸标注的默认文字样式，"_TCH_AXIS"作为轴号默认的文字样式，"_TCH_WINDOW"是门窗编号使用的文字样式，"_TCH_SPACE"是房间标注使用的文字样式，"_TCH_LABEL"是各种符号标注使用的文字样式。

命令启动方法

- 菜单命令:【文字表格】/【文字样式】。
- 工具栏图标: 字。
- 命令: TStyleEx。

执行命令后，弹出【文字样式】对话框，如图 10-5 所示。

图10-5 【文字样式】对话框

对话框控件的说明如下。

- 新建...: 新建文字样式，首先给新文字样式命名，然后选定中西文字体文件和高宽参数。
- 重命名...: 给文件样式赋予新名称。
- 删除: 删除图中没有使用的文字样式，已经使用的样式不能被删除。
- 【样式名】: 显示当前文字样式名，可在下拉列表中切换其他已经定义的样式。
- 【宽高比】: 表示中文字宽与中文字高之比。
- 【中文字体】: 设置组成文字样式的中文字体。
- 【字宽方向】: 表示西文字宽与中文字宽的比。
- 【字高方向】: 表示西文字高与中文字高的比。
- 【西文字体】: 设置组成文字样式的西文字体。
- 【Windows 字体】: 使用 Windows 的系统字体 TTF，这些系统字体（如"宋体"等）包含中文和英文，只须设置中文参数即可。
- 《 预览: 使新字体参数生效，浏览编辑框内文字为当前字体写出的效果。

- 确定：退出样式定义，把【样式名】内的文字样式作为当前文字样式。

文字样式由分别设定参数的中西文字体或 Windows 字体组成，由于天正扩展了 AutoCAD 的文字样式，可以分别控制中英文字体的宽度和高度，达到文字的名义高度与实际可量度高度统一的目的，字高由使用文字样式的命令确定。

10.3.2　单行文字

【单行文字】命令使用已经建立的天正文字样式，输入单行文字，可以方便地为文字设置上下标、加圆圈、添加特殊符号、导入专业词库等。

命令启动方法

- 菜单命令:【文字表格】/【单行文字】。
- 工具栏图标: 字。
- 命令: TText。

执行命令后，弹出【单行文字】对话框，如图 10-6 所示。

图10-6　【单行文字】对话框

对话框控件的说明如下。

- 【文字输入列表】: 可供键入文字符号。在列表中保存有已输入的文字，方便重复输入同类内容，在下拉列表选择其中一行文字后，该行文字复制到首行。
- 【文字样式】: 在下拉列表中选用已由 AutoCAD 或天正文字样式命令定义的文字样式。
- 【对齐方式】: 选择文字与基点的对齐方式。
- 转角〈: 输入文字的转角。
- 字高〈: 表示最终图纸打印的字高，而非在屏幕上测量出的字高数值，两者有一个绘图比例值的倍数关系。
- 【背景屏蔽】: 勾选后，文字可以遮盖背景（如填充图案），本选项利用 AutoCAD 的 Wipeout 图像屏蔽特性，屏蔽作用随文字移动存在。
- 【连续标注】: 勾选后，单行文字可以连续标注。
- O_2/m^2: 鼠标选定需变为上下标的部分文字，然后单击上下标图标。
- ①: 鼠标选定需加圆圈的部分文字，然后单击加圆圈的图标。
- Φ Φ Φ Φ: 在需要输入钢筋符号的位置，单击相应的钢筋符号。
- ζ: 单击进入特殊字符集，在弹出的对话框中选择需要插入的符号。

单行文字在位编辑实例如下。

双击图上的单行文字即可进入在位编辑状态，直接在图上显示编辑框，方向总是按从左到右的水平方向，方便修改，如图 10-7 所示。

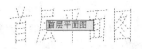

图10-7 单行文字进入在位编辑

在需要使用特殊符号、专业词汇等时，移动鼠标光标到编辑框外单击鼠标右键，即可调用单行文字的快捷菜单进行编辑，使用方法与对话框中的工具栏图标完全一致。

10.3.3 多行文字

【多行文字】命令提供特殊符号和词库的输入，可以把 Word 文档中的文字用复制粘贴的方式粘贴到多行文字编辑框中，通过夹点可以调整列宽。把列宽设为"1"可实现竖排文字。在安装天正软件的同时也安装了一个由天正公司提供的建筑相关工程词库，该词库配合紫光拼音输入法，单击其属性设置中的用户词库管理，在界面中单击词按钮，即可把天正工程词库导入紫光拼音输入法中，词库路径是 TArch 安装文件夹下的"\sys\usr_vocable.txt"。

命令启动方法

* 菜单命令:【文字表格】/【多行文字】。
* 工具栏图标：字。
* 命令：DHWZ。

执行命令后，弹出【多行文字】对话框，如图 10-8 所示。

图10-8 【多行文字】对话框

对话框控件的功能说明如下。

* 【文字输入区】：可输入多行文字，也可以接受来自剪贴板的其他文本编辑内容，如由 Word 编辑的文本可以按 Ctrl+C 组合键复制到剪贴板，再按 Ctrl+V 组合键粘贴到文字编辑区，可随意修改其内容。允许硬回车，也可以由页宽控制段落的宽度。
* 【行距系数】：与 AutoCAD 的 MTEXT 中的行距有所不同，本系数表示的是行间的净距，单位是当前的文字高度，如"1"为两行间相隔一空行，本参数决定整段文字的疏密程度。
* 字高< ：以"毫米"单位表示的打印出图后的实际文字高度，已经考虑当前比例。
* 【对齐】：决定了文字段落的对齐方式，共有左对齐、右对齐、中心对齐和两端对齐 4 种对齐方式。

其他控件的含义与【单行文字】对话框相同，这里不再赘述。

输入文字内容编辑完毕以后，单击 确定 按钮完成多行文字输入，本命令的自动换行功能特别适合输入以中文为主的设计说明文字。

多行文字对象设有两个夹点，左侧的夹点用于整体移动，而右侧的夹点用于拖动改变段落宽度，当宽度小于设定时，多行文字对象会自动换行，而最后一行的结束位置由该对象的对齐方式决定。

多行文字的编辑考虑到排版的因素，默认双击进入【多行文字】对话框，而不推荐使用在位编辑，但是可通过单击鼠标右键，从快捷菜单进入在位编辑功能。

10.3.4　曲线文字

【曲线文字】命令有两种功能：直接按弧线方向书写中英文字符串，或者在已有的多段线（Polyline）上布置中英文字符串，可将图中的文字改排成曲线。

命令启动

- 菜单命令：【文字表格】/【曲线文字】。
- 工具栏图标：ᴬᴮᶜ。
- 命令：txtpl。

执行命令后，命令行提示：

  A-直接写弧线文字/P-按已有曲线布置文字<A>：

一、　直接注写弧线文字的实例

按 Enter 键将选取默认方式，使用直接写出按弧形布置的文字的选项，提示如下：

  请输入弧线文本圆心位置<退出>：   //点取圆心点

  请输入弧线文本中心位置<退出>：   //点取字符串中心插入的位置

  输入文字：   //这时可以在命令行中键入文字，按 Enter 键后继续提示

  请输入模型空间字高<500>：   //键入新值或按 Enter 键接受默认值

  文字面向圆心排列吗（ Yes/No ）<Yes>？

            //按 Enter 键后即生成按圆弧排列的曲线文字

若在提示中以"N"回应，可使文字背向圆心方向生成。

二、　按已有曲线布盖文字的实例

选项"P"可使文字按已有的曲线排列。在使用前，先用 AutoCAD 的 Pline（复线）命令绘制一条曲线，有效的文字基线包括 Polyline、Arc 和 Circle 等图元，其中，Polyline 可以经过拟合或样条化处理。命令行提示：

  请选取文字的基线<退出>：   //用拾取框拾取作为基线的 Polyline 线

  输入文字：   //输入要排在这条 Polyline 上的文字，按 Enter 键结束

  请键入模型空间字高<500>：   //键入新值或按 Enter 键接受默认值

系统将按等间距将输入的文字沿曲线书写在图上。

曲线文字生成如图10-9所示。

直接注写圆弧文字   按已有曲线布置文字

图10-9　曲线文字实例

10.3.5　专业词库

【专业词库】命令组织一个可以由用户扩充的专业词库，提供一些常用的建筑专业词汇随时插入图中，词库还可在各种符号标注命令中调用，其中的【做法标注】命令可调用北方地区常用的 88J1-X12000 版工程做法的主要内容。本软件重新设置了该命令，在左侧目录上单击鼠标右键可以建立子目录，词汇可以在文字编辑区进行内容修改（更改或添加多行文字），单击 修改索引 按钮可把原词汇作为索引使用并保存修改内容，单击 入库 按钮将直接保存文字段落。

命令启动方法

- 菜单命令:【文字表格】/【专业词库】。
- 工具栏图标: ⛰️。
- 命令: TWordLib。

执行命令后，弹出【专业词库】对话框，如图 10-10 所示。

图10-10　【专业词库】对话框

对话框控件的功能说明如下。

- 【词汇分类】: 在词库中按不同专业提供分类机制，也称为分类或目录，一个目录下拉列表中存放有很多词汇。
- 【词汇列表】: 按分类组织词汇列表，对应一个词汇分类的列表存放多个词汇。
- 入库 : 把编辑框内的文字添加到当前类别的最后一个词汇。
- 导入文件 : 把文本文件按行作为词汇，导入当前类别（目录）中，有效扩大了词汇量。
- 输出文件 : 把当前类别中所有的词汇输出到一个文本文件中去。
- 文字替换< : 按下该按钮后，命令行提示:

请选择要替换的文字图元<文字插入>:

　　　　　　　//选择好目标文字，然后单击此按钮，进入并选取打算替换的文字对象

- 拾取文字< : 把图上的文字拾取到编辑框中进行修改或替换。
- 【分类菜单】: 鼠标右键单击类别项目，会出现"添加子目录""添加新词条""删除目录"和"重命名"等多项内容，用于增加分类。
- 【词汇菜单】: 鼠标右键单击词汇项目，会出现"新建行""插入行""删除行"和"重命名"等多项内容，用于增加词汇量。

- 　【字母按钮】: 以汉语拼音的韵母排序检索, 用于快速检索到词汇表中与之对
  应的第一个词汇。

选定词汇后, 命令行连续提示:

　　　　请指定文字的插入点<退出>://编辑好的文字可一次或多次插入到适当位置, 按 Enter 键结束

本词汇表提供了多组常用的施工做法词汇, 与【做法标注】命令结合使用, 可快速标注"墙面""楼面"和"屋面"的 88J 1-X12000 版图集标准做法。

10.3.6　文字转化

【文字转化】命令将天正旧版本生成的 AutoCAD 格式单行文字转化为天正文字, 保持原来每一个文字对象的独立性, 不对其进行合并处理。

命令启动方法

- 菜单命令:【文字表格】/【文字转化】。
- 工具栏图标: 宝。
- 命令: TTextConv。

执行命令后, 命令行提示:

　　　　请选择 ACAD 单行文字: 　　　　　//可以一次选择图上的多个文字串, 按 Enter 键结束选择

全部选中的 N 个 AutoCAD 文字成功转化为天正文字。

本命令仅对 AutoCAD 生成的单行文字起作用, 对多行文字不起作用。

10.3.7　文字合并

【文字合并】命令将天正旧版本生成的 AutoCAD 格式单行文字转化为天正多行文字或单行文字, 同时对其中多行排列的多个 Text 文字对象进行合并处理, 由用户决定生成一个天正多行文字对象或一个单行文字对象。

命令启动方法

- 菜单命令:【文字表格】/【文字合并】。
- 工具栏图标: 字。
- 命令: TTextMerge。

执行命令后, 命令行提示:

　　　　请选择要合并的文字段落<退出>: 　　　　　//一次选择图上的多个文字串, 按 Enter 键结束
　　　　[合并为单行文字(D)]<合并为多行文字>: 　　//按 Enter 键表示默认合并为一个多行文字
　　　　移动到目标位置<替换原文字>: 　　　　　　//拖动合并后的文字段落到目标位置, 取点定位

如果要合并的文字是比较长的段落, 最好合并为多行文字, 否则合并后的单行文字会非常长。在处理设计说明等比较复杂的说明文字的情况下, 尽量把合并后的文字移动到空白处, 然后使用对象编辑功能, 检查文字和数字是否正确, 还要把合并后遗留的多余硬回车换行符删除, 然后再删除原来的段落, 移动多行文字取代原来的文字段落。

10.3.8　统一字高

【统一字高】命令将涉及 AutoCAD 文字、天正文字的文字字高按给定尺寸进行统一。

命令启动方法

- 菜单命令:【文字表格】/【统一字高】。
- 工具栏图标: 宇。
- 命令: TEqualTextHeight。

执行命令后,命令行提示:

请选择要修改的文字(AutoCAD 文字,天正文字)<退出>:　　　//选择这些要统一高度的文字
请选择要修改的文字(AutoCAD 文字,天正文字)<退出>:　　　//按 Enter 键结束选择
字高()<3.5mm>:4　　　//键入新的统一字高"4",这里的字高也是指完成后的图纸尺寸

10.3.9 查找替换

【查找替换】命令可查找替换当前图形中所有的文字,包括 AutoCAD 文字、天正文字和包含在其他对象中的文字,但不包括在图块内的文字和属性文字。

命令启动方法

- 菜单命令:【文字表格】/【查找替换】。
- 工具栏图标: abc。
- 命令: T81_TRepFind。

执行命令后,弹出【查找和替换】对话框,如图 10-11 所示。

图10-11 【查找和替换】对话框

对图中或选定范围内的所有文字类信息进行查找,按要求进行逐一替换或全部替换,搜索过程中在图上找到该文字处显示红框,单击下一个时,红框转到下一个找到文字的位置。

10.3.10 繁简转换

【繁简转换】命令能将当前图档的汉字内码在 BIG5 与 GB 之间转换。为保证本命令的成功执行,应确保当前环境下的字体支持文件路径内 AutoCAD 的 Fonts 或天正软件安装文件夹 Sys 下存在内码 BIG5 的字体文件,才能获得正常的显示与打印效果。转换后重新设置文字样式中字体内码与目标内码一致。

命令启动方法

- 菜单命令:【文字表格】/【繁简转换】。
- 工具栏图标: GB↓BIG5。
- 命令: TBIG5_GB。

执行命令后,弹出【繁简转换】对话框,如图 10-12 所示。

按当前的任务要求，在对话框中选择转换方式，如要处理繁体图纸，就在【转换方式】分组框下选中【繁转简】单选项，在【对象选择】分组框下选中【选择对象】单选项，单击 确定 按钮后命令行提示：

　　　选择包含文字的图元：　　　　　　　　　　　//在屏幕中选取要转换的繁体文字
　　　选择包含文字的图元：　　　　　　　　　　　//按 Enter 键结束选择

经转换后图上的文字还是一种乱码状态，原因是这时内码转换了，但是使用的文字样式中的字体还是原来的繁体字体，如"CHINASET.shx"，我们可以通过按 Ctrl+1 组合键打开【特性】栏，把其中的字体更改为简体字体，如"GBCBIG.shx"。

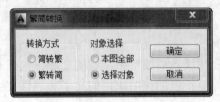

图10-12　【繁简转换】对话框

10.4　天正表格工具

天正表格工具包括新建表格、全屏编辑、拆分表格、合并表格、转出 Word、转出 Excel及读入 Excel 等。

10.4.1　新建表格

【新建表格】命令从已知行列参数通过对话框新建一个表格，提供以最终图纸尺寸值（毫米）为单位的行高与列宽的初始值，考虑了当前比例后自动设置表格尺寸大小。

命令启动方法
- 菜单命令：【文字表格】/【新建表格】。
- 工具栏图标： 。
- 命令：TNewSheet。

执行命令后，弹出【新建表格】对话框，如图 10-13 所示。
在对话框中输入表格的标题及所需的行数和列数，单击 确定 按钮后，命令行提示：
　　左上角点或[参考点(R)]<退出>：　　　　　　　　//给出表格在图上的位置
选中表格，双击需要输入的单元格，即可启动"在位编辑"功能，在编辑栏进行文字输入。

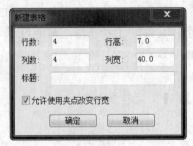

图10-13　【新建表格】对话框

10.4.2 全屏编辑

【全屏编辑】命令用于从图形中取得所选表格，在对话框中编辑各个单元内容，除了【复制插入】和【交换表行】功能外，在 TArch 7 上可由在位编辑所取代。

命令启动方法

- 菜单命令:【文字表格】/【表格编辑】/【全屏编辑】。
- 工具栏图标: 。
- 命令: TSheetEdit。

执行命令后，命令行提示:

选择表格: //点取要编辑的表格，显示【表格内容】对话框（见图 10-14）

在对话框的电子表格中，可以输入各单元格的文字，输入文字时可以使用工具条输入特殊的字符，有关特殊字符的说明可以参见【单行文字】命令。此外，还可以进行表行、表列的操作，包括行列的删除和复制等，单击 确定 按钮完成操作。

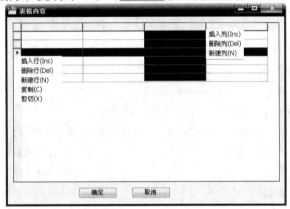

图10-14 表格全屏编辑

在对话框中选择行首的操作:选择一个表行用鼠标右键单击，有插入空行或复制插入表行的选择项，按 Ctrl 键选择两个表行用鼠标右键单击，这时有两行交换的功能。

本软件提供了表格全屏编辑最大化功能，单击对话框右上角的 按钮即可将表格编辑界面充满屏幕范围。

10.4.3 拆分表格

【拆分表格】命令把表格按行或按列拆分为多个表格，也可以按用户设定的行列数自动拆分，有丰富的选项可供用户选择，如保留标题、规定表头行数等。

命令启动方法

- 菜单命令:【文字表格】/【表格编辑】/【拆分表格】。
- 工具栏图标: 。
- 命令: TSplitSheet。

执行命令后，弹出【拆分表格】对话框，如图 10-15 所示。

图10-15　【拆分表格】对话框

对话框控件的功能说明如下。

- 【行拆分】/【列拆分】：选择表格的拆分是按行或按列进行。
- 【带标题】：拆分后的表格是否带有原来表格的标题（包括在表外的标题），注意标题不是表头。
- 【表头行数】：定义拆分后的表头行数，如果值大于 0，表示按行拆分后的每一个表格以该行数的表头为首，按照指定行数在原表格首行开始复制。
- 【自动拆分】：按指定行数自动拆分表格。
- 【指定行数】：配合自动拆分输入拆分后，每个新表格不算表头的行数。

拆分表格命令的实例

1. 自动拆分。

   在对话框中设置拆分参数后，单击　拆分　按钮，拆分后的新表格自动布置在原表格右边，原表格被拆分缩小。

2. 交互拆分。

   取消勾选【自动拆分】复选项，此时指定行数虚显。

   以按列拆分为例，单击　拆分　按钮，进行拆分点的交互，命令行提示：

   请点取要拆分的起始列<退出>：　　　　//点取要拆分为新表格的起始列
   请点取插入位置<返回>：　　　　　　　//拖动插入的新表格位置
   请点取要拆分的起始列<退出>：　　　　//在新表格中点取继续拆分的起始列
   请点取插入位置<返回>：　　　　　　　//拖动插入的新表格位置如图 10-16 所示

图10-16　拆分表格实例

10.4.4　合并表格

【合并表格】命令可把多个表格逐次合并为一个表格，这些待合并的表格行列数可以与原表格不等，默认按行合并，也可以改为按列合并。

命令启动方法

- 菜单命令：【文字表格】/【表格编辑】/【合并表格】。
- 工具栏图标：
- 命令：TMergeSheet。

执行命令后，命令行提示：

> 选择第一个表格或[列合并(C)]<退出>：   //选择位于首行的表格
>
> 选择下一个表格<退出>：   //选择紧接其下的表格
>
> 选择下一个表格<退出>：   //按 `Enter` 键退出命令

完成后表格行数合并，最终表格行数等于所选择各个表格行数之和，标题保留第一个表格的标题。

10.4.5　转出 Word

天正提供了 TArch 与 Word 之间导出表格文件的接口，把表格对象的内容输出到 Word 文件中，供用户制作报告文件。

命令启动方法

- 菜单命令：【文字表格】/【转出 Word】。
- 工具栏图标：。
- 命令：Sheet2Word。

执行命令后，命令行提示：

> 请选择表格<退出>：   //选择表格对象可多选，按 `Enter` 键结束操作

系统自动启动 Word，并创建一个新的 Word 文档，把所选定的表格内容输入到该文档中。

10.4.6　转出 Excel

天正提供了 TArch 与 Excel 之间交换表格文件的接口，把表格对象的内容输出到 Excel 中，供用户进行统计和打印，还可以根据 Excel 中的数据表更新原有的天正表格，当然也可以读入 Excel 中建立的数据表格，创建天正表格对象。

命令启动方法

- 菜单命令：【文字表格】/【转出 Excel】。
- 工具栏图标：。
- 命令：Sheet2Excel。

执行命令后，命令行提示：

> 请点取表格<退出>：   //选择一个表格对象

系统自动开启一个 Excel 进程，并把所选定的表格内容输入到 Excel 中，转出 Excel 的内容包含表格的标题。

10.4.7　读入 Excel

把当前 Excel 表单中选中的数据更新到指定的天正表格中，支持 Excel 中保留的小数位数。

命令启动方法

- 菜单命令：【文字表格】/【读入 Excel】。
- 工具栏图标：。
- 命令：Excel2Sheet。

执行命令后，如果没有打开 Excel 文件，会提示用户先打开一个 Excel 文件并框选要复制的范围，接着弹出图 10-17 所示的对话框。

图10-17 读入 Excel 表格的选项

如果打算新建表格，单击 是(Y) 按钮，命令行提示：

    左上角点或[参考点(R)]<退出>:   //给出新建表格对象的位置

如果打算更新表格，单击 否(N) 按钮，命令行提示：

    请选择表格<退出>:   //选择已有的一个表格对象

本命令要求事先在 Excel 表单中选中一个区域，系统根据 Excel 表单中选中的内容，新建或更新天正的表格对象。在更新天正表格对象的同时，检验 Excel 选中的行列数目与所点取的天正表格对象的行列数目是否匹配，按照单元格一一对应进行更新，如果不匹配将拒绝执行。

值得注意的是，在读入 Excel 时，不要选择作为标题的单元格，因为程序无法区分 Excel 的表格标题和内容。程序把 Excel 选中的内容全部视为表格内容。

其他关于表格单元编辑的，包括单元递增、单元复制、单元累加、单元合并、撤销合并等有关内容，本软件也可完成，限于篇幅，本教程不再详细论述。读者若有这方面要求，请参见天正帮助文档或阅读天正软件公司的软件配套资料。

10.5 上机综合练习

绘制图 10-18 和图 10-19 所示某 A 型小型住宅的一层平面图及楼面、屋面和地面等绘制表。

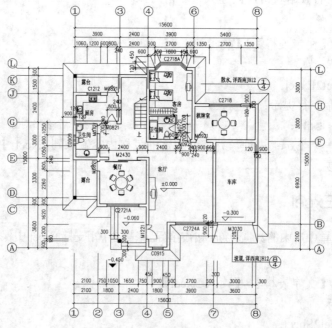

图10-18 某 A 型小型住宅的一层平面图

分类	名称	做法	适用房间	备注
楼面	水泥楼面	1. 现浇钢筋混凝土楼板 2. 最薄30厚C25细石混凝土从门口处向地漏找1%坡 3. 素水泥浆一道（内掺建筑胶） 4. 20厚1:3水泥砂浆找平层四周及竖管根部位抹小八字角 5. 1.5厚聚氨酯防水涂料刷三遍，撒黄砂一层格毕 6. 20厚1:2.5水泥砂浆压实抹光	卫生间	防水层先做管根防水用建筑密封膏封严，再做地面防水，与管根部位密封膏粘接一起，防水层至立墙与地面转角处卷起250并做好平立面防水交接处理
	水泥楼面	1. 现浇钢筋混凝土楼板 2. 素水泥浆一道 3. 30厚CL7.5陶粒混凝土垫层 4. 素水泥浆一道 5. 20厚1:2水泥浆压实抹光	除卫生间外所有户内楼面	
屋面	不上人屋面	1. 结构层: 钢筋混凝土板 2. 找坡层: 1:8水泥炉渣 3. 找平层: 20厚1:3水泥砂浆 4. 结合层: 冷底子油 5. 防水层: 普通沥青油毡卷材（三毡四油） 6. 保护层: 粒径3～5毫米的绿豆砂（普通沥青瓦）	平屋面	
地面	地面	1. 素土夯实 2. 1:2:4水泥、砂、砖碎混凝土20厚 3. 1:3水泥砂浆20厚 4. 1:2.5水泥砂浆5厚		

图10-19　楼面、屋面、地面绘制表

10.6　小结

本章主要内容如下。

(1) 本章主要介绍天正文字表格的内容，天正在其系列软件中提供了自定义的文字对象，有效地改善了中西文字混合注写的效果，提供了上下标和工程字符的输入方法。

(2) 天正在其系列软件中提供了自定义的表格对象，具有多层次结构，本软件的表格内的文字可以在位编辑。

(3) 天正文字工具包括文字样式定义、单行文字、多行文字等注写命令，以及中国特色的简繁体转换命令、文字替换命令等工具。

(4) 新修改的天正文字增加了专业词库与加圈文字功能，提供北方地区 88J1-X1（2000版）的做法标注。

(5) 天正表格工具包括表格的创建工具、天正表格与电子表格 Excel 软件之间的转换命令与行列编辑工具，使其工程制表同办公制表一样方便高效。

(6) 表格单元编辑介绍了表格的单元编辑工具，表格单元的修改可通过双击对象编辑和在位编辑实现。

(7) 天正的表格对象具有层次结构，用户可以完整地把握如何控制表格的外观表现，制作出个性化的表格。表格在位编辑快捷菜单增加了单元编辑功能。

10.7　习题

1. 针对本章文字表格内容，要求对照教材上机验证，尤其是单行文字、多行文字内容，几乎每张建筑图纸中都得用上。
2. 试新建表格，在编辑栏输入文字。
3. 试拆分作出的表格。
4. 将多个表格合并成一个表格。

223

5. 对前面几章的练习图加注文字说明，并加表格。

6. 图 10-20 至图 10-23 所示的分别是 A、B 型的住宅图，请读者先查看其结构特点，再拟定解决方法，确定作图的步骤，最后完成建筑图。这里只给出了标准层，底层和顶层可参照标准层设计出来。充分发挥你的设计想象，提倡创新，其数据也可调整修改。

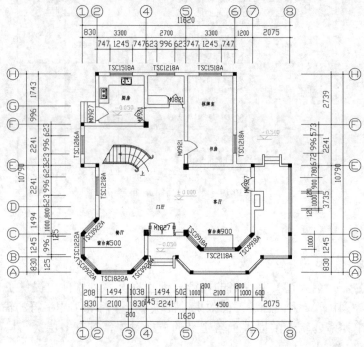

图10-20　某 A 型住宅首层平面图

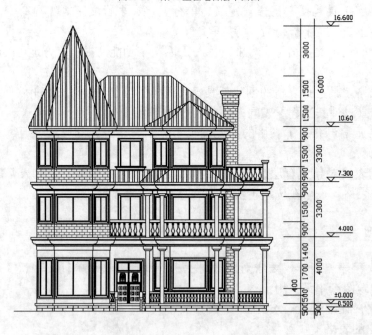

图10-21　某 A 型住宅正立面图

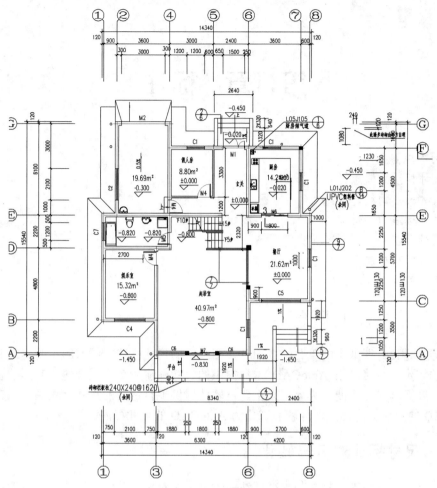

图10-22　某 B 型住宅首层平面图

图10-23　某 B 型正立面图

第11章 标注

【学习重点】
- 尺寸标注的概念。
- 尺寸标注的创建。
- 尺寸标注的编辑。
- 符号标注。
- 坐标标高标注。
- 工程符号标注。

11.1 尺寸标注的概念

尺寸标注是设计图纸中的重要组成部分，图纸中的尺寸标注在国家颁布的建筑制图标准中有严格的规定，直接沿用 AutoCAD 本身提供的尺寸标注命令不适合建筑制图的要求，特别是编辑尺寸尤其显得不便。为此，天正建筑软件提供了自定义的尺寸标注系统，完全取代了 AutoCAD 的尺寸标注功能，分解后退化为 AutoCAD 的尺寸标注。

11.1.1 尺寸标注对象与转化

天正尺寸标注分为连续标注与半径标注两大类标注对象。其中，连续标注包括线性标注和角度标注，这些对象均按照国家建筑制图规范的标注要求，对 AutoCAD 的通用尺寸标注进行了大胆的简化与优化，通过夹点编辑操作，对尺寸标注的修改提供了前所未有的灵活手段，如图 11-1 所示。

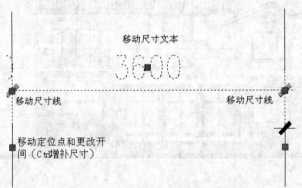

图11-1 尺寸标注对象夹点示意图

由于天正的尺寸标注是自定义对象，在利用旧图资源时，通过【转化尺寸】命令可将原有的 AutoCAD 尺寸标注对象转化为等效的天正尺寸标注对象。反之，在导出天正图形到其他非天正对象环境时，需要分解天正尺寸标注对象，系统提供的【图形导出】命令可以自动完成分解操作，分解后天正尺寸标注对象按其当前比例，使用天正建筑软件 TArch 3.0 的兼容标注样式（如 DIMN、DIMN200）退化为 AutoCAD 的尺寸标注对象，以此保证了天正版本之间的双向兼容性。

11.1.2　标注对象的单位与基本单元

天正尺寸标注系统以"毫米"为默认的标注单位，当用户在【天正基本设定】中对整个 DWG 图形文件进行了以"米"为绘图单位的切换后，标注系统可改为以"米"为标注单位，按《总图制图规范》2.3.1 条的要求，默认精度设为两位小数，可以通过【修改样式】改精度为 3 位小数。

天正尺寸标注系统以连续的尺寸区间为基本标注单元，相连接的多个标注区间属于同一尺寸标注对象，并具有用于不同编辑功能的夹点。AutoCAD 的标注对象每个尺寸区间都是独立的，相互之间没有关联，夹点功能不便于常用操作。

11.1.3　标注对象的样式

为了兼容起见，天正自定义尺寸标注对象是基于 AutoCAD 的几种标注样式开发的，因此用户可通过修改这几种 AutoCAD 标注样式更新天正尺寸标注对象的特性。

TArch 2014 的尺寸标注对象支持"_TCH_ARCH_mm_mm"（毫米单位按毫米标注）、"_TCH_ARCH_mm_M"（毫米单位按米标注）与"_TCH_ARCH_M_M"（米单位按米标注）共 3 种尺寸样式的参数。

增加【直线与箭头】页面尺寸线的【超出标记】实现尺寸线出头效果，修改【文字】页面文字位置的【从尺寸线偏移】调整文字与尺寸线距离。

TArch 2014 的角度标注对象的标注角度格式为"度/分/秒"，符合制图规范的要求。

天正自定义标注对象支持的两种标注样式如下。

(1) "_TCH_ARCH"（包括"_TCH_ARCH_mm_M"与"_TCH_ARCH_M_M"）：用于直线型的尺寸标注，如门窗标注和逐点标注等。图 11-2 所示为尺寸线出头的直线标注实例。

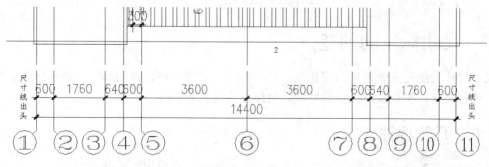

图11-2　直线尺寸标注对象

(2) "_TCH_ARROW"：用于角度标注，如弧轴线和弧窗的标注，图 11-3 所示为"度/分/秒"单位的角度标注实例。

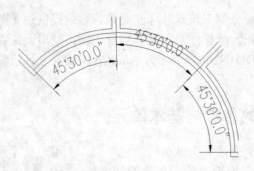

图11-3 角度标注对象

11.1.4 尺寸标注的状态设置

菜单中提供了【尺寸自调】功能，当尺寸线上的标注文字拥挤时，控制是否自动进行上下移位调整，可反复切换，自调开关的状态影响各标注命令的结果，如图 11-4 所示。

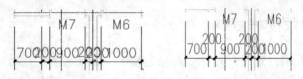

图11-4 尺寸标注的自调

菜单中提供了【尺寸检查】功能，控制尺寸线上的文字是否自动检查与测量值不符的标注尺寸，经人工修改过的尺寸以红色文字显示在尺寸线下的括号中，如图 11-5 所示。

图11-5 尺寸标注的自动检查

11.2 尺寸标注的创建

尺寸标注的创建主要包括门窗标注、墙厚标注、两点标注、内门标注、快速标注、逐点标注、外包尺寸、半径标注、直径标注、角度标注及弧长标注等。

11.2.1 门窗标注

【门窗标注】命令适合标注建筑平面图的门窗尺寸，有以下两种使用方式。

(1) 在平面图中参照轴网标注的第一、第二道尺寸线，自动标注直墙和圆弧墙上的门窗尺寸，生成第三道尺寸线。

(2) 当没有轴网标注的第一、第二道尺寸线时，在用户选定的位置标注出门窗尺寸线。

命令启动方法

- 菜单命令:【尺寸标注】/【门窗标注】。
- 工具栏图标: 苗。
- 命令: TDIM3。

【练习11-1】: 打开附盘文件"dwg\第11章\11-1.dwg",完成图11-6所示房间的门窗标注。

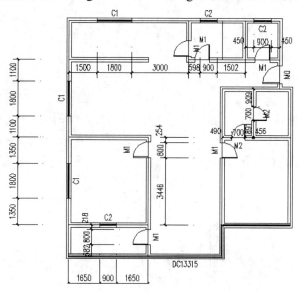

图11-6 门窗标注实例

执行命令后,命令行提示:

请用线选第一、二道尺寸线及墙体:

起点<退出): //垂直于墙线方向取过第一道尺寸线与墙体的起点

终点<退出>: //点取终点,系统绘制出第一段墙体的门窗标注

选择其他墙体: //添加被内墙断开的其他要标注墙体,按 Enter 键结束命令

11.2.2 门窗标注的联动

【门窗标注】命令创建的尺寸对象与门窗宽度具有联动的特性,当发生包括门窗移动、夹点改宽、对象编辑、特性编辑和格式刷特性匹配,使门窗宽度发生线性变化时,线性的尺寸标注将随门窗的改变联动更新。门窗的联动范围取决于尺寸对象的联动范围设定,即由起始尺寸界线、终止尺寸界线及尺寸线和尺寸关联夹点所围合范围内的门窗才会联动,避免发生误操作。

沿着门窗尺寸标注对象的起点、中点和结束点另一侧共提供了 3 个尺寸关联夹点,其位置可以通过鼠标的拖动进行改变,对于任何一个或多个尺寸对象都可以在特性表中设置是否启用联动。

 目前带形窗与角窗(角凸窗)、弧窗还不支持门窗标注的联动。通过镜像、复制创建新门窗不属于联动,不会自动增加新的门窗尺寸标注。

11.2.3　墙厚标注

【墙厚标注】命令在图中一次标注两点连线经过的一至多段天正墙体对象的墙厚尺寸，标注中可识别墙体的方向，标注出与墙体正交的墙厚尺寸。在墙体内若有轴线存在，则标注以轴线划分的左右墙宽。在墙体内若没有轴线存在，则标注墙体的总宽。

命令启动方法

- 菜单命令：【尺寸标注】/【墙厚标注】。
- 工具栏图标：▦。
- 命令：TDimWall。

执行命令后，命令行提示：

　　直线第一点<退出>：　　　　　　　　　　//在标注尺寸线处点取起始点
　　直线第二点<退出>：　　　　　　　　　　//在标注尺寸线处点取结束点

墙厚标注的实例如图 11-7 所示。

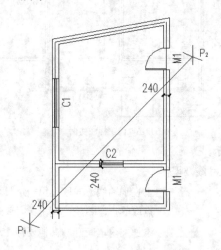

图11-7　墙厚标注实例

11.2.4　两点标注

【两点标注】命令可为两点连线附近有关系的轴线、墙线、门窗、柱子等构件标注尺寸，并可标注各墙中点或添加其他标注点，按 U 键可撤销上一个标注点。

命令启动方法

- 菜单命令：【尺寸标注】/【两点标注】。
- 工具栏图标：Ħ。
- 命令：TDimTP。

【练习11-2】：打开附盘文件"dwg\第 11 章\11-2.dwg"，完成图 11-8 所示房间的标注。

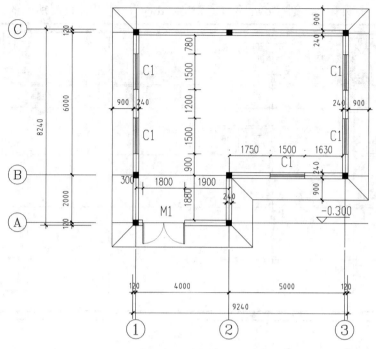

图11-8　两点标注实例

执行命令后，命令行提示：

  起点(当前墙面标注)或[墙中标注(C)]<退出>：

       //在标注尺寸线一端点取起始点或键入"C"进入墙中标注，提示相同

  终点<选物体>：   //在标注尺寸线另一端点取结束点

  请选择不要标注的轴线和墙体：

      //如果要略过其中不需要标注的轴线和墙，这里有机会去掉这些对象

  请选择不要标注的轴线和墙体：   //按 Enter 键结束选择

  选择其他要标注的门窗和柱子：   //选取图元的方法选择其他墙段上的窗等图元

  请输入其他标注点[参考点(R)]<退出>： //选择其他点

  请输入其他标注点[参考点(R)/撤销上一标注点(u)]<退出>：

      //选择其他点或键入"U"撤销标注点，按 Enter 键结束标注

取点时可选用有对象捕捉（快捷键 F3 切换）的取点方式定点，软件将前后多次选定的
对象与标注点一起完成标注。

11.2.5　内门标注

  【内门标注】命令用于标注平面室内门窗尺寸及定位尺寸线，定位尺寸线与邻近的正交
轴线或墙角（墙垛）相关。

命令启动方法

- 菜单命令：【尺寸标注】/【内门标注】。
- 工具栏图标：█。
- 命令：TDimInDoor。

【练习11-3】：打开附盘文件"dwg\第 11 章\11-3.dwg"，完成图 11-9 所示的内门标注。

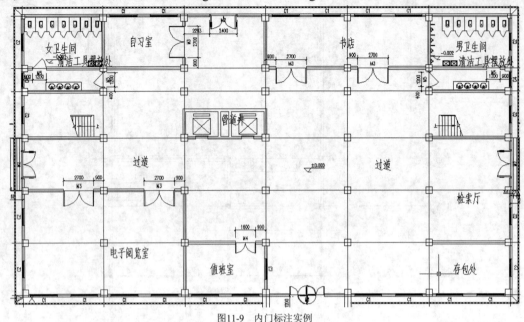

图11-9 内门标注实例

执行命令后，命令行提示：

> 标注方式：轴线定位，请用线选门窗，并且以第二点作为尺寸线位置！
>
> 起点或[垛宽定位(A)]<退出>：
>
> //在标注门窗的另一侧点取起点或键入字母"A"改为垛宽定位
>
> 终点<退出>：   //经过标注的室内门窗，在尺寸线标注位置上给终点

11.2.6   快速标注

【快速标注】命令类似 AutoCAD 的同名命令，适用于天正对象，特别适用于选取平面图后快速标注外包尺寸线。

命令启动方法

- 菜单命令：【尺寸标注】/【快速标注】。
- 工具栏图标：🖫。
- 命令：TFreedomDim。

执行命令后，命令行提示：

> 请选择需要尺寸标注的实体：   //选取天正对象或平面图
>
> 请选择需要尺寸标注的实体：   //选取其他对象或按 Enter 键结束

选取整个平面图，默认为整体标注，向下拖曳完成外包尺寸线标注，键入字母"C"可标注连续尺寸线。

11.2.7   逐点标注

【逐点标注】命令是一个通用的灵活标注工具，对选取的一串给定点沿指定方向和选定

的位置标注尺寸，特别适用于没有指定天正对象特征、需要取点定位标注的情况及其他标注命令难以完成的尺寸标注。

命令启动方法

- 菜单命令：【尺寸标注】/【逐点标注】。
- 工具栏图标：▦。
- 命令：TDimMP。

执行命令后，命令行提示：

起点或[参考点(R)]<退出>：　　　　　　　　　//点取第一个标注点作为起始点

第二点<退出>：　　　　　　　　　　　　　　　//点取第二个标注点

请点取尺寸线位置或[更正尺寸线方向（D）]<退出>：

　　　　//拖动尺寸线，点取尺寸线就位点，或键入"D"选取线或墙对象用于确定尺寸线方向

请输入其他标注点或[撤消上一标注点(U)]<结束>：　　　//逐点给出标注点，并可以回退

请输入其他标注点或[撤消上一标注点(U)]<结束>：　　　//继续取点，按 Enter 键结束命令

11.2.8　外包尺寸

【外包尺寸】命令是一个简捷的尺寸标注修改工具，在大部分情况下，可以一次按规范要求完成 4 个方向的两道尺寸线共 16 处修改，期间不必输入任何墙厚尺寸。

命令启动方法

- 菜单命令：【尺寸标注】/【外包尺寸】。
- 工具栏图标：▥。
- 命令：TOuterDim。

执行命令后，命令行提示：

请选择建筑构件：　　　　　　　　　//以对角点框选范围，给出第一个点后提示

指定对角点：　　　　　　　　　　　//给出对角点后提示找到 xx 个对象

请选择建筑构件：　　　　　　　　　//按 Enter 键结束选择

请选择第一、二道尺寸线：　　　　　//以对角点选择尺寸线范围，给出第一个点后提示

指定对角点：　　　　　　　　　　　//给出对角点后提示找到对象

诗选择第一、二道尺寸线：　　　　　//按 Enter 键结束绘制或继续选择尺寸线

11.2.9　半径标注

【半径标注】命令在图中标注弧线或圆弧墙的半径，当尺寸文字容纳不下时，会按照制图标准规定，自动引出标注在尺寸线外侧。

命令启动方法

- 菜单命令：【尺寸标注】/【半径标注】。
- 工具栏图标：⊙。
- 命令：TDimRad。

执行命令后，命令行提示：

请选择待标注的圆弧<退出>：　　　　　//此时点取圆弧上任一点，即在图中标注好半径

11.2.10 直径标注

【直径标注】命令在图中标注弧线或圆弧墙的直径，当尺寸文字容纳不下时，会按照制图标准规定，自动引出标注在尺寸线外侧。

命令启动方法

- 菜单命令：【尺寸标注】/【直径标注】。
- 工具栏图标： 。
- 命令：TDimDia。

执行命令后，命令行提示：

    请选择待标注的圆弧<退出>：   //此时点取圆弧上任一点，即在图中标注好直径

11.2.11 角度标注

【角度标注】命令按逆时针方向标注两条直线之间的夹角，请注意按逆时针方向选择要标注的直线的先后顺序。

命令启动方法

- 菜单命令：【尺寸标注】/【角度标注】。
- 工具栏图标： 。
- 命令：TDimAng。

执行命令后，命令行提示：

    请选择第一条直线<退出>：   //在标注位置点取第一条线
    请选择第二条直线<退出>：   //在任意位置点取第二条线

11.2.12 弧长标注

【弧长标注】命令以国家建筑制图标准规定的弧长标注画法分段标注弧长，保持整体的一个角度标注对象，可在弧长、角度和弦长 3 种状态下相互转换。

命令启动方法

- 菜单命令：【尺寸标注】/【弧长标注】。
- 工具栏图标： 。
- 命令：TDimArc。

执行命令后，命令行提示：

    请选择要标注的弧段：   //点取准备标注的弧墙、弧线
    请点取尺寸线位置<退出>：   //类似逐点标注，拖动到标注的最终位置
    请输入其他标注点<结束>：   //继续点取其他标注点
    请输入其他标注点<结束>：   //按 Enter 键结束

11.3　符号标注

本节符号标注主要介绍了符号标注的概念及符号标注的内容。

11.3.1　符号标注的概念

　　按照建筑制图的国标工程符号规定画法，天正软件提供了一整套的自定义工程符号对象，这些符号对象可以方便地绘制剖切号、指北针、引注箭头，绘制各种详图符号、引出标注符号。使用自定义工程符号对象，不是简单地插入符号图块，而是在图上添加了代表建筑工程专业含义的图形符号对象。工程符号对象提供了专业夹点定义并且内部保存有对象特性数据，用户除了在插入符号的过程中通过对话框的参数控制选项，根据绘图的不同要求，还可以在图上已插入的工程符号上，拖动夹点或按 Ctrl+1 组合键启动对象的【特性】栏，在【特征】栏中更改工程符号的特性，双击符号中的文字，启动在位编辑即可更改文字内容。

11.3.2　符号标注的内容

　　天正的工程符号对象可随图形指定范围的绘图比例的改变，对符号大小、文字字高等参数进行适应性调整，以满足规范制图的要求。剖面符号除了可以满足施工图的标注要求外，还为生成剖面定义了与平面图的对应规则。

　　符号标注的各命令位于主菜单下的【符号标注】子菜单中，具体命令介绍如下。

　　【索引符号】和【索引图名】命令用于标注索引号。

　　【剖面剖切】和【断面剖切】命令用于标注剖切符号，同时为剖面图的生成提供了依据。

　　【画指北针】和【箭头绘制】命令分别用于在图中画指北针和指示方向的箭头。

　　【引出标注】和【作法标注】主要用于标注详图。

　　【图名标注】为图中的各部分注写图名。

11.4　坐标标注与标高标注

　　坐标标注在工程制图中用来表示某个点的平面位置，一般由政府的测绘部门提供，而标高标注则是用来表示某个点的高度程度或垂直高度，标高有绝对标高和相对标高的概念，绝对标高的数值来自当地测绘部门，而相对标高则是设计单位设计的，一般是室内一层地坪，与绝对标高有相对关系。天正分别定义了坐标对象和标高对象来实现坐标和标高的标注，这些符号的画法符合国家制图规范的工程符号图例。

11.4.1　标注状态设置

　　标注的状态分为动态标注和静态标注两种，移动和复制后的坐标受状态开关项的控制，具体表现在以下两个方面。

　　(1)　动态标注状态下，移动和复制后的坐标数据将自动与世界坐标系一致，适用于整个 DWG 文件仅布置一个总平面图的情况。

　　(2)　静态标注状态下，移动和复制后的坐标数据不改变原值，例如，在一个 DWG 文件上复制同一总平面，绘制绿化、交通等的不同类别图纸，此时只能使用静态标注。

　　在 AutoCAD 2004 以上的平台中，天正 TArch 2014 提供了状态行的动态标注按钮 动态标注 。

11.4.2　坐标标注

【坐标标注】命令在总平面图上标注测量坐标或施工坐标，取值根据世界坐标或当前用户坐标 UCS。

命令启动方法

- 菜单命令：【符号标注】/【坐标标注】。
- 工具栏图标：　。
- 命令：Tcoord。

执行命令后，命令行提示：

当前绘图单位：mm，标注单位：M；以世界坐标取值；北向角度 90 度

请点取标注点或[设置(S)]<退出>：S

我们首先要了解当前图形中的绘图单位是否是"毫米"，如果图形中的绘图单位是"米"，需要键入"S"设置绘图单位，弹出【坐标标注】对话框，如图 11-10 所示。

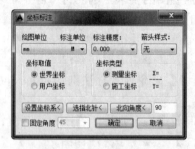

图11-10　【坐标标注】对话框

坐标取值可以从世界坐标系或用户坐标系 UCS 中任意选择（默认取世界坐标系），坐标类型可选测量或施工坐标（默认测量坐标）。

按照《总图制图标准》的规定，南北向的坐标为 X（A），东西方向坐标为 Y（B），这与建筑绘图习惯使用的 XOY 坐标系是相反的。

如果图上插入了指北针符号，可在对话框中单击 选指北针< 按钮，从图中选择指北针，系统以它的指向为 X（A）方向标注新的坐标点。

使用 UCS 标注的坐标符号的颜色为青色，区别于使用世界坐标标注的坐标符号，在同一 DWG 图中不得使用两种坐标系统进行坐标标注。

11.4.3　标高标注

【标高标注】命令适用于平面图的楼面标高与地坪标高标注，可标注绝对标高和相对标高，也可用于立剖面图标注楼面标高。标高三角符号为空心或实心填充，通过按钮选择，两种类型的按钮的功能是互锁的，其他按钮控制标高的标注样式。

命令启动方法

- 菜单命令：【符号标注】/【标高标注】。
- 工具栏图标：　。
- 命令：T81_TMElev。

执行命令后，弹出【标高标注】对话框，如图 11-11 所示。

图11-11　【标高标注】对话框

选中【手工输入】复选项，进入楼层标高输入状态，直接键入和编辑标高数值，选中表行用鼠标右键单击箭头显示编辑菜单修改表行，也可直接按 Del 键和 Insert 键删除该行或在上面插入空行。

自动标高的取值受到坐标状态开关的影响，立剖面图标注标高时，在"动态标注"状态进行标高符号的移动或复制后，新标高对象随目标点位置动态取值，而平面图标注标高时应注意要在"静态标注"状态，因为此时希望复制、移动标高符号后，数值保持不变。

双击自动输入的标高对象进入在位编辑，直接修改标高数值。

双击手工输入的标高对象进入对话框编辑，修改列表数值或单击该按钮修改样式。

选中【手工输入】复选项后，不必添加括号，在第一个标高后按 Enter 键或按向下箭头，可以输入多个标高表示楼层地坪标高。

11.5　工程符号标注

工程符号标注主要有箭头引注、引出标注、做法标注、索引符号、图名标注、剖面剖切、断面剖切及画指北针等。

11.5.1　箭头引注

【箭头引注】命令绘制带有箭头的引出标注，文字可从线端标注也可从线上标注，引线可以转折多次，用于楼梯方向线，新添半箭头用于国标的坡度符号。

命令启动方法

- 菜单命令：【符号标注】/【箭头引注】。
- 工具栏图标：　。
- 命令：TArrow。

执行命令后，弹出【箭头引注】对话框，如图 11-12 所示。

图11-12　【箭头引注】对话框

在对话框中输入引线端部要标注的文字，可以从下拉列表中选取命令保存的文字历史记录，也可以不输入文字只画箭头。对话框中还提供了更改箭头长度、样式的功能，箭头长度以最终图纸尺寸为准，以"毫米"为单位给出。新提供箭头的可选样式有"箭头"和"半箭头"两种。

在对话框中输入要注写的文字，设置好参数，按命令行提示取点标注：

箭头起点或［点取图中曲线(P)/点取参考点(R)］<退出>：　　　　//点取箭头起始点

直段下一点［弧段(A)/回退(U)］<结束>：　　　　　　　　　//画出引线（直线或弧线）

直段下一点［弧段(A)/回退(U)］<结束>：　　　　　　　　　//按 Enter 键结束

双击箭头引注中的文字，即可进入在位编辑框修改文字。

11.5.2　引出标注

【引出标注】命令可用于对多个标注点进行说明性的文字标注，自动按端点对齐文字，具有拖动跟随的特性。

命令启动方法

- 菜单命令：【符号标注】/【引出标注】。
- 工具栏图标：![图标]。
- 命令：TLeader。

执行命令后，弹出【引出标注】对话框，如图 11-13 所示。

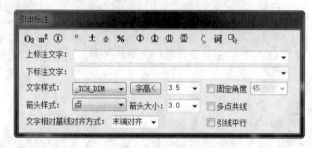

图11-13　【引出标注】对话框

对话框中控件功能的说明如下。

- 【上标注文字】：把文字内容标注在引出线上。
- 【下标注文字】：把文字内容标注在引出线下。
- 【箭头样式】：下拉列表中包括"箭头""点""十字"和"无"4 项，用户可任选一项指定箭头的形式。
- ［字高<］：以最终出图的尺寸（单位为毫米）设定字的高度，也可以从图上直接量取（系统自动换算）。
- 【文字样式】：设定用于引出标注的文字样式。
- 【固定角度】：设定用于引出线的固定角度，与横轴和纵轴对称，设置固定角度后，引线角度不随拖动鼠标光标而改变。

在对话框中编辑好标注内容及其形式后，按命令行提示取点标注：

请给出标注第一点<退出>：　　　　　　　　　　//点取标注引线上的第一点

输入引线位置或［更改箭头型式(A)］<退出>：　　　//点取文字基线上的第一点

点取文字基线位置<退出>:	//取文字基线上的结束点
输入其他的标注点<结束>:	//点取第二条标注引线上端点
输入其他的标注点<结束>:	//按 Enter 键结束

11.5.3　做法标注

【做法标注】命令用于在施工图纸上标注工程的材料做法，通过专业词库预设有北方地区常用的 88J1-X1（2000 版）的墙面、地面、楼面、顶棚和屋面标准做法。

命令启动方法

- 菜单命令:【符号标注】/【做法标注】。
- 工具栏图标: 冒。
- 命令: TComposing。

执行命令后，弹出【做法标注】对话框，如图 11-14 所示。

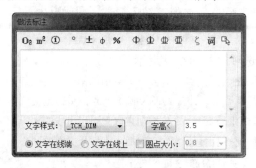

图11-14　【做法标注】对话框

【做法标注】对话框中控件功能的说明如下。

- 【多行编辑框】: 供输入多行文字使用，按 Enter 键结束的一段文字写入一条基线上，可随宽度自动换行。
- 【文字在线端】: 文字内容标注在文字基线线端，为一行表示，多用于建筑图。
- 【文字在线上】: 文字内容标注在文字基线线上，按基线长度自动换行，多用于装修图。

鼠标光标进入"多行编辑框"后单击图标词，可进入专业词库，从第一栏取得系统预设的做法标注。其他控件的功能与【引出标注】命令相同。

在对话框中编辑好标注内容及其形式后，按命令行提示取点标注:

请给出标注第一点<退出>:	//点取标注引线上的第一点
请给出文字基线位置<退出>:	//点取标注引线上的基线位置
请给出文字基线方向和长度<退出>:	//拉伸文字基线的末端定点

11.5.4　索引符号

【索引符号】命令为图中另有详图的某一部分标注索引号，指出表示这些部分的详图在哪张图上，分为"指向索引"和"剖切索引"两类，索引符号的对象编辑新提供了增加索引号与改变剖切长度的功能。

命令启动方法

- 菜单命令:【符号标注】/【索引符号】。
- 工具栏图标: 。
- 命令: TIndexPtr。

执行命令后, 弹出【索引符号】对话框, 如图 11-15 所示。

其中的控件功能与【引出标注】命令类似, 区别在于本命令分为"指向索引"和"剖切索引"两类, 标注时按要求选择标注类型。

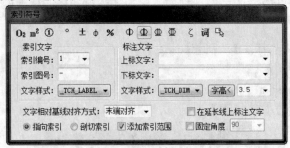

图11-15　【索引符号】对话框

选中【指向索引】单选项时的命令行提示:

请给出索引节点的位置<退出>:	//点取需索引的部分
请给出索引节点的范围<0.0>:	//拖动圆上一点, 单击定义范围或按 Enter 键不画出范围
请给出转折点位置<退出>:	//拖动点取索引引出线的转折点
请给出文字索引号位置<退出>:	//点取插入索引号圆圈的圆心

选择【剖切索引】单选项时的命令行提示:

请给出索引节点的位置<退出>:	//点取需索引的部分
请给出转折点位置<退出>:	//按 F8 键打开正交, 拖动点取索引引出线的转折点
请给出文字索引号位置<退出>:	//点取插入索引号圆圈的圆心
请给出剖视方向<当前>:	//拖动给点定义剖视方向

双击索引标注对象可进入编辑对话框, 双击索引标注文字部分进入文字在位编辑。

夹点编辑增加了"改变索引个数"功能, 拖动边夹点即可增删索引号, 向外拖动增加索引号, 超过两个索引号时向左拖动至重合可删除索引号, 双击文字修改新增索引号的内容, 超过两个索引号的符号在导出 TArch 3～TArch 6 格式时分解索引符号对象为 AutoCAD 基本对象。

11.5.5　图名标注

一个图形中绘有多个图形或详图时, 需要在每个图形下方标出该图的图名, 并且同时标注比例。本命令是新增的专业对象, 比例变化时会自动调整其中文字到合理大小。

命令启动方法

- 菜单命令:【符号标注】/【图名标注】。
- 工具栏图标: 。
- 命令: TDrawingName。

执行命令后, 弹出【图名标注】对话框, 如图 11-16 所示。

图11-16 【图名标注】对话框

在对话框中编辑好图名内容，选择合适的样式后，按命令行提示标注图名。

双击图名标注对象进入对象编辑修改样式设置，双击图名文字或比例文字进入在位编辑修改文字。

11.5.6 剖切符号

【剖切符号】命令从 Tarch 2013 版本开始取代以前的【剖面剖切】与【断面剖切】命令，扩充了任意角度的转折剖切符号绘制功能，用于图中标注制图标准规定的剖切符号，用于定义编号的剖面图，表示剖切断面上的构件及从该处沿视线方向可见的建筑部件，生成剖面时执行【建筑剖面】与【构件剖面】命令需要事先绘制此符号，用以定义剖面方向。

命令启动方法
- 菜单命令：【符号标注】/【剖切符号】。
- 工具栏图标： 。
- 命令：TSection。

执行命令后，弹出【剖切符号】对话框，如图 11-17 所示。

图11-17 【剖切符号】对话框

工具栏从左到右，分别是"正交剖切""正交转折剖切""非正交转折剖切"和"断面剖切"命令共 4 种剖面符号的绘制方式。勾选【剖面图号】，可在剖面符号处标注索引的剖面图号，右边的标注位置、标注方向、字高、文字样式都是有关剖面图号的，剖面图号的标注方向有两个：剖切位置线和剖切方向线。

单击"正交转折剖切" 图标后，命令行提示：

点取第一个剖切点<退出>：	//给出第一点 P1
点取第二个剖切点<退出>：	//沿剖切线给出第二点 P2
点取下一个剖切点<结束>：	//沿剖切线给出第三点 P3
点取下一个剖切点<结束>：	//给出结束点 P4
点取下一个剖切点<结束>：	//按 Enter 键表示结束
点取剖视方向<当前>：	//给点 P5 表示剖视方向

图 11-18 所示为按以上的【正交转折剖切】命令交互创建的阶梯剖切符号。

图11-18　阶梯剖切符号

单击"非正交转折剖切"图标后，命令行提示：

点取第一个剖切点<退出>：	//给出第一点 P1
点取第二个剖切点<退出>：	//沿剖切线给出转折点即第二点 P2
点取下一个剖切点<结束>：	//拖动剖切线按要求转折方向给出第三点 P3
点取剖切方向<当前>：	//给点 P4 指示剖视方向

标注完成后，拖动不同夹点即可改变剖面符号的位置及改变剖切方向，双击可以修改剖切编号。

本功能对应命令工具栏的第 4 个图标，在图中标注国标规定的剖面剖切符号，指不画剖视方向线的断面剖切符号，以指向断面编号的方向表示剖视方向，在生成剖面中要依赖此符号定义剖面方向。

单击"断面剖切"图标后，命令行提示：

点取第一个剖切点<退出>：	//给出起点
点取第二个剖切点<退出>：	//沿剖线给出终点
点取剖视方向<当前>：	//给点表示剖视方向

此时在两点间可预览该符号，移动鼠标光标改变当前默认的方向，单击确认或按 Enter 键采用当前方向，完成断面剖切符号的标注。

标注完成后，拖动不同夹点即可改变剖面符号的位置及改变剖切方向。

11.5.7　绘制云线

2010 年新版《房屋建筑制图统一标准》7.4.4 条增加了绘制云线功能，用于在设计过程中表示审校后需要修改的范围。

命令启动方法

- 菜单命令：【符号标注】/【绘制云线】。
- 工具栏图标：。
- 命令：trevcloud。

选择菜单命令后，对话框显示如图 11-19 所示。

图11-19　绘制云线对话框

在对话框中选择云线类型是【普通】还是【手绘】，手绘云线效果比较突出，但比较耗费图形资源，如果勾选复选框【修改版次】，会在云线给定一个角位处标注一个表示图纸修改版本号的三角形版次标志，如图 11-20 所示。

手绘云线　　普通云线

图11-20　云线示例

最大和最小弧长用于绘制云线的规则程度，对话框下面提供了一个工具栏，从左到右分别是"矩形云线""圆形云线""任意绘制"和"选择已有对象生成"共 4 种生成方式。

1. 矩形云线，命令行提示：

　　请指定第一个角点<退出>：　　　//点取矩形云线的左下角点，右键、回车或空格直接退出命令

　　请指定另一个角点<退出>：　　　//点取矩形云线的右下角点，右键、回车或空格直接退出命令

　　请指定版次标志的位置<取消>：//如果在对话框中勾选【修改版次】会显示本提示，给点回应，在给点上绘制三角形的版号标识。

2. 圆形云线，命令行提示：

　　请指定圆形云线的圆心<退出>：　//点取圆形云线的圆心，右键、回车或空格直接退出命

　　请指定圆形云线的半径<XXX>：　//拖动引线给点或键入圆形云线的半径，右键、回车或空格采用上次输入的半径

　　请指定版次标志的位置<取消>：//如果在对话框中勾选【修改版次】会显示本提示，在所需位置点给点回应，在给点上绘制三角形的版号标识

3. 任意绘制云线，命令行提示：

　　指定起点<退出>：　　　　　　//点取一个云线起点

　　沿云线路径引导十字光标…　　//拖动十字光标围出需要绘制云线的区域，在接近围合处任意位置给点，命令自动围合

　　修订云线完成。　　　　　　　//注意不需要一定点取起点闭合云线，也不要单击鼠标右键，任何位置左键给点即可自动完成

　　请指定版次标志的位置<取消>：//如果在对话框中勾选【修改版次】会显示本提示，在所需位置点给点回应，在给点上绘制三角形的版号标识

4. 选择已有对象生成，命令行提示：

　　请选择要转换为云线的闭合对象<退出>：//点取闭合的圆、闭合多段线、椭圆作为闭合对象，右键、回车或空格直接退出命令

　　请指定版次标志的位置<取消>：//如果在对话框中勾选【修改版次】会显示本提示，在所需位置点给点回应，在给点上绘制三角形的版号标识

11.5.8　画对称轴

本命令用于在施工图纸上标注表示对称轴的自定义对象。

命令启动方法

- 菜单命令：【符号标注】/【画对称轴】。
- 工具栏图标：⬍。
- 命令：TSymmetry。

选择菜单命令后，命令行提示：

```
起点或[参考点(R)] [<退出>]：          //给出对称轴的端点 P1
终点<退出>：                          //给出对称轴的端点 P2
```

画出图 11-21 所示的对称轴对象。

拖动对称轴上的夹点，可修改对称轴的长度、端线长、内间距等几何参数。

图11-21　对称轴对象

11.5.9　画指北针

【画指北针】命令在图上绘制一个国标规定的指北针符号，从插入点到橡皮线的终点定义为指北针的方向，这个方向在坐标标注时主要起指示北向坐标的作用。

命令启动方法

- 菜单命令：【符号标注】/【画指北针】。
- 工具栏图标：⊕。
- 命令：T81_TNorthThumb。

执行命令后，命令行提示：

```
指北针位置<退出>：                    //点取指北针的插入点
指北针方向<90.0>：0                   //拖动鼠标或键入角度定义指北针方向，X 正向为 0
```

画出图 11-22 所示的指北针对象，其中文字"北"总是与当前 UCS 上方对齐，但它是独立的文字对象，编辑时不会自动处理与符号的关系。

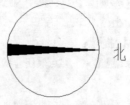

图11-22　指北针对象

11.6 上机综合练习

【练习11-4】：打开附盘文件"dwg\第 11 章\11-4.dwg"，完成图 11-23 所示某图书馆首层平面图的标注。

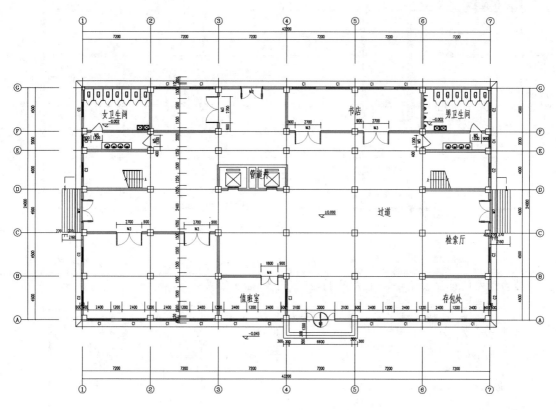

图11-23 某图书馆首层平面标注综合练习

1. 启动两点标注，按照命令行提示：

    起点(当前墙面标注)或[墙中标注(C)]<退出>：

    //在标注尺寸线一端点取起始点或键入字母"C"进入墙中标注，提示相同

    终点<选物体>： //在标注尺寸线另一端点取结束点

    请选择不要标注的轴线和墙体：

    //如果要略过其中不需要标注的轴线和墙，这里有机会去掉这些对象

    请选择不要标注的轴线和墙体： //按 Enter 键结束选择

    选择其他要标注的门窗和柱子： //选取图元的方法选择其他墙段上的窗等图元

    请输入其他标注点[参考点(R)]<退出>： //选择其他点

    请输入其他标注点[参考点(R)/撤销上一标注点(u)]<退出>：

    //选择其他点或键入"U"撤销标注点，按 Enter 键结束标注

    取点时可选用有对象捕捉（快捷键 F3 切换）的取点方式定点，天正软件可将前后多次选定的对象与标注点一起完成标注。完成图 11-24 所示的标注结果。

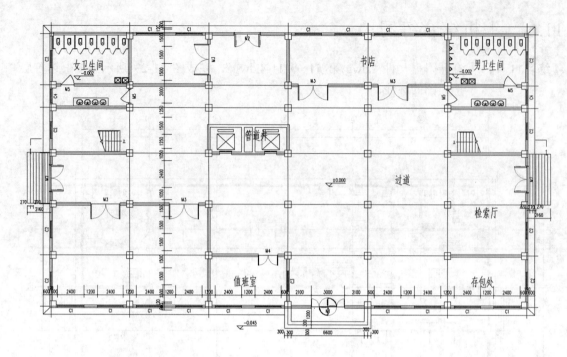

图11-24　【两点标注】命令完成结果

2.　启动【内门标注】命令，完成图 11-25 所示的标注结果。

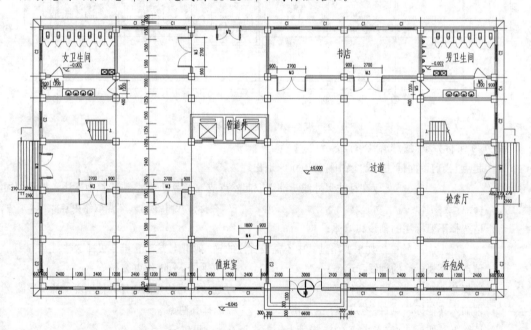

图11-25　【内门标注】命令完成结果

11.7　小结

本章主要内容如下。

(1) 本章主要讲授标注的相关内容。天正软件提供了专用于建筑工程设计的尺寸标注对象，本节主要介绍了天正尺寸标注的夹点行为和对象特点，除了默认的毫米单位外，可切换到米单位标注。

(2) 尺寸标注的创建：天正尺寸标注可针对图上的门窗、墙体对象的特点进行门窗墙体标注，也可以按几何特征对直线、角度、弧长进行标注，可把 AutoCAD 标注转化为天正尺寸标注。

(3) 尺寸标注的编辑：介绍了针对天正尺寸标注的各种专门的尺寸编辑命令，除了在屏幕菜单点取外，主要通过选取尺寸对象后在快捷菜单中执行。

(4) 符号标注的概念：按照国标规定的建筑工程符号画法，天正软件提供了自定义符号标注对象，可方便地绘制剖切号、指北针、箭头、详图符号、引出标注等工程符号，修改极其方便。

(5) 坐标与标高符号：针对总图制图规范的要求，天正软件提供了符合规范的坐标标注和标高标注符号，适用于各种坐标系下对米单位和毫米单位的总图平面图进行标注。

(6) 工程符号标注：创建天正符号标注绝非是简单的插入符号图块，而是在图上添加了代表建筑工程专业含义的图形符号对象，平面图的剖面符号可用于立面和剖面工程图生成。

(7) 天正软件提供先进的门窗和尺寸标注的智能联动功能，门窗尺寸发生变化后，对应的线性尺寸自动更新。

(8) 天正软件专门针对建筑行业图纸的尺寸标注开发了自定义尺寸标注对象，轴号、尺寸标注、符号标注和文字都使用对建筑绘图最方便的自定义对象进行操作，取代了传统的尺寸、文字对象。按照国家建筑制图规范的标注要求，天正对 AutoCAD 的夹点提供了前所未有的灵活修改手段。由于自定义尺寸标注对象专门为建筑行业设计，在使用方便的同时又简化了标注对象的结构，节省了内存，减少了命令的数目。

(9) 在专业符号的标注中，天正软件按照规范中制图图例所需的符号创建了自定义的符号对象，各自带有专业夹点，内含比例信息自动符合出图要求，需要编辑时夹点拖动的行为完全符合设计规范的规定。自定义符号对象的引入完善地解决了 AutoCAD 符号标注规范化、专业化的问题。

11.8 习题

1. 针对本章尺寸标注、标注编辑、符号标注等内容，对照教材上机验证。
2. 对本章小结进行整理，逐条验证并归纳总结。
3. 在前几章的练习图中标注相应尺寸、相应符号。
4. 在前几章的练习图底层中加上指北针。

第12章 文件与布图

【学习重点】

- 天正工程管理。
- 图纸布局的概念。
- 图纸布局命令。
- 格式转换导出。
- 图形转换工具。
- 图框的用户定制。

12.1 天正工程管理

天正软件中使用工程管理的目的是希望能灵活地管理同属于一个工程的图纸文件，在 AutoCAD 2005 中也有图纸集管理方式，但是 AutoCAD 的图纸集必须基于 AutoCAD 2005 以上版本。而天正提供了实用的工程管理也使用了图纸集的概念，但天正图纸集可适用于 AutoCAD 2000 以上的任何版本，不局限于最新版本，也可以适用于模型空间和图纸空间，满足了国内用户使用习惯和所拥有的 AutoCAD 平台版本的实际状况。

12.1.1 天正工程管理的概念

在实际工程中，我们一般是把同属于一个工程的文件放在同一个文件夹下进行管理。根据工程的复杂程度，有时可能有子目录，还可能有多重子目录，这也是高效工作的前提条件。

天正工程管理也是把用户所设计的大量图形文件按"工程"或者说"项目"区别开来，首先要求用户把同属于一个工程的文件放在同一个文件夹下进行管理，这样符合用户日常工作的习惯。

工程管理并不要求用户的平面图必须是一个楼层平面按一个 DWG 文件保存，天正软件允许用户使用一个 DWG 文件保存多个楼层平面，旧版本总是强调每一个楼层平面分别保存一个 DWG 文件，新版本比旧版本的要求更宽松。【工程管理】命令可以接受一部分楼层平面在一个 DWG 文件，而另一些楼层在其他 DWG 文件这样的情况。

12.1.2 工程管理

【工程管理】命令启动 TArch 2014 的工程管理界面，其展开与收缩状态如图 12-1 所示，建立由各楼层平面图组成的楼层表，在界面上方提供了创建立面、剖面、三维模型等图形的工具栏图标。

命令启动方法

- 菜单命令:【文件布图】/【工程管理】。
- 工具栏图标: ⊞。
- 命令: TProjectManager。

执行命令或按 Ctrl+⊡ 组合键均可启动【工程管理】界面，再次执行可关闭该界面，并可设置为"自动隐藏"，仅显示一个共用的标题栏，当鼠标指针进入标题栏中的工程管理区域时，界面会自动展开。

图12-1　【工程管理】界面

单击界面上方的下拉列表，打开工程管理菜单，选择工程管理命令，如图 12-2 所示。

图12-2　工程管理菜单

楼层表是使用工程管理中的"楼层表"功能创建的，为保证与 TArch 5～TArch 2014 兼容，提供了【导入楼层表】与【导出楼层表】命令。

12.1.3　新建工程

【新建工程】命令为当前图形建立一个新的工程，并要求用户为工程命名。

命令启动方法

菜单命令:【文件布图】/【工程管理】/【新建工程】。

执行命令后，弹出【另存为】对话框，如图 12-3 所示。

图12-3　【另存为】对话框

在对话框中选取保存该工程 DWG 文件的文件夹作为路径，键入新工程名称，单击 保存(S) 按钮把新建工程保存为"工程名称.tpr"文件。

12.1.4　打开工程

【打开工程】命令打开已有工程，在图纸集中的树形列表中列出本工程的名称与该工程所属的图形文件名称，在楼层表中列出本工程的楼层定义。

命令启动方法

菜单命令:【文件布图】/【工程管理】/【打开工程】。

执行命令后，弹出【打开】对话框，如图 12-4 所示。

图12-4　【打开】对话框

在对话框中浏览要打开的工程文件（*.tpr），单击 打开(O) 按钮，打开该工程文件。

打开最近工程：单击工程名称下拉列表中的【最近工程】，可以看到最近打开过的工程列表，单击其中一个工程即可打开。

天正工程管理

12.1.5　导入楼层表

【导入楼层表】命令用于把已有旧版的.dbf 格式的楼层表升级为新版的.tpr 格式的工程文件。命令要求该工程的文件夹下要存在 building.dbf 楼层表文件，否则会显示【没有发现楼层表】的警告框。命令应在【新建工程】后执行，没有交互过程，结果自动导入 TArch 5~TArch 6 版本创建的楼层表数据，自动创建天正图纸集与楼层表。

12.1.6　导出楼层表

【导出楼层表】命令纯粹为保证图纸交流设计，用于把天正建筑当前版本的工程转到天正建筑 6 下完成时才会使用，执行结果则在 "tpr" 文件所在文件夹创建一个 "Building.dbf" 楼层表文件。

 当本工程存在一个 DWG 文件下保存多个楼层平面的局部楼层，会显示 "导出楼层表失败" 的提示，因为此时无法做到与旧版本兼容。

12.1.7　保存工程

工程在关闭设计文件时能自动保存，但当文件特别大、存在有风险操作的时候可用此命令提前保存工程数据。

建议读者在建好一项新工程后，在【工程管理】菜单中，选择【保存工程】，以备后用。工程文件为 "*.tpr"，忘记了可以搜索出来。

12.1.8　图纸集

图纸集是用于管理属于工程的各个图形文件的，以树状列表添加图纸文件创建图纸集。它以快捷菜单及双击、拖动文件名等方式操作。

打开已有图纸：在图纸集下列出了当前工程打开的图纸，双击图纸文件名即可打开。

调整图纸位置：拖放树状列表中的类别或文件图标可以改变其在列表中的位置。

图纸集右键菜单命令的说明如下。

- 【添加图纸】：可以为当前的类别或工程下添加图纸文件，从硬盘中选取已有的 DWG 文件或建立新图纸（双击该图纸时才新建 DWG 文件）。
- 【添加类别】：可以为当前的工程下添加新类别，如添加 "门窗详图" 类别。
- 【添加子类别】：在当前类别下一层添加子类别，如在 "平面图" 类别下添加 "平面 0511 修订" 类别。
- 【收拢】：把当前鼠标光标选取位置下的下层目录树结构收起来，单击⊞按钮重新展开。
- 【重命名】：把当前鼠标光标选取位置的类别或文件重新命名。
- 【移除】：把当前鼠标光标选取位置的类别或文件从树状目录中移除，但不删除文件本身。

标题上的图标为【图纸目录】命令，用于创建基于本工程图纸集的图纸目录。

251

12.1.9　楼层表

在 TArch 2014 中，以楼层表中的图标命令控制属于同一工程中的各个标准层平面图，允许不同的标准层存放于一个图形文件下，通过图 12-5 所示的⊡按钮，在本图上框选标准层的区域范围，具体命令的使用详见立面、剖面等命令。注意地下层层号用负值表示，如地下一层层号为 "-1"，地下二层层号为 "-2"。

图12-5　楼层表操作示意图

楼层表功能包括楼层表与工具命令两大类，操作界面如图 12-5 所示。

楼层表操作的说明如下。

- 【层号】：一组自然层号顺序，格式为 "起始层—结束层号"，从第一行开始填写，一组自然层顺序对应一个标准层文件，如 "3-10" 表示 3 到 10 层为此标准层。
- 【层高】：填写这个标准层的层高，层高不同的楼层属于不同的标准层，单位为毫米。
- 【文件】：填写这个标准层的文件名，单击空白文件栏出现按钮，单击该按钮浏览选取文件定义标准层。
- 【行首】：单击行首按钮表示选一行，用鼠标右键单击显示对本行操作的菜单，双击在本图预览框选的标准层定义范围。
- 【下箭头】：单击增加一行。

楼层工具命令的说明（从左到右）如下。

- ☞：选择标准层文件，先单击表行选择一个标准层，单击此按钮为该标准层指定一个 DWG 文件。
- ⊡：在当前图中框选楼层范围，同一个文件中可布置多个楼层平面，先单击表行选择对应当前图的标准层，命令行提示：

  选择第一个角点<取消>：　　　　　　　　//选取定义范围的第一点

  另一个角点<取消>：　　　　　　　　　//选取定义范围对角点

  对齐点<取消>：　　　　　　　　　　　//从图上取一个标志点作为各楼层平面的对齐点

- ⚞：三维组合创建模型，以楼层定义创建三维建筑模型。
- ▤：建筑立面，以楼层定义创建建筑立面图。
- ▦：建筑剖面，以楼层定义创建建筑剖面图。

- ▽: 门窗检查,检查工程各层平面图的门窗定义。
- ▦: 门窗总表,创建工程各层平面图的门窗总表。

12.1.10 三维组合

本功能从楼层表获得标准层与自然层的关系,把平面图按用户在对话框中的设置转化为三维模型,按自然层关系叠加成为整体建筑模型,可供三维渲染使用,图 12-6 所示为【楼层组合】对话框。

图12-6 【楼层组合】对话框

对话框控件的说明如下。

- 【分解成实体模型】:为了输出到其他软件进行渲染(如 3DS Max),系统自动把各个标准层内的专业构件(如墙体、柱子)分解成三维实体(3DSOLID),用户可以使用相关的命令进行编辑。
- 【分解成面模型】:系统自动把各个标准层内的专业构件分解成网格面,用户可以使用拉伸(Stretch)等命令修改。
- 【以外部参照方式组合三维】:勾选此项,各层平面不插入本图,通过外部参照(Xref)方式生成三维模型,这种方式可以减少图形文件的开销,同时在各平面图修改后的三维模型能做到自动更新,但生成的三维模型仅供 AutoCAD 使用,不能导出到 3ds Max 进行渲染。
- 【排除内墙】:若勾选此项,生成的三维模型就不显示内墙,可以简化模型,减少渲染工作量。注意确认各标准层平面图时,应事先执行【识别内外】命令。
- 【消除层间线】:若勾选此项,生成的三维模型把各楼层墙体进行合并成为一个实体,否则各层是分开的多个实体。

单击【楼层组合】对话框中的 确定 按钮后,显示【输入要生成的三维文件】对话框,如图 12-7 所示,设置文件名,单击 保存(S) 按钮后输出三维模型,图 12-8 所示为输出三维模型实例。

图12-7 【输入要生成的三维文件】对话框

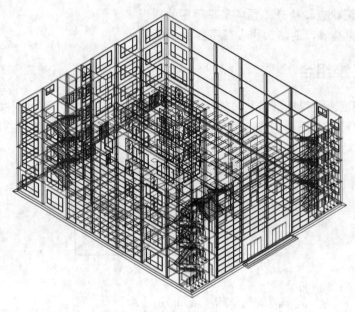

图12-8　三维模型输出实例

12.2　图纸布局的概念

图纸布局包括多比例布图、单比例布图。

12.2.1　多比例布图的概念

在软件中建筑对象在模型空间设计时都是按 1∶1 的实际尺寸创建的，布图后在图纸空间中这些构件对象相应缩小了出图比例的倍数（1∶3 就是 ZOOM 0.333XP），换言之，建筑构件无论当前比例多少都是按 1∶1 创建，当前比例和改变比例并不改变构件对象的大小。而对于图中的文字、工程符号、尺寸标注及断面填充和带有宽度的线段等注释对象，则情况有所不同，它们在创建时的尺寸大小相当于输出图纸中的大小乘以当前比例，可见它们与比例参数密切相关，因此在执行【当前比例】和【改变比例】命令时，实际上改变的就是这些注释对象。

所谓布图就是把多个选定的模型空间的图形分别按各自画图使用的"当前比例"为倍数，缩小放置到图纸空间中的视口，调整成合理的版面，其中比例计算还比较麻烦，不过用户不必操心，天正已经设计了【定义视口】命令为您代劳，而且插入后还可以执行【改变比例】命令修改视口图形，系统能把注释对象自动调整到符合规范。

简而言之，布图后系统自动把图形中的构件和注释等所有选定的对象，缩小一个出图比例的倍数，放置到给定的一张图纸上。对图上的每个视口内的不同比例图形重复【定义视口】操作，最后拖动视口调整好出图的最终版面，就是"多比例布图"。

下面是多比例布图的方法。

(1)　使用【当前比例】命令设定图形的比例，如先画 1∶50 的图形部分。

(2)　按设计要求绘图，对图形进行编辑修改，直到符合出图要求。

(3) 在 DWG 不同区域重复执行(1)、(2)的步骤,改为按 1∶25 的比例绘制其他部分。

(4) 单击图形下面的【布局】标签,进入图纸空间。

(5) 以 AutoCAD 中的【文件】/【页面设置】命令配置好适用的绘图机,在【布局】设置栏中设定打印比例为 1∶1,单击 确定 按钮保存参数,删除自动创建的视口。

(6) 选择【文件布图】/【定义视口】命令,设置图纸空间中的视口,重复执行该步骤定义 1∶5,1∶3 等多个视口。

(7) 在图纸空间选择【文件布图】/【插入图框】命令,设置图框比例参数为 1∶1,单击 确定 按钮插入图框,最后打印出图。

多比例布图的实例如图 12-9 所示。

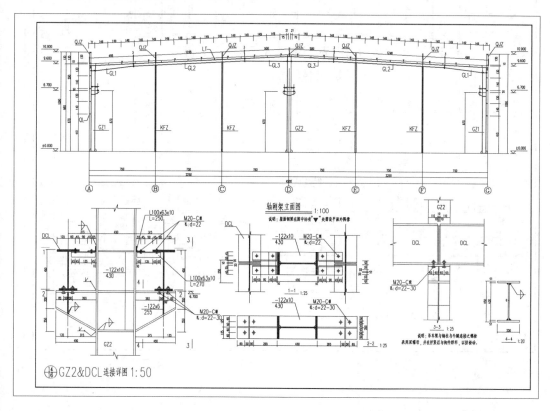

图12-9 多比例布图实例

12.2.2 单比例布图的概念

在软件中建筑对象在模型空间设计时都是按 1∶1 的实际尺寸创建的,当全图只使用一个比例时,不必使用复杂的图纸空间布图,直接在模型空间就可以插入图框出图了。

出图比例就是用户画图前设置的"当前比例",如果出图比例与画图前的"当前比例"不符,就要用【改变比例】命令修改图形,并选择图形的注释对象(包括文字、标注、符号等)进行更新。

下面是单比例布图的方法。

(1) 使用【当前比例】命令设定图形的比例,以 1∶20 为例。

(2) 按设计要求绘图，对图形进行编辑修改，直到符合出图要求。

(3) 选择【文件布图】/【插入图框】命令，按图形比例（如 1：20）设置图框比例参数，单击 确定 按钮插入图框。

(4) 以 AutoCAD 的【文件】/【页面设置】命令配置好适用的绘图机，在对话框中的【布局】设置栏中按图形比例大小设定打印比例（如 1：20）。单击 确定 按钮保存参数，或者打印出图。

单比例布图的实例如图 12-10 所示。

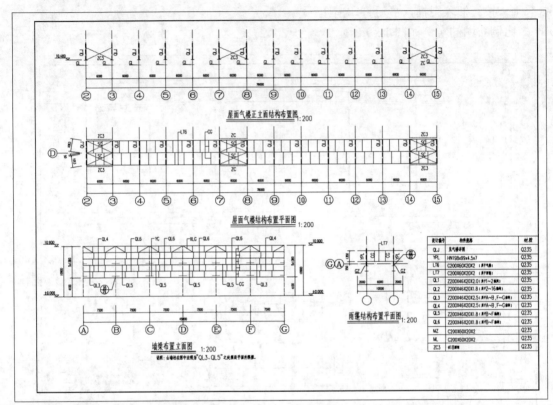

图12-10　单比例布图实例

12.3　图纸布局命令

图纸布局命令包括插入图框、图纸目录、定义视口、视口放大、改变比例及布局旋转等。

12.3.1　插入图框

在当前模型空间或图纸空间插入图框，提供了通长标题栏功能及图框直接插入功能，在预览图像框提供鼠标滚轮缩放与平移功能，插入图框前按当前参数拖动图框，可用于测试图幅是否合适。图框和标题栏均统一由图框库管理，能使用的标题栏和图框样式不受限制，新的带属性标题栏支持图纸目录生成。

一、命令启动方法

- 菜单命令：【文件布图】/【插入图框】。
- 工具栏图标：。
- 命令：TTitleFrame。

【练习12-1】： 打开附盘文件"dwg\第12章\12-1.dwg"，完成图12-11所示图框的插入。

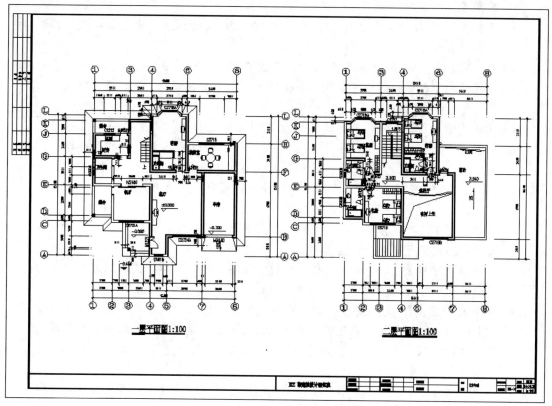

图12-11　图框插入实例

1. 执行命令后，弹出【插入图框】对话框，进行参数设置，如图12-12所示。

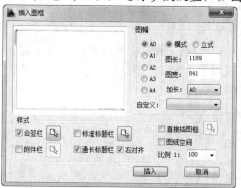

图12-12　【插入图框】对话框

2. 单击 插入 按钮后，如当前为模型空间，基点为图框中点，拖动图框同时命令行提示：

　　　请点取插入位置<返回>：　　　　　　　　　　　//点取图框位置即可插入图框

对话框控件的功能说明如下。

- 【图幅】: 有 A4～A0 共 5 种标准图幅, 单击某一图幅的按钮, 就选定了相应的图幅, 高校学生平常练习用 A3 图幅较多。
- 【横式】/【立式】: 选定图纸格式为立式或横式。
- 【图长】/【图宽】: 通过键入数字, 直接设定图纸的长宽尺寸或显示标准图幅的图长与图宽。
- 【加长】: 选定加长型的标准图幅。单击右边的下拉列表, 出现多种国标加长图幅以供选择。
- 【自定义】: 如果使用过在图长和图宽栏中输入的非标准图框尺寸, 命令会把此尺寸作为自定义尺寸保存在此下拉列表中, 单击右边的下拉列表可以从中选择已保存的 20 个自定义尺寸。
- 【比例】: 设定图框的出图比例, 此数字应与【打印】对话框中的【打印比例】值一致。此比例也可从下拉列表中选取, 如果列表没有, 也可直接输入。选中【图纸空间】复选项后, 此控件暗色显示, 比例自动设为 1 : 1。
- 【图纸空间】: 勾选此项, 当前视图切换为图纸空间 (布局), 比例自动设置为 1 : 1。
- 【会签栏】: 勾选此项, 允许在图框左上角加入会签栏, 单击右边的按钮从图框库中可选取预先入库的会签栏。
- 【标准标题栏】: 勾选此项, 允许在图框右下角加入国标样式的标题栏, 单击右边的按钮从图框库中可选取预先入库的标题栏。
- 【通长标题栏】: 勾选此项, 允许在图框右方或下方加入用户自定义样式的标题栏, 单击右边的按钮从图框库中可选取预先入库的标题栏, 命令自动从用户所选中的标题栏尺寸判断插入的是竖向或是横向的标题栏, 采取合理的插入方式并添加通栏线。
- 【右对齐】: 图框在下方插入横向通长标题栏时, 勾选【右对齐】复选项可使标题栏右对齐, 左边插入附件。
- 【附件栏】: 勾选【通长标题栏】复选项后, 【附件栏】可选, 选中【附件栏】复选项后, 允许图框一端加入附件栏。单击右边的按钮从图框库中可选取预先入库的附件栏, 可以是设计单位徽标或会签栏。
- 【直接插图框】: 勾选此项, 允许在当前图形中直接插入带有标题栏与会签栏的完整图框, 而不必选择图幅尺寸和图纸格式, 单击右边的按钮从图框库中可选取预先入库的完整图框。

二、 图框的插入方法与特点

由图库中选取预设的标题栏和会签栏, 实时组成图框插入, 使用方法如下。

(1) 可在图幅栏中先选定所需的图幅格式是横式还是立式, 然后选择图幅尺寸是 A4～A0 中的某个尺寸, 需加长时从【加长】下拉列表中选取相应的加长型图幅, 如果是非标准尺寸, 在图长和图宽栏内直接键入。

(2) 图纸空间下插入时勾选【图纸空间】, 模型空间下插入则选择出图比例, 再确定是否需要标题栏、会签栏, 是使用标准标题栏还是使用通长标题栏。

（3）　如果选择了通长标题栏，单击选择按钮后，进入图框库选择按水平图签还是竖置图签格式布置。

（4）　如果还有附件栏要求插入，单击选择按钮后，进入图框库选择合适的附件，是插入院徽还是插入其他附件。

（5）　确定所有选项后，单击 插入 按钮，屏幕上出现一个可拖动的蓝色图框，移动鼠标拖动图框，看尺寸和位置是否合适，在合适位置取点插入图框。如果图幅尺寸或方向不合适，可以按 Enter 键返回对话框，重新选择参数。

直接插入事先入库的完整图框，使用方法如下。

（1）　在图 12-13 所示的对话框中勾选【直接插图框】复选项，然后单击其右侧的按钮，进入图框库选择完整图框，每个标准图幅和加长图幅都要独立入库，每个图框都是带有标题栏和会签栏、院标等附件的完整图框。

图12-13　直接插入已入库图框

（2）　图纸空间下插入时勾选【图纸空间】复选项，模型空间下插入则选择比例。

（3）　确定所有选项后，单击 插入 按钮，其他与前面叙述相同。

单击 插入 按钮后，如当前为模型空间，基点为图框中点，拖动图框，同时命令行提示：

　　　请点取插入位置<返回>：　　　　　　　　//点取图框位置即可插入图框

三、　在图纸空间插入图框的特点

在图纸空间中插入图框与模型空间的区别，主要是在模型空间中图框插入基点居中拖动套入已经绘制的图形，而一旦在对话框中勾选【图纸空间】复选项，绘图区立刻切换到图纸空间中的【布局 1】，图框的插入基点则自动定为左下角，默认插入点为"0,0"，命令行提示：

　　　请点取插入位置或[原点(z)]<返回>z：　　　　//点取图框插入点即可在其他位置插入图框

键入 "Z" 默认插入点为 "0,0"，按 Enter 键返回，重新更改参数。

四、　预览图像框的使用

预览图像框提供鼠标滚轮和中键的支持，可以放大和平移在其中显示的图框，清楚地看到所插入的标题栏详细内容。

12.3.2　图纸目录

图纸目录自动生成功能按照国标图集 04J801《民用建筑工程建筑施工图设计深度图样》4.3.2 条文的要求，参考图纸目录实例和一些甲级设计院的图框编制。

【图纸目录】命令的执行对图框有下列要求。

(1)　图框的图层名与当前图层标准中的名称一致（默认是 PUB_TITLE）。

(2)　图框必须包括属性块（图框图块或标题栏图块）。

(3)　属性块必须有以图号和图名为属性标记的属性，图名也可用图纸名称代替，其中图号和图名字符串中不允许有空格，如不接受"图　名"这样的写法。

【图纸目录】命令要求配合具有标准属性名称的特定标题栏或图框使用，图框库中的图框横栏提供了符合要求的实例，用户应参照该实例进行图框的用户定制，入库后形成该单位的标准图框库或标准标题栏，并且在各图上双击标题栏将默认内容修改为实际工程内容，如图 12-14 所示。

图12-14　图框标题栏的文字属性

标题栏修改完成后，即可打开将要插入图纸目录表的图形文件，创建图纸目录的准备工作完成。可从【文件布图】菜单执行【图纸目录】命令，在【工程管理】界面上的【图纸】栏有图标也可启动本命令。

命令启动方法

- 菜单命令：【文件布图】/【图纸目录】。
- 工具栏图标：▦。
- 命令：TTitleList。

执行命令后，弹出图 12-15 所示的【图纸文件选择】对话框并自动搜索图纸。

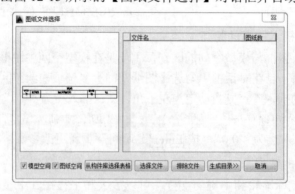

图12-15　生成图纸目录的图形文件选择

对话框控件的功能说明如下。

- 【模型空间】：默认勾选表示在已经选择的图形文件中包括模型空间里插入的图框，取消勾选则表示只保留图纸空间图框。
- 【图纸空间】：默认勾选表示在已经选择的图形文件中包括图纸空间里插入的

图框，取消勾选则表示只保留模型空间图框。

- 选择文件：进入【选择文件】对话框，选择要添加入图纸目录列表的图形文件，按 Shift 键可以一次选多个文件。

- 排除文件：选择要从图纸目录列表中打算排除的文件，按 Shift 键可以一次选多个文件，单击该按钮则把这些文件从列表中去除。

- 生成目录>>：单击该按钮，命令行提示：

请点取图纸目录插入位置<返回>：

//在适当位置点取即可完成图纸目录

命令开始在当前工程的图纸集中搜索图框（图形文件首先应被添加进图纸集），找到一个图框算图纸数量一张，进入对话框后在其中的电子表格中列出来，用户首先要单击 选择文件 按钮，把其他参加生成图纸目录的文件选择进来，图 12-16 所示为图纸目录生成实例。

图 纸 目 录

| 工程名称 | 别墅 | 专业名称 | 结构 |
| | | 第 1 页 共 1 页 |

序号	图 纸 内 容	幅面	备注
01	结构设计总说明	A2	
02	基础平面布置图	A2	
03	基础顶~4.470柱布置图	A2	
04	4.470~屋顶柱布置图	A2	
05	二层梁平法施工图	A2	
06	三层梁平法施工图	A2	
07	屋顶梁平法施工图	A2	
08	二层板配筋图	A2	
09	三层板配筋图	A2	
10	屋顶板配筋图	A2	
11	楼梯详图	A2	

| 审定 | | 工程负责人 | | 专业负责人 | | 注册师 | | |
| 审核 | | 校对 | | 设计 | | 日期 | | 2010.04 |

图12-16　图纸目录生成实例

12.3.3　定义视口

【定义视口】命令将模型空间中指定区域的图形以给定的比例布置到图纸空间，创建多比例布图的视口。

命令启动方法

- 菜单命令：【文件布图】/【定义视口】。
- 工具栏图标：🔲。
- 命令：TMakeVP。

执行命令后，如果当前空间为图纸空间，会切换到模型空间，同时命令行提示：

输入待布置的图形的第一个角点<退出>：　　　　　　　　//点取视口的第一点

输入另一个角点<退出>：　　　　　　　　　　　　　　//点取视口的第二点

图形的输出比例 1：<100>：　　　　　　　　　　　//键入视口的比例，系统

切换到图纸空间，点取视口的位置，将其布置到图纸空间中

如果采取先布图后绘图，在模型空间中框定一空白区域选定视口后，将其布置到图纸空间中，此比例要与即将绘制的图形的比例一致。

可一次建立比例不同的多个视口，用户可以分别进入到每个视口中，使用天正的命令进行绘图和编辑工作，图 12-17 所示为定义视口示意图。

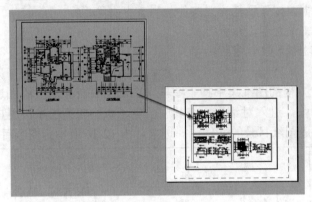

图12-17　定义视口示意图

12.3.4　视口放大

【视口放大】命令把当前工作区从图纸空间切换到模型空间，并提示选择视口按中心位置放大到全屏，如果原来某一视口已被激活，则不出现提示，直接放大该视口到全屏。

命令启动方法

- 菜单命令：【文件布图】/【视口放大】。
- 工具栏图标：▥。
- 命令：TMaxVport。

执行命令后，命令行提示：

　　请点取要放大的视口<退出>：　　　　　　　　　　　　　　　//点取要放大视口的边界

此时工作区回到模型空间，并将此视口内的模型放大到全屏，同时"当前比例"改为该视口的比例。

12.3.5　改变比例

【改变比例】命令可改变模型空间中指定范围内图形的出图比例，包括视口本身的比例，如果修改成功，会自动作为新的当前比例。本命令可以在模型空间使用，也可以在图纸空间使用，执行后建筑对象大小不会变化，但包括工程符号的大小、尺寸和文字的字高等注释相关对象的大小会发生变化。

本命令除通过选择菜单命令执行外，还可单击状态栏左下角的 比例 1:1 ▾ 按钮（AutoCAD 2002 平台下无法提供）执行，此时请先选择要改变比例的对象，再单击该按钮，设置要改变的比例。

如果在模型空间使用本命令，可更改某一部分图形的出图比例。如果图形已经布置到图纸空间，但需要改变布图比例，可在图纸空间执行【改变比例】命令，其交互如下所述，由于视口比例发生了变化，最后的布局视口大小是不同的。

命令启动方法

- 菜单命令：【文件布图】/【改变比例】。
- 工具栏图标：▨。
- 命令：TChScale。

执行命令后，命令行提示：

选择要改变比例的视口：   //点取图上要修改比例的视口

请输入新的出图比例<100>：50   //键入新值后按 Enter 键

此时视口尺寸扩大约一倍，接着命令行提示：

请选择要改变比例的图元：

                    //从视口中以两对角点选择范围，按 Enter 键结束后各注释相关对象改变大小

此时连轴网与工程符号的位置会有变化，请拖动视口大小或进入模型空间拖动轴号等对象修改布图，经过比例修改后的图形在布局中大小有明显改变，但是维持了注释相关对象的大小相等，从图 12-18 中可见轴号、详图号、尺寸文字字高等都是一致的，符合国家《建筑制图统一标准》的要求。

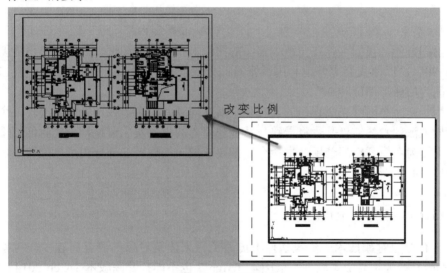

图12-18　改变比例实例

12.3.6　布局旋转

【布局旋转】命令把要旋转布置的图形进行特殊旋转，以方便布置竖向的图框。

命令启动方法

- 菜单命令：【文件布图】/【布局旋转】。
- 工具栏图标：↻。
- 命令：TLayoutRot。

【练习12-2】：　打开附盘文件"dwg\第 12 章\12-2.dwg"，完成图 12-19 所示布局的旋转。

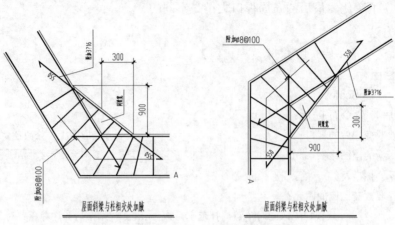

图12-19　布局旋转实例

执行命令后，命令行提示：

选择对象：　　　　　　　　　　　　　　//选择要旋转某一图形区域，按 Enter 键结束选择

选择对象：请选择布局旋转方式[基于基点(B)/旋转角度(A)]<基于基点>：

　　　　　　　　　　　　　　　　　　//选择旋转基点 A

布局转角<0.0>:270　　　　　　　　　//输入旋转角度

为了出图方便，我们可以在一个大幅面的图纸上布置多个图框，此时就有可能要把一些图框旋转 90°，以便我们更好地利用纸张。此处要求我们把图纸空间的图框、视口及相应的模型空间内的图形都旋转 90°。

然而用一个命令同时完成视口的旋转是有潜在问题的，由于在图纸空间旋转某个视口的内容，我们无法预知其结果是否将导致与其他视口内的内容发生碰撞，因此我们把【布局旋转】命令设计为在模型空间使用。本命令是把要求做布局旋转的部分图形先旋转好，然后删除原有视口，并重新布置到图纸空间。

12.4　格式转换导出

使用带有专业对象技术的建筑软件不可避免带来建筑对象的兼容问题，非对象技术的 TArch 3 不能打开天正高版本软件，低版本 TArch 7 也不能打开高版本 TArch 2014 的天正对象，没有安装天正插件的纯 AutoCAD 不能打开天正 TArch 5 以上使用专业对象的图形文件，以本节所介绍的多种文件导出转换工具及天正插件，可以解决这些用户之间的文件交流问题。

12.4.1　旧图转换

由于天正升级后图形格式变化较大，为了用户升级时可以重复利用旧图资源继续设计，天正开发【旧图转换】功能。本命令用于对 TArch 3 格式的平面图进行转换，将原来用 AutoCAD 图形对象表示的内容升级为新版的自定义专业对象格式。

命令启动方法
- 菜单命令:【文件布图】/【旧图转换】。

- 工具栏图标：。
- 命令：TConvTch。

执行命令后，弹出【旧图转换】对话框，如图 12-20 所示。

图12-20　【旧图转换】对话框

　　在对话框中可以为当前工程设置统一的三维参数，在转换完成后，对不同的情况再进行对象编辑，如果仅转换图上的部分旧版图形，可以勾选对话框中的【局部转换】复选项，单击 确定 按钮后只对指定的范围进行转换，适用于转换插入的旧版本图形。

　　选中【局部转换】复选项，单击 确定 按钮后，命令行提示：

　　　　选择需要转化的图元<退出>：　　　　　　　　　　//选择局部需要转化的图形

　　　　选择需要转化的图元<退出>：　　　　　　　　　　//按 Enter 键结束选择

　　完成后应该对连续的尺寸标注运用【连接尺寸】命令加以连接，否则尽管是天正标注对象，但是依然是分段的。

12.4.2　图形导出

　　【图形导出】命令将 TArch 2014 的图档导出为天正各版本的 DWG 图或各专业条件图，如果跨行专业使用天正给排水、电气的同版本号软件时，不必进行版本转换，否则应选择导出低版本号，达到与低版本兼容的目的。本命令支持图纸空间布局的导出。

命令启动方法

- 菜单命令：【文件布图】/【图形导出】。
- 工具栏图标：。
- 命令：TSaveAs。

执行命令后，弹出【图形导出】对话框，如图 12-21 所示。

图12-21　【图形导出】对话框

对话框控件的功能说明如下。

- 【保存类型】：提供 TArch 3、TArch 5、TArch 6、TArch 7、TArch 8、TArch 9 版本的图形格式转换，其中 TArch 9 表示格式不作转换，在文件名加"_tX"的后缀（X = 3，5，6，7）。

- 【导出内容】：在下拉列表中选择如下的多个选项，系统按各公用专业要求导出图中的不同内容，如图 12-22 所示。

图12-22　天正图形导出类型

- 【全部内容】：一般用于与其他使用天正低版本的建筑师解决图档交流的兼容问题。

- 【三维模型】：不必转到轴测视图，在平面视图下即可导出天正对象构造的三维模型。

- 【结构基础条件图】：为结构工程师创建基础条件图，此时门窗洞口被删除，使墙体连续，砖墙可选保留，填充墙删除或转化为梁，受配置的控制，其他的处理包括删除矮墙、矮柱、尺寸标注、房间对象，混凝土墙保留（门改为洞口），其他内容均保留不变。

- 【结构平面条件图】：为结构工程师创建楼层平面图，砖墙可选保留（门改为洞口）或转化为梁，同样也受配置的控制，其他的处理包括删除矮墙、矮柱、尺寸标注、房间对象，混凝土墙保留（门改为洞口），其他内容均保留不变。

- 【设备专业条件图】：为暖通、水、电专业创建楼层平面图，隐藏门窗编号，删除门窗标注；其他内容均保留不变。

- 【配置】：默认配置是按框架结构转为结构平面图设计的，砖墙转为梁，删除填充墙，如果要转基础图请选择【配置】选项，进入图 12-23 所示的选项界面修改。

图12-23　天正结构条件图设置

12.4.3　批量转旧

　　【批量转旧】命令将当前版本的图档批量转化为天正旧版 DWG 格式，同样支持图纸空间布局的转换，在转换 R14 版本时只转换第一个图纸空间布局。

命令启动方法

- 菜单命令:【文件布图】/【批量转旧】。
- 工具栏图标: 。
- 命令: TBatSave。

执行命令后,弹出【请选择待转换的文件】对话框,如图 12-24 所示。

图12-24　【请选择待转换的文件】对话框

在对话框中允许多选文件,单击 打开(0) 按钮继续执行,命令行提示:

请选择输出类型:[TArch 6 文件(6)/ TArch5 文件(5)/TArch 3 文件(3)]<3>:

//选择目标文件的版本格式与目标路径,默认为天正 3 格式

此时系统提示用户是否在原有文件名后面添加后缀。

请输入文件名后缀,或按 Esc 取消自动后缀<_t3>:　　　　//默认添加_t3 后缀

按 Enter 键后开始进行转换。

12.5　图形转换工具

图形转换工具包括图变单色、颜色恢复及图形变线等。

12.5.1　图变单色

【图变单色】命令提供把按图层定义绘制的彩色线框图形临时变为黑白线框图形的功能,适用于为编制印刷文档前对图形进行前处理,由于彩色的线框图形在黑白输出的照排系统中输出时色调偏淡,【图变单色】命令可将不同的图层颜色临时统一改为指定的单一颜色,并为抓图做好准备。

命令启动方法

- 菜单命令:【文件布图】/【图变单色】。
- 工具栏图标: 。
- 命令: TMONO。

【练习12-3】: 打开附盘文件"dwg\第 12 章\12-3.dwg",完成图 12-25 所示图层颜色的改变。

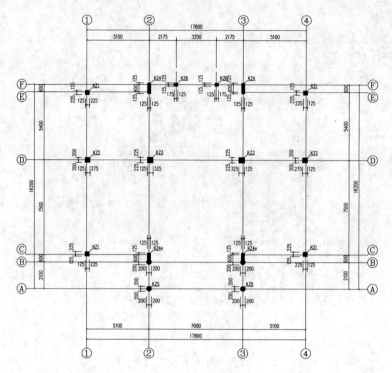

图12-25　图变单色实例

执行命令后，命令行提示：

　　请输入平面图要变成的颜色/1-红/2-黄/3-绿/4-青/5-蓝/6-粉/-7 白/<7>：

//按 Enter 键默认白色

本实例先设置图形背景为白色，要把所有图形改为黑色，执行本命令后，按 Enter 键响应选择"7-白色"（白背景下为黑色），图形中所有图层的颜色均改为黑色。

12.5.2　颜色恢复

【颜色恢复】命令将图层颜色恢复为系统默认的颜色，即在当前图层标准中设定的颜色。

命令启动方法

- 菜单命令：【文件布图】/【颜色恢复】。
- 工具栏图标：▦。
- 命令：TResColor。

本命令没有人机交互，执行后将图层颜色恢复为系统默认的颜色。

12.5.3　图形变线

【图形变线】命令把三维的模型投影为二维图形，并另存新图。常用于生成有三维消隐效果的二维线框图，此时应事先在三维视图下并运行 Hide（消隐）命令，效果如图 12-26 所示。

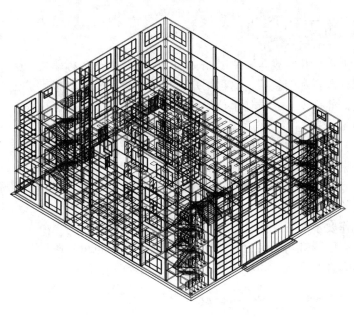

图12-26　图形变线实例

命令启动方法

- 菜单命令:【文件布图】/【图形变线】。
- 工具栏图标: ▣。
- 命令: TMap2D。

执行命令后,弹出【输入新生成的文件名】对话框,在对话框中给出文件名称与路径,如图 12-27 所示。

图12-27　【输入新生成的文件名】对话框

单击 保存(S) 按钮后提示:

　　是否进行消除重线?[是(Y)/否(N)]<Y>:Y　　　　　　　//选"Y",进行消除变换中产生的重合线段

转换后绘图精度将稍有损失,并且弧线在二维中由连接的多个 Line 线段组成。

转换三维消隐图前,请使用快捷菜单设置着色模式为"二维线框"。

12.6 图框的用户定制

天正从 TArch 6.5 开始放弃了使用 label_1 和 label_2 作为标题栏和会签栏的方法，改为由通用图库管理标题栏和会签栏，这样用户可使用的标题栏得到极大扩充，从此建筑师可以不受系统的限制而能插入多家设计单位的图框，自由地为多家单位设计。

图框是由框线、标题栏、会签栏和设计单位标识组成的，TArch 把标识部分称为附件栏，当采用标题栏插入图框时，框线由系统按图框尺寸绘制，用户不必定义，而其他部分都是可以由用户根据自己单位的图标样式加以定制。当选中【直接插图框】时，用户在图库中选择的是预先入库的整个图框，直接按比例插入到图纸中，本节分别介绍标题栏的定制及直接插入用户图框的定制。

标题栏的制作要求如下。

属性块必须有以图号和图名为属性标记的属性，图名也可用图纸名称代替，其中图号和图名字符串中不允许有空格，如不接受"图 名"这样的写法。

12.6.1 用户定制标题栏的准备

为了使用新的【图纸目录】功能，用户必须使用 AutoCAD 的 Attdef（属性定义）命令把图号和图纸名称属性写入图框中的标题栏，把带有属性的标题栏加入图框库（图框库里面提供了类似的实例，但不一定符合自身单位的需要），并且在插入图框后把属性值改写为实际内容，才能实现图纸目录的生成，方法如下。

(1) 使用【当前比例】命令设置当前比例为 1∶1，此比例能保证文字高度的正确，十分重要。

(2) 使用【插入图框】命令中的【直接插图框】命令，用 1∶1 比例插入图框库中需要修改或添加属性定义的标题栏图块。

(3) 使用 Explode（分解）命令对该图块分解两次，使得图框标题栏的分隔线为单根线，这时就可以进行属性定义了（如果插入的是已有属性定义的标题栏图块，双击该图块即可修改属性）。

(4) 在标题栏中，使用 Attdef 命令输入图 12-28 所示的内容。

图12-28　图框标题栏的文字属性

标题栏属性定义的说明如下。

- 【文字样式】：按标题栏内希望使用的文字样式选取。
- 【文字高度】：按照实际打印图纸上的规定字高（毫米）输入。
- 【标记】：是系统提取的关键字，可以是"图名""图纸名称"或含有上面两个词的文字，如"扩展图名"等。
- 【提示】：是属性输入时用的文字提示，这里应与【标记】相同，它提示用户属性项中要填写的内容是什么。
- 【拾取点】：应拾取图名框内的文字起始点左下角位置。
- 【值】：是属性块插入图形时显示的默认值，先填写一个对应于【标记】的默认值，用户最终要修改为实际值。

(5) 同样的方法，使用 Attdef 命令输入图号属性，【标记】、【提示】均为"图号"，【值】默认是"建施-1"，待修改为实际值，【拾取点】应拾取图号框内的文字起始点左下角位置。

(6) 可以使用以上方法把日期、比例、工程名称等内容作为属性写入标题栏，使得后面的编辑更加方便，完成的标题栏局部如图 12-29 所示，其中属性显示的是"标记"。

图12-29　图框标题栏的文字属性

(7) 使用天正【多行文字】或【单行文字】命令在通长标题栏空白位置写入其他需要注明的内容（如"备注：不得量取图纸尺寸，设计单位拥有本图著作权"等）。

(8) 把这个添加属性文字后的图框或图签（标题栏）使用"重制"方式入库取代原来的图块，即可完成带属性的图框（标题栏）的准备工作，插入点为右下角。

12.6.2　用户定制标题栏的入库

Titleblk（图框库）提供了部分设计院的标题栏仅供用户作为样板参考，实际要根据自己所服务的各设计单位标题栏进行修改，重新入库，在此对用户修改入库的内容有以下要求。

(1) 所有标题栏和附件图块的基点均为右下角点，为了准确计算通长标题栏的宽度，要求用户定义的矩形标题栏外部不能注写其他内容，类似"本图没有盖章无效"等文字说明要写入标题栏或附件栏内部，或者定义为属性（旋转 90°），在插入图框后将其拖到标题栏外。

(2) 作为附件的徽标要求四周留有空白，要使用 Point 命令在左上角和右下角画出两对角控制点，用于准确标识徽标范围，点样式为小圆点，入库时要包括徽标和两点在内，插入点为右下角点。

(3) 作为附件排在竖排标题栏顶端的会签栏或修改表，宽度要求与标题栏宽度一致，由于不留空白，因此不必画出对角点。

(4) 作为通栏横排标题栏的徽标，包括对角点在内的高度要求与标题栏高度一致。

12.6.3 直接插入的用户定制图框

首先以【插入图框】命令选择要重新定制的图框大小，选择打算修改的类似标题栏，以 1∶1 的比例插入图中，然后执行 Explode（分解）图框块，除了用 Line 命令绘制与修改新标题栏的样式外，还要按上面介绍的内容修改与定制自己的新标题栏中的属性。

完成修改后，选择要取代的用户图框，以通用图库的"重制"工具覆盖原有内容，或者自己创建一个图框页面类型，以通用图库的"入库"工具重新入库，注意此类直接插入图框在插入时不能修改尺寸，因此对不同尺寸的图框，要求重复按本节的内容，对不同尺寸包括不同的延长尺寸的图框各自入库，重新安装软件时，图框库不会被安装程序所覆盖。

12.7 上机综合练习

1. 将上几章图形导出为 TArch 5 或 TArch 7 的图形格式。熟练应用【文件布图】/【图形导出】命令，将上述各章图形导出为 TArch 5 或 TArch 7 的图形格式。
2. 定制自己实用的图框，将上几章所绘制的图形插入到自己定制的图框中。

12.8 小结

本章主要内容如下。

(1) 对于初学者来说，本章内容相对较难，要认真学习才能掌握。有些读者也了解 CAD 知识，但对图纸布局等用得少，希望通过本章学习得以深入了解。

(2) 天正工程管理：天正不使用 AutoCAD 的图纸集而自己开发一套工程管理，主要为适应国内广大用户的习惯，国内用户不一定都用高版本的 CAD。TArch 2014 新引入了工程图纸管理的概念，扩充了在一个 DWG 文件下绘制多个平面图的标准层平面管理，可生成三维与立面剖面图形。

(3) 图纸布局概念中介绍了图纸布局的两种基本方法，包括适合单比例的模型空间布图与适合多比例的图纸空间布图，按照图纸布局的不同方法，天正提供了各种布图命令和图框库。方便的图纸布局命令为用户解决了多比例布图这个困扰多年的大问题。

(4) 格式转换导出：为了解决图档兼容与产权保护问题及提交各种专业条件图，系统提供了各种不同的格式导出工具及只读图档保护技术。

(5) 图形转换工具：提供了图层格式转换与图形颜色转换的命令，【图形变线】是把三维模型投影为二维图形的有用工具。

(6) 图框的用户定制：在本章中提供了一个用户定制图框和标题栏的实例，读者可参考本实例定制自己单位适用的图框。

12.9 习题

1. 根据本章内容要求打开已备好的建筑图，并对照教材上机验证，且要有克服困难的勇气。
2. 将上几章图形通过图形导出为 TArch 3 或 TArch 5 的图形格式。
3. 定制自己实用的图框，将上几章所制作的图形插入到自己定制的图框内。

第13章 设置与帮助

【学习重点】
- 自定义参数设置。
- 文字样式与尺寸样式。
- 图层设置。

13.1 自定义参数设置

为用户提供的参数设置功能通过【天正选项】和【自定义】两个命令进行设置，本软件把以前在 AutoCAD 的"选项"命令中添加的"天正基本设定"和"天正加粗填充"两个选项页面与【高级选项】命令三者，集成为新的【天正选项】命令。单独的【自定义】命令用于设置界面的默认操作，如菜单、工具栏、快捷键和在位编辑界面。

13.1.1 自定义

【自定义】命令功能是启动【天正自定义】对话框界面，在对话框中按用户自己的要求设置软件的交互界面效果。

一、 命令启动方法
- 菜单命令:【设置】/【自定义】。
- 工具栏图标: 。
- 命令: TCustomize。

选择菜单命令【设置】/【自定义】后，启动【天正自定义】对话框，如图 13-1 所示。图中分为【屏幕菜单】、【操作配置】、【基本界面】、【工具条】和【快捷键】5 个选项卡进行控制，分别说明如下。

二、 【屏幕菜单】选项卡控制
天正的自定义命令提供了屏幕菜单的风格和背景颜色设置，新的屏幕菜单提供折叠功能，可单击展开下级子菜单 A，在执行菜单 A 的命令时可随时切换到 A 的同级子菜单 B，此时 A 子菜单收回 B 子菜单展开，这样的设计避免了返回上级菜单的重复操作，提高了使用效率。

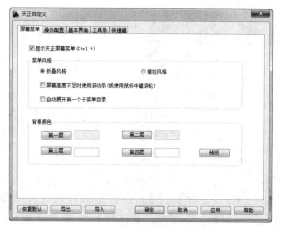

图13-1 【天正自定义】对话框

对话框控件的说明如下。

- 【显示天正屏幕菜单】：控制天正屏幕菜单的显示与否，热键为 `Ctrl`+。
- 【折叠风格】：折叠式子菜单样式一，单击打开子菜单 A 时，A 子菜单展开全部可见，在菜单总高度大于屏幕高度时，根菜单在顶层滚动显示，动作由鼠标滚轮或滚动条控制。
- 【推拉风格】：折叠式子菜单样式二，子菜单展开时所有上级菜单项保持可见，在菜单总高度大于屏幕高度时，子菜单可在本层内推拉显示，动作由鼠标滚轮或滚动条控制。
- 【屏幕高度不足时使用滚动条】：勾选此项时在菜单右侧提供一个滚动条，适用笔记本触屏、指点杆等无滚轮的定位设备，用于菜单的上下移动，不管是否勾选此项，在有滚轮的定位设备中均可使用滚轮移动菜单。
- 【自动展开第一个子菜单目录】：默认打开第一个【轴网柱子】菜单，从轴网开始绘图。

三、【基本界面】选项卡控制

在位编辑使用的字体颜色、文字显示高度和编辑框背景颜色都由这里控制，此处的字体高度仅用于在位编辑时显示大小，如图 13-2 所示。

四、【工具条】选项卡控制

在【工具条】选项卡中可进行工具栏图标命令的添加与删除，如图 13-3 所示。

图13-2　【基本界面】选项卡　　　　图13-3　【工具条】选项卡

对话框控件的说明如下。

- 加入 >>：从下拉列表中选择菜单组的名称，在左侧显示该菜单组的全部图标，每次选择一个图标，单击 加入 >> 按钮，即可把该图标添加到右侧的用户自定义工具区。
- << 删除：在右侧用户自定义工具区中选择要删除的图标，单击 << 删除 按钮，可把已经加入的图标删除。
- 【图标排序】：在右侧用户自定义工具区中选择图标，单击右边的箭头，即可上下移动该工具图标的位置，每次移动一格。

除了使用自定义命令定制工具条，还可以使用 AutoCAD 的 Toolbar 命令，在"命令"页面中选择 AutoCAD 命令的图标，拖放到天正自定义工具栏，在【自定义】对话框出现时，还可以把天正的图标命令和 AutoCAD 图标命令从任意工具栏拖放到预定义的两个"常用快捷功能"工具栏中。

五、【快捷键】选项卡控制

本项设置的一键快捷键定义某个数字或字母键，即可调用对应于该键的天正建筑或 AutoCAD 的命令功能。

如图 13-4 所示，在命令名中可以填写有效的命令全名或命令简称。

图13-4 【快捷键】选项卡

 快捷键不要使用数字"3"，避免与 3 开头的 AutoCAD 三维命令冲突。

13.1.2 天正选项

【天正选项】命令功能是启动 AutoCAD 的【天正选项】对话框，在其选项卡中设置天正建筑全局相关的参数，其中带图标的参数只与当前图形有关，没有图标的参数对以后打开或新建的所有图形都生效。

一、命令启动方法

* 菜单命令：【设置】/【天正选项】。
* 工具栏图标：
* 命令：TOptions。

执行命令后，弹出【天正选项】对话框，如图 13-5 所示。从中单击【基本设定】或【加粗填充】选项卡进行设置。

二、【基本设定】选项卡

包括以下 3 个选择区。

【当前比例】：设定新创建的对象所

图13-5 【基本设定】选项卡

采用的出图比例，同时显示在 AutoCAD 状态条的最左边。天正默认的初始比例为 1：100。本设置对已存在的图形对象的比例没有影响，只被新创建的天正对象所采用。除天正图块外的所有天正对象都具有一个"出图比例"参数，用来控制对象的二维视图，如图纸上粗线宽度为 0.5mm 的墙线，如果墙对象的比例参数是 200，那么在加粗开关开启的状态下，在模型空间可以测量出，墙线粗＝0.5×200＝100 绘图单位，从状态栏中可以直接设置当前比例。

要点提示 TArch 2014 支持以"米"为单位图形的坐标和尺寸标注，此时 1：1000 要相应调整为 1：1，1：500 调整为 1：1.5，依次类推。

【当前层高】：设定本图的默认层高。本设定不影响已经绘制的墙、柱子和楼梯的高度，只是作为以后生成的墙和柱子的默认高度。用户不要混淆了当前层高、楼层表中的层高、构件高度 3 个概念。

当前层高：仅作为新产生的墙、柱和楼梯的高度。

楼层表高度：仅用在把标准层转换为自然层，并进行叠加时的 Z 向定位用。

构件高度：墙柱构件创建后，其高度参数就与其他全局的设置无关，一个楼层中的各构件可以拥有各自独立的不同高度，以适应梯间门窗、错层、跃层等特殊情况需要。

【显示模式】：包含 2D、3D 和自动 3 个选项。

2D（仅显示天正对象的二维视图）：在二维显示模式下，系统在所有视口中都显示对象的二维视图，而不管该视口的视图方向是平面视图还是轴测视图、透视图。尽管观察方向是轴测方向，仍然只显示二维平面图。

3D（仅显示天正对象的三维视图）：本功能将当前图的各个视口按照三维的模式进行显示，各个视口内视图按三维投影规则进行显示。

自动（按视图方向自动判断以二维或三维显示天正对象）：本功能可按该视口的视图方向，系统自动确定显示方式，即平面视图（顶视图）显示二维，其他视图方向显示三维。一般这种方式最方便，可以在一个屏幕内同时观察二维和三维表现效果。由于视图方向、范围的改变导致天正对象重新生成，性能低于"完全二维"和"完全三维"。

【门窗编号大写】：门窗编号统一在图上以大写字母标注，不管原始输入是否包含小写字母。

【双剖断】/【单剖断】：楼梯的平面施工图要求绘制剖断线，系统默认按照制图标准提供了单剖断线画法，但也提供了原有习惯的双剖断线画法。

三、【加粗填充】选项卡

专用于墙体与柱子的填充，提供各种填充图案和加粗线宽的控制，如图 13-6 所示。

系统为对象的填充提供了"标准"和"详图"两个级别，由用户通过"当前比例"给出界定。当前比例大于设置的比例界限，就会从一种填充与加粗选择进入另一个填充与加粗选择，有效地

图13-6　【加粗填充】选项卡

满足了施工图中不同图纸类型填充与加粗详细程度不同的要求。

> 要点提示 为使图面清晰以方便操作，加快绘图处理速度，墙柱平时不要填充，出图前再开启填充开关。

对话框控件的说明如下。

- 【材料名称】：在墙体和柱子中使用的材料名称，用户可根据材料的名称不同选择不同的加粗宽度和国标填充图例。
- 【标准填充图案】：设置在建筑平面图和立面图下的标准比例如 1∶100 等显示的墙柱填充图案。
- 【详图填充图案】：设置在建筑详图比例（如 1∶50 等）显示的墙柱填充图案，由用户在本界面下设置比例界限，默认为 1∶100。
- 【详图填充方式】：提供了"普通填充"与"线图案填充"两种方式，后者专用于填充沿墙体长度方向延伸的线图案。
- 【填充颜色】：提供了墙柱填充颜色的直接选择新功能，避免因设置不同颜色更改墙柱的填充图层的麻烦，默认 256 色号表示"随层"即随默认填充图层 Pub_hatch 的颜色，与 TArch 7.5 一致，用户可以修改为其他颜色。
- 【标准线宽】：设置在建筑平面图和立面图下的标准比例（如 1∶100 等）显示的墙柱加粗线宽。
- 【详图线宽】：设置在建筑详图比例（如 1∶50 等）下显示的墙柱加粗线宽。
- 【对墙柱进行向内加粗】：墙柱轮廓线加粗的开关，勾选后启动墙柱轮廓线加粗功能，加粗的线宽由电子表格控制。
- 【对墙柱进行图案填充】：墙柱图案填充的开关，勾选后启动墙柱图案填充功能，填充的图案由电子表格控制。
- 【启用详图模式比例】：本参数设定按详图比例填充的界限。在比例较小（如 1∶100）时采用实心填充的方法，在比例较大（如 1∶50）时采用图案填充的方法。
- 【填充图案预览框】：提供了"标准填充图案"和"详图填充图案"两种填充图案的预览。

针对 AutoCAD 2004 以上的平台，命令行下部的状态栏添加了两个按钮，专门切换墙线加粗和详图填充图案，使用十分方便。但由于编程接口的限制，此功能不能用于 AutoCAD 2002 平台下。

四、【高级选项】选项卡

【高级选项】选项卡命令可控制全局变量，用户可自定义参数的设置界面，除了尺寸样式需专门设置外，这里定义的参数则保存在初始参数文件中，不仅用于当前图形，对新建的文件也起作用。例如，在【高级选项】中设置了多种尺寸标注样式，在当前图形选项中根据当前单位和标注要求选用其中几种用于本图。

选择菜单命令【设置】/【天正选项】后，打开【天正选项】对话框，单击【高级选项】选项卡，如图 13-7 所示，其中以树状目录的电子表格形式列出可供修改的选项内容。

其中可供用户定义的是【值】这一列的内容，有些值完全是数值，直接修改即可，但是尺寸标注的默认尺寸样式需要预先应在本图中先用 DDim 命令中定义好，由于尺寸样式仅对本图有效，新建的图形文件没有新的样式定义，此时系统会创建一个以用户样式命名的默认样式，内容和"_TCH_ARCH"一致，要将尺寸样式用于其他图形文件需进行专门的设置，举例说明如下。

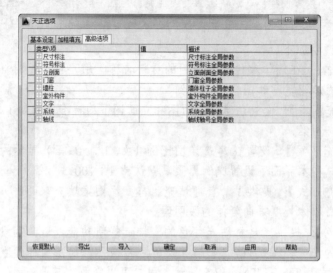

图13-7　【高级选项】选项卡

用户对毫米为绘图单位和尺寸标注单位用 DDim 设置了一个标注样式"_CARI_ARCH"，在"粗斜线（mm_mm）"项对应的值设为新标注样式名称"_CARI_ARCH"，单击 确定 按钮完成设置。如果用户要新建图形也可使用这个标注样式，把包含有定义好的标注样式的 DWG 文件用"Save as"（另存为）命令保存为模板 DWT 文件，新建图形时即可应用这个模板。

对其他各项参数的使用，请参考"描述"中的提示。【高级选项】命令的设置参数保存在软件安装目录下 Sys 子目录"Config.ini"文件中，将这个文件复制到其他安装 TArch 2014 的 Sys 目录下，可以实现参数配置的共享。

13.2　样式与图层设置

样式与图层的设置包括当前比例、文字样式及图层管理。

13.2.1　当前比例

【当前比例】命令用于所有天正自定义对象中的各种对象，可按照当前比例的大小决定标注类和文本与符号类对象中的文字字高与符号尺寸、建筑对象中的加粗线宽粗细等效果，对设置后新生成的对象有效。从状态栏左下角的"当前比例"下拉列表（AutoCAD 2002 平台下未提供）及【天正选项】对话框【基本设定】选项卡下的【当前比例】下拉列表中均可设置。

命令启动方法

- 菜单命令: 【设置】/【当前比例】。
- 工具栏图标: 1:100。
- 命令: TPScale。

设置后的当前值显示在状态栏的左下角。注意当前如为米单位 1∶1000，1∶500 时，当前比例应该相应改为 1∶1 和 1∶0.5，依此类推。与当前为毫米单位是不同的，这是 TArch 8.5 支持米单位绘图后，用户应该学会自行修改比例的设置。

13.2.2　文字样式

【文字样式】命令功能为天正自定义的扩展文字样式，由于 AutoCAD 的 SHX 形字体由中西文字体组成，中西文字体分别设定参数控制中英文字体的宽度比例，可以与 AutoCAD 的 SHX 字体的高度及字高参数协调一致。

命令启动方法

- 菜单命令：【设置】/【文字样式】。
- 工具栏图标：字。
- 命令：TStyleEx。

执行命令后，弹出【文字样式】对话框，如图 13-8 所示。

图13-8　【文字样式】对话框

设置对话框中的参数，单击 确定 按钮后，即以其中的文字样式作为天正文字的当前样式进行各种符号和文字标注。

对话框控件的说明如下。

- 新建...：创建新的文字样式，首先给新文字样式命名，然后选定中西文字体文件和高宽参数。单击"确定"按钮后作为当前文字样式。
- 重命名...：给文件样式赋予新名称。
- 删除：删除已经创建的文字样式，仅对图中没有使用的样式起作用，已使用的样式不能被删除。
- 【宽高比】：表示中文字宽与中文字高之比。
- 【中文字体】：设置组成文字样式的中文大字体（BigFont），选择 Windows 字体时应选择其中的汉字字体。
- 【字宽方向】：表示西文字宽与中文字宽的比，选择 Windows 字体时不起作用。
- 【字高方向】：表示西文字高与中文字高的比，选择 Windows 字体时不起作用。
- 【西文字体】：设置组成文字样式的西文字体，选择 Windows 字体时不起作用。

13.2.3 图层管理

【图层管理】命令为用户提供了灵活设置图层名称、颜色管理等功能，特点如下。

(1) 通过外部数据库文件设置多个不同图层的标准。

(2) 可恢复用户不规范设置的颜色。

(3) 对当前图的图层标准进行转换。

系统不对用户定义的图层标准数量进行限制，用户可以新建图层标准，在图层管理器中修改标准中各图层的名称和颜色，对当前图档的图层按选定的标准进行转换。

命令启动方法

- 菜单命令:【设置】/【图层管理】。
- 工具栏图标: ≋。
- 命令: TLayerManager。

执行命令后，弹出【图层管理】对话框，如图 13-9 所示。

图层关键字	图层名	颜色	线型	备注
轴线	DOTE		CONTINUOUS	此图层的直线和弧认为是平面轴线
阳台	BALCONY	5	CONTINUOUS	存放阳台对象，利用阳台做的雨篷
柱子	COLUMN	9	CONTINUOUS	存放各种材质构成的柱子对象
石柱	COLUMN	9	CONTINUOUS	存放石材构成的柱子对象
砖柱	COLUMN	9	CONTINUOUS	存放砖砌筑构成的柱子对象
钢柱	COLUMN	9	CONTINUOUS	存放钢材构成的柱子对象
砼柱	COLUMN	9	CONTINUOUS	存放砼材料构成的柱子对象
门	WINDOW	4	CONTINUOUS	存放插入的门图块
窗	WINDOW	4	CONTINUOUS	存放插入的窗图块
墙洞	WINDOW	4	CONTINUOUS	存放插入的墙洞图块
防火门	DOOR_FIRE	4	CONTINUOUS	防火门
防火窗	DOOR_FIRE	4	CONTINUOUS	防火窗
防火卷帘	DOOR_FIRE	4	CONTINUOUS	防火卷帘
轴标	AXIS	3	CONTINUOUS	存放轴号对象，轴线尺寸标注
地面	GROUND	2	CONTINUOUS	地面与散水
道路	ROAD	2	CONTINUOUS	存放道路绘制命令所绘制的道路线
道路中线	ROAD_DOTE		CENTERX2	存放道路绘制命令所绘制的道路中心线
树木	TREE	74	CONTINUOUS	存放成片布树和任意布树命令生成的植物
停车位	PKNG-TSRP	83	CONTINUOUS	停车位及标注

图13-9 【图层管理】对话框

在"图层标准"下拉列表中选择一个图层标准，然后可以对其进行编辑修改，或者单击 置为当前标准 按钮，当前选定的图层标准就成为 TArch 2014 软件使用的系统图层标准。

系统图层标准保存在 Sys 文件夹下的"Layerdef.dat"文件中，其他图层标准文件存放在 Sys 文件夹下扩展名为 Lay 的各个文件中。用户可以在资源管理器下直接删除、管理 Lay 文件，删除后的图层标准不会再出现在"图层标准"列表中。

注意:

(1) "系统图层标准"是当前绘制新图形对象时系统所使用的默认图层标准，与 DWG 文件内的当前图层标准并非一个概念，而且两者是相互独立的。

(2) 图层转换命令的转换方式是图层名全名匹配转换，图层标准中的组合用图层名（如 3T_、S_、E_等前缀）是不进行转换的。

(3) 对于天正 TArch 3 软件菜单的命令，推荐使用默认图层标准。

对话框控件的说明如下。

- 【图层标准】：默认在此下拉列表中保存有两个图层标准，一个是天正自己的图层标准，另一个是国标 GBT18112 -2000 推荐的中文图层标准，下拉列表可以把其中的标准调出来，用户可在界面下部的编辑区进行编辑。
- 置为当前标准：把【图层标准】下拉列表的图层标准设为"系统图层标准"，单击本按钮后新的系统图层标准开始生效。
- 新建标准：单击后输入新的标准名称，代表当前界面下部的图层定义，如果该图层定义修改后没有保存，会提示是否保存当前修改，以"Y"回应表示以旧图名保存当前定义，然后又把内容存为新建标准。
- 图层转换：尽管单击 置为当前标准 按钮后，系统当前图层标准发生了改变，新对象将按新的系统图层标准绘制，但是 DWG 文件内的当前图层标准并未变化，已有的旧标准的图层还在本图中。单击 图层转换 按钮后，会弹出【图层转换】对话框，如图 13-10 所示。此功能是把已有的旧标准图层转换为新标准图层。

图13-10　【图层转换】对话框

- 颜色恢复：自动把当前打开的 DWG 中所有图层的颜色恢复为当前标准使用的图层颜色。
- 【图层关键字】：图层关键字是系统用于对图层进行识别用的，用户不能修改。
- 【图层名】：用户可以对提供的图层名称进行修改或取当前图层名与图层关键字对应。
- 【颜色】：用户可以修改选择的图层颜色，单击此处可输入颜色号或单击该按钮进入界面选取颜色。
- 【备注】：用户自己输入对本图层的描述。

13.3　小结

(1)　本章内容相对容易学习，主要是参数设置，可以按照每个人的工程环境及操作习惯设置，尽可能方便工作，提高工作效率，具体设置对照教材上机验证。

(2)　用户可以对天正建筑的总体控制参数与命令中的默认参数进行配置。

(3)　用户也可以配置常用的文字样式与尺寸样式，转换不同的图层标准。

13.4　习题

1.　按照你自己的工程环境及操作习惯设置参数。

2.　通过归纳总结，进行有针对性地练习，使"厚书变薄书"。

3.　天正菜单编制格式向用户完全开放，读者可以根据自己的学习特点和习惯，设置个性化菜单，从而提高工作效率。